JN021407

数学検定

実用数学技能検定® 数検

要点整理

THE MATHEMATICS CERTIFICATION INSTITUTE OF JAPAN

[THE 2nd GRADE]

2級

公益財団法人 日本数学検定協会

まえがき

このたびは，実用数学技能検定「数検」（数学検定・算数検定，以下「数検」）に興味をお持ちくださり誠にありがとうございます。

今，世界各国で数理的な能力を身につけた人材を確保することに大きな関心が集まっています。これは今後ますます加速していくと考えられており，人材の確保とともに育成についても多くの国が政策を講じています。

たとえば，2023年1月，英国首相は，現代ではあらゆる職種で数学的能力が求められているとして，イングランドの18歳までの全児童・生徒を対象に数学を必修化する方針を明らかにしました。

日本でも，デジタル社会や脱炭素化の実現など成長分野の人材を育成する理工農系の学部を増やすため，私立大学や公立大学を対象に約250学部の新設や転換を支援する方針を文部科学省が発表しました。2023年度から10年かけ，理工農系への学部再編を促す構想です。

このような社会の流れを受け，データ分析や統計処理などで必要とされる数理的な能力がますます求められていくことは間違いありません。

「数検」は実用数学技能検定と称することから，数学の実用的な技能を測る数学の学習指標として検定基準を設け，作問を行っています。2級で扱われる範囲には数学Ⅱ・数学Bの内容が含まれており，その技能の概要では，

① 複雑なグラフの表現ができる。
② 情報の特徴を掴み，グループ分けや基準を作ることができる。
③ 身の回りの事象を数学的に発見できる。

といった日常生活や業務で生じる課題を合理的に解決するために必要な数学技能が挙げられています。これらは，先の「あらゆる職種」や「成長分野」で求められる能力にも関連するものといえます。このように「数検」2級の合格に向けた学習は，これからの社会におけるさまざまな課題を解決するための能力の向上に効果的です。

「数検」の学びは，社会全体へ貢献するという側面で活用することもできますが，個人の人生を豊かにするという側面においても役立てることができます。「情報を整理することで身の回りの事象から課題を発見し解決法を探る」といった能力は，世界や社会が求めるものであると同時に，日常生活でも重要なものだからです。DX（Digital Transformation）や脱炭素化などのしくみや考え方を理解するなかで，数学技能の活用と社会問題の解決のつながりに気づけば，学ぶことの重要性を知り，さらに深く学び続けることができるかもしれません。1人ひとりがさまざまな課題解決の基盤としての数学を学ぶことは，個人や社会が成長していく契機になるでしょう。「数検」2級の受検は，人生100年時代において大いに価値のあるチャレンジになるのではないでしょうか。

公益財団法人 日本数学検定協会

目次

本書の使い方

本書は「基礎から発展まで多くの問題を知りたい」「苦手な内容をしっかりと学習したい」という人に向けて学習内容ごとにまとめられています。それぞれ，基本事項のまとめと難易度別の問題があります。

1 基本事項のまとめを確認する

はじめに，基本事項についてのまとめがあります。
苦手な内容を学習したい場合は，このページからしっかり理解していきましょう。

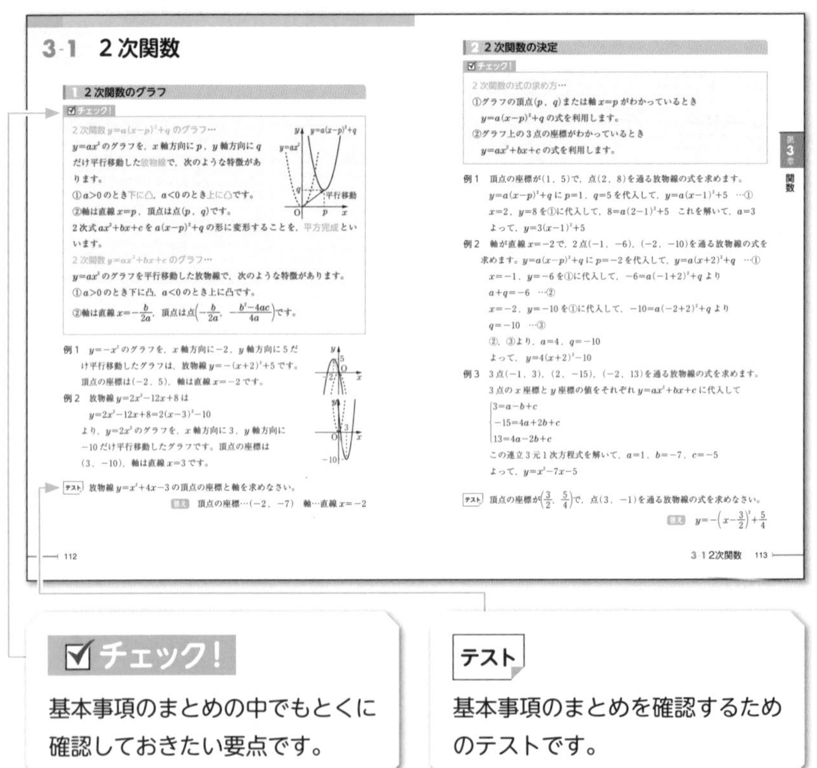

3-1 2次関数

1 2次関数のグラフ

☑チェック!

2次関数 $y=a(x-p)^2+q$ のグラフ…
$y=ax^2$ のグラフを，x 軸方向に p，y 軸方向に q だけ平行移動した放物線で，次のような特徴があります。
①$a>0$ のとき下に凸，$a<0$ のとき上に凸です。
②軸は直線 $x=p$，頂点は点 $(p,\ q)$ です。
2次式 ax^2+bx+c を $a(x-p)^2+q$ の形に変形することを，平方完成といいます。

2次関数 $y=ax^2+bx+c$ のグラフ…
$y=ax^2$ のグラフを平行移動した放物線で，次のような特徴があります。
①$a>0$ のとき下に凸，$a<0$ のとき上に凸です。
②軸は直線 $x=-\frac{b}{2a}$，頂点は点 $\left(-\frac{b}{2a},\ -\frac{b^2-4ac}{4a}\right)$ です。

例1 $y=-x^2$ のグラフを，x 軸方向に -2，y 軸方向に5だけ平行移動したグラフは，放物線 $y=-(x+2)^2+5$ です。頂点の座標は $(-2,\ 5)$，軸は直線 $x=-2$ です。

例2 放物線 $y=2x^2-12x+8$ は
$y=2x^2-12x+8=2(x-3)^2-10$
より，$y=2x^2$ のグラフを，x 軸方向に3，y 軸方向に -10 だけ平行移動したグラフです。頂点の座標は $(3,\ -10)$，軸は直線 $x=3$ です。

テスト 放物線 $y=x^2+4x-3$ の頂点の座標と軸を求めなさい。

答え 頂点の座標…$(-2,\ -7)$ 軸…直線 $x=-2$

112

2 2次関数の決定

☑チェック!

2次関数の式の求め方…
①グラフの頂点 $(p,\ q)$ または軸 $x=p$ がわかっているとき
$y=a(x-p)^2+q$ の式を利用します。
②グラフ上の3点の座標がわかっているとき
$y=ax^2+bx+c$ の式を利用します。

例1 頂点の座標が $(1,\ 5)$ で，点 $(2,\ 8)$ を通る放物線の式を求めます。
$y=a(x-p)^2+q$ に $p=1$，$q=5$ を代入して，$y=a(x-1)^2+5$ …①
$x=2$，$y=8$ を①に代入して，$8=a(2-1)^2+5$ これを解いて，$a=3$
よって，$y=3(x-1)^2+5$

例2 軸が直線 $x=-2$ で，2点 $(-1,\ -6)$，$(-2,\ -10)$ を通る放物線の式を求めます。$y=a(x-p)^2+q$ に $p=-2$ を代入して，$y=a(x+2)^2+q$ …①
$x=-1$，$y=-6$ を①に代入して，$-6=a(-1+2)^2+q$ より
$a+q=-6$ …②
$x=-2$，$y=-10$ を①に代入して，$-10=a(-2+2)^2+q$ より
$q=-10$ …③
②，③より，$a=4$，$q=-10$
よって，$y=4(x+2)^2-10$

例3 3点 $(-1,\ 3)$，$(2,\ -15)$，$(-2,\ 13)$ を通る放物線の式を求めます。
3点の x 座標と y 座標の値をそれぞれ $y=ax^2+bx+c$ に代入して

$$\begin{cases} 3=a-b+c \\ -15=4a+2b+c \\ 13=4a-2b+c \end{cases}$$

この連立3元1次方程式を解いて，$a=1$，$b=-7$，$c=-5$
よって，$y=x^2-7x-5$

テスト 頂点の座標が $\left(\frac{3}{2},\ \frac{5}{4}\right)$ で，点 $(3,\ -1)$ を通る放物線の式を求めなさい。

答え $y=-\left(x-\frac{3}{2}\right)^2+\frac{5}{4}$

第3章 関数

3-1 2次関数 113

☑チェック!

基本事項のまとめの中でもとくに確認しておきたい要点です。

テスト

基本事項のまとめを確認するためのテストです。

2 難易度別の問題で理解を深める

難易度別の問題でステップアップしながら学習し，少しずつ着実に理解を深めていきましょう。

基本問題 → 応用問題 → 発展問題

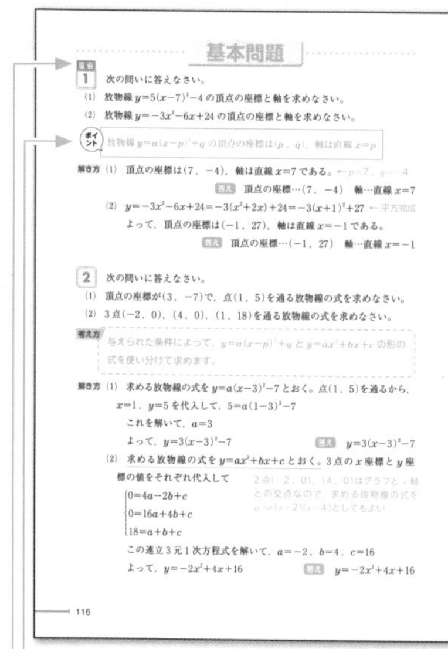

基本問題

重要

1 次の問いに答えなさい。

(1) 放物線 $y=5(x-7)^2-4$ の頂点の座標と軸を求めなさい。

(2) 放物線 $y=-3x^2-6x+24$ の頂点の座標と軸を求めなさい。

ポイント 放物線 $y=a(x-p)^2+q$ の頂点の座標は $(p,\ q)$，軸は直線 $x=p$

解き方 (1) 頂点の座標は $(7,\ -4)$，軸は直線 $x=7$ である。← $p=7$，$q=-4$

答え 頂点の座標…$(7,\ -4)$　軸…直線 $x=7$

(2) $y=-3x^2-6x+24=-3(x^2+2x)+24=-3(x+1)^2+27$ ← 平方完成

よって，頂点の座標は $(-1,\ 27)$，軸は直線 $x=-1$ である。

答え 頂点の座標…$(-1,\ 27)$　軸…直線 $x=-1$

2 次の問いに答えなさい。

(1) 頂点の座標が $(3,\ -7)$ で，点 $(1,\ 5)$ を通る放物線の式を求めなさい。

(2) 3点 $(-2,\ 0)$，$(4,\ 0)$，$(1,\ 18)$ を通る放物線の式を求めなさい。

考え方 与えられた条件によって，$y=a(x-p)^2+q$ と $y=ax^2+bx+c$ の形の式を使い分けて求めます。

解き方 (1) 求める放物線の式を $y=a(x-3)^2-7$ とおく。点 $(1,\ 5)$ を通るから，$x=1$，$y=5$ を代入して，$5=a(1-3)^2-7$

これを解いて，$a=3$

よって，$y=3(x-3)^2-7$　答え $y=3(x-3)^2-7$

(2) 求める放物線の式を $y=ax^2+bx+c$ とおく。3点の x 座標と y 座標の値をそれぞれ代入して

$$\begin{cases} 0=4a-2b+c \\ 0=16a+4b+c \\ 18=a+b+c \end{cases}$$

2点 $(-2,\ 0)$，$(4,\ 0)$ はグラフと x 軸との交点なので，求める放物線の式を $y=a(x+2)(x-4)$ としてもよい

この連立3元1次方程式を解いて，$a=-2$，$b=4$，$c=16$

よって，$y=-2x^2+4x+16$　答え $y=-2x^2+4x+16$

116

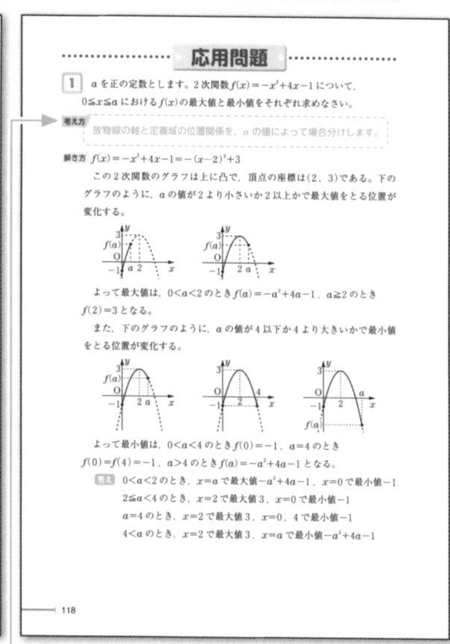

応用問題

1 a を正の定数とします。2次関数 $f(x)=-x^2+4x-1$ について，$0 \leqq x \leqq a$ における $f(x)$ の最大値と最小値をそれぞれ求めなさい。

考え方 放物線の軸と定義域の位置関係を，a の値によって場合分けします。

解き方 $f(x)=-x^2+4x-1=-(x-2)^2+3$

この2次関数のグラフは上に凸で，頂点の座標は $(2,\ 3)$ である。下のグラフのように，a の値が2より小さいか2以上かで最大値をとる位置が変化する。

よって最大値は，$0<a<2$ のとき $f(a)=-a^2+4a-1$，$a \geqq 2$ のとき $f(2)=3$ となる。

また，下のグラフのように，a の値が4以下か4より大きいかで最小値をとる位置が変化する。

よって最小値は，$0<a<4$ のとき $f(0)=-1$，$a=4$ のとき $f(0)=f(4)=-1$，$a>4$ のとき $f(a)=-a^2+4a-1$ となる。

答え $0<a<2$ のとき，$x=a$ で最大値 $-a^2+4a-1$，$x=0$ で最小値 -1

$2 \leqq a<4$ のとき，$x=2$ で最大値3，$x=0$ で最小値 -1

$a=4$ のとき，$x=2$ で最大値3，$x=0$，4で最小値 -1

$4<a$ のとき，$x=2$ で最大値3，$x=a$ で最小値 $-a^2+4a-1$

118

重要

とくに重要な問題です。検定直前に復習するときは，このマークのついた問題を優先的に確認し，確実に解けるようにしておきましょう。

ポイント　**考え方**

解き方 にたどりつくまでのヒントです。わからないときは，これを参考にしましょう。

3 練習問題にチャレンジ！

練習問題　学習した内容がしっかりと身についているか，「練習問題」で確認しましょう。
練習問題の解き方と答えは別冊に掲載されています。

検定概要

「実用数学技能検定」とは

「実用数学技能検定」(後援＝文部科学省。対象：1 ～ 11 級)は，数学・算数の実用的な技能(計算・作図・表現・測定・整理・統計・証明)を測る「記述式」の検定で，公益財団法人日本数学検定協会が実施している全国レベルの実力・絶対評価システムです。

検定階級

1 級，準 1 級，2 級，準 2 級，3 級，4 級，5 級，6 級，7 級，8 級，9 級，10 級，11 級，かず・かたち検定のゴールドスター，シルバースターがあります。おもに，数学領域である 1 級から 5 級までを「数学検定」と呼び，算数領域である 6 級から 11 級，かず・かたち検定までを「算数検定」と呼びます。

1 次：計算技能検定／ 2 次：数理技能検定

数学検定(1 ～ 5 級)には，計算技能を測る「1 次：計算技能検定」と数理応用技能を測る「2 次：数理技能検定」があります。算数検定(6 ～ 11 級，かず・かたち検定)には，1 次・2 次の区分はありません。

「実用数学技能検定」の特長とメリット

①「記述式」の検定

解答を記述することで，答えに至る過程や結果について理解しているかどうかをみることができます。

②学年をまたぐ幅広い出題範囲

準 1 級から 10 級までの出題範囲は，目安となる学年とその下の学年の 2 学年分または 3 学年分にわたります。1 年前，2 年前に学習した内容の理解についても確認することができます。

③入試優遇や単位認定

実用数学技能検定の取得を，入試の際や単位認定に活用する学校が増えています。

入試優遇

単位認定

受検方法

受検方法によって，検定日や検定料，受検できる階級や申込方法などが異なります。くわしくは公式サイトでご確認ください。

個人受検

日曜日に年 3 回実施する個人受検 A 日程と，土曜日に実施する個人受検 B 日程があります。
個人受検 B 日程で実施する検定回や階級は，会場ごとに異なります。

団体受検

団体受検とは，学校や学習塾などで受検する方法です。団体が選択した検定日に実施されます。
くわしくは学校や学習塾にお問い合わせください。

検定日当日の持ち物

階級 持ち物	1～5級 1次	1～5級 2次	6～8級	9～11級	かず・かたち検定
受検証（写真貼付）※1	必須	必須	必須	必須	／
鉛筆またはシャープペンシル（黒の HB・B・2B）	必須	必須	必須	必須	必須
消しゴム	必須	必須	必須	必須	必須
ものさし（定規）	／	必須	必須	必須	／
コンパス	／	必須	必須	／	／
分度器	／	／	必須	／	／
電卓（算盤）※2	／	使用可	／	／	／

※1　団体受検では受検証は発行・送付されません。
※2　使用できる電卓の種類　〇一般的な電卓　〇関数電卓　〇グラフ電卓
通信機能や印刷機能をもつもの，携帯電話・スマートフォン・電子辞書・パソコンなどの電卓機能は使用できません。

階級の構成

<table>
<tr><th></th><th>階級</th><th>構成</th><th>検定時間</th><th>出題数</th><th>合格基準</th><th>目安となる学年</th></tr>
<tr><td rowspan="7">数学検定</td><td>1級</td><td rowspan="7">1次：
計算技能検定

2次：
数理技能検定

があります。

はじめて受検するときは1次・2次両方を受検します。</td><td rowspan="2">1次：60分

2次：120分</td><td rowspan="2">1次：7問
2次：2題必須・
5題より
2題選択</td><td rowspan="7">1次：
全問題の
70%程度

2次：
全問題の
60%程度</td><td>大学程度・一般</td></tr>
<tr><td>準1級</td><td>高校3年程度
(数学Ⅲ・数学C程度)</td></tr>
<tr><td>2級</td><td rowspan="2">1次：50分

2次：90分</td><td>1次：15問
2次：2題必須・
5題より
3題選択</td><td>高校2年程度
(数学Ⅱ・数学B程度)</td></tr>
<tr><td>準2級</td><td>1次：15問
2次：10問</td><td>高校1年程度
(数学Ⅰ・数学A程度)</td></tr>
<tr><td>3級</td><td rowspan="3">1次：50分

2次：60分</td><td rowspan="3">1次：30問

2次：20問</td><td>中学校3年程度</td></tr>
<tr><td>4級</td><td>中学校2年程度</td></tr>
<tr><td>5級</td><td>中学校1年程度</td></tr>
<tr><td rowspan="6">算数検定</td><td>6級</td><td rowspan="8">1次／2次の区分はありません。</td><td rowspan="3">50分</td><td rowspan="3">30問</td><td rowspan="6">全問題の
70%程度</td><td>小学校6年程度</td></tr>
<tr><td>7級</td><td>小学校5年程度</td></tr>
<tr><td>8級</td><td>小学校4年程度</td></tr>
<tr><td>9級</td><td rowspan="5">40分</td><td rowspan="3">20問</td><td>小学校3年程度</td></tr>
<tr><td>10級</td><td>小学校2年程度</td></tr>
<tr><td>11級</td><td>小学校1年程度</td></tr>
<tr><td rowspan="2">かず・かたち検定</td><td>ゴールドスター</td><td rowspan="2">15問</td><td rowspan="2">10問</td><td rowspan="2">幼児</td></tr>
<tr><td>シルバースター</td></tr>
</table>

2級の検定基準（抄）

検定の内容	技能の概要	目安となる学年
式と証明，分数式，高次方程式，いろいろな関数（指数関数・対数関数・三角関数・高次関数），点と直線，円の方程式，軌跡と領域，微分係数と導関数，不定積分と定積分，複素数，方程式の解，確率分布と統計的な推測 など	**日常生活や業務で生じる課題を合理的に解決するために必要な数学技能（数学的な活用）** ①複雑なグラフの表現ができる。 ②情報の特徴を掴み，グループ分けや基準を作ることができる。 ③身の回りの事象を数学的に発見できる。	**高校2年程度**
数と集合，数と式，二次関数・グラフ，二次不等式，三角比，データの分析，場合の数，確率，整数の性質，n 進法，図形の性質 など	**日常生活や社会活動に応じた課題を正確に解決するために必要な数学技能（数学的な活用）** ①グラフや図形の表現ができる。 ②情報の選別や整理ができる。 ③身の回りの事象を数学的に説明できる。	**高校1年程度**

2 級の検定内容の構造

高校 2 年程度	高校 1 年程度	特有問題
50%	40%	10%

※割合はおおよその目安です。
※検定内容の 10% にあたる問題は，実用数学技能検定特有の問題です。

2級合格をめざすための チェックポイント

■ 2次方程式の解の種類の判別(p.51 ～)

2次方程式 $ax^2+bx+c=0$ の判別式 $D=b^2-4ac$ と解について次のことが成り立つ。

① $D>0$ $\Leftrightarrow$ 異なる2つの実数解をもつ

② $D=0$ $\Leftrightarrow$ ただ1つの実数解(重解)をもつ

③ $D<0$ $\Leftrightarrow$ 異なる2つの虚数解をもつ

■高次方程式(p.55 ～)

剰余の定理…多項式 $P(x)$ を1次式 $x-a$ で割ったときの余りは，$P(a)$

因数定理…1次式 $x-a$ が多項式 $P(x)$ の因数である $\Leftrightarrow$ $P(a)=0$

■三角比(p.62 ～)

三角比の相互関係… $\tan\theta=\dfrac{\sin\theta}{\cos\theta}$，$\sin^2\theta+\cos^2\theta=1$，$1+\tan^2\theta=\dfrac{1}{\cos^2\theta}$

正弦定理…$\dfrac{a}{\sin A}=\dfrac{b}{\sin B}=\dfrac{c}{\sin C}=2R$ (R：△ABC の外接円の半径)

余弦定理… $a^2=b^2+c^2-2bc\cos A$, $b^2=c^2+a^2-2ca\cos B$, $c^2=a^2+b^2-2ab\cos C$

三角形の面積… $S=\dfrac{1}{2}bc\sin A=\dfrac{1}{2}ca\sin B=\dfrac{1}{2}ab\sin C$ (S：△ABC の面積)

■図形と方程式(p.94 ～)

点と直線の距離…点(x_1, y_1)と直線 $ax+by+c=0$ の距離 d は，$d=\dfrac{|ax_1+by_1+c|}{\sqrt{a^2+b^2}}$

円…点(a, b)を中心とする半径 r の円の方程式は，$(x-a)^2+(y-b)^2=r^2$

円 $x^2+y^2=r^2$ 上の点(x_1, y_1)における接線の方程式は，$x_1x+y_1y=r^2$

■ 2次関数(p.112 ～)

2次関数 $y=a(x-p)^2+q$ のグラフは，$y=ax^2$ のグラフを x 軸方向に p，y 軸方向に q だけ平行移動した放物線で，軸は直線 $x=p$，頂点は点(p, q)

■加法定理(p.125 ～)

$\sin(\alpha\pm\beta)=\sin\alpha\cos\beta\pm\cos\alpha\sin\beta$ (複号同順)

$\cos(\alpha\pm\beta)=\cos\alpha\cos\beta\mp\sin\alpha\sin\beta$ (複号同順)

$\tan(\alpha\pm\beta)=\dfrac{\tan\alpha\pm\tan\beta}{1\mp\tan\alpha\tan\beta}$ (複号同順)

■指数(p.132 ～)

$a^{-m}=\dfrac{1}{a^m}$，$a^{\frac{m}{n}}=\sqrt[n]{a^m}$ ($a>0$，m，n は正の整数)

■対数(p.139 ～)

$\log_a MN=\log_a M+\log_a N$, $\log_a \dfrac{M}{N}=\log_a M-\log_a N$, $\log_a M^k=k\log_a M$,

$\log_a a=1$, $\log_a 1=0$($a>0$, $a\neq 1$, $M>0$, $N>0$, k は実数)

■微分(p.146 ～)

x^n の導関数…$(x^n)'=nx^{n-1}$(n は正の整数)

接線の方程式…曲線 $y=f(x)$ 上の点(a, $f(a)$)における接線の方程式は

$$y-f(a)=f'(a)(x-a)$$

■積分(p.157 ～)

x^n の不定積分…$\displaystyle\int x^n dx=\frac{1}{n+1}x^{n+1}+C$($n$ は0または正の整数, C は積分定数)

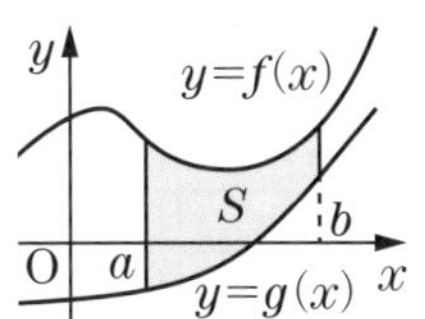

面積… $a\leqq x\leqq b$ で $f(x)\geqq g(x)$ のとき，2 曲線 $y=f(x)$, $y=g(x)$ および 2 直線 $x=a$, $x=b$ で囲まれた部分の面積 S は, $S=\displaystyle\int_a^b\{f(x)-g(x)\}\,dx$

■数列(p.166 ～)

等差数列…初項 a, 公差 d, 末項 ℓ, 項数 n の等差数列$\{a_n\}$の一般項 a_n と和 S_n は

$$a_n=a+(n-1)d,\ S_n=\frac{1}{2}n(a+\ell)=\frac{1}{2}n\{2a+(n-1)d\}$$

等比数列…初項 a, 公比 r, 項数 n の等比数列 $\{a_n\}$ の一般項 a_n と和 S_n は

$$a_n=ar^{n-1},\ S_n=\frac{a(1-r^n)}{1-r}=\frac{a(r^n-1)}{r-1}\ (r\neq 1),\ S_n=na\ (r=1)$$

■データの分析(p.180 ～)

変量 x の各値 x_1, x_2, …, x_n とその平均値 $\overline{x}$ において

分散… $s^2=\dfrac{1}{n}\{(x_1-\overline{x})^2+(x_2-\overline{x})^2+\cdots+(x_n-\overline{x})^2\}$

標準偏差… $s=\sqrt{\dfrac{1}{n}\{(x_1-\overline{x})^2+(x_2-\overline{x})^2+\cdots+(x_n-\overline{x})^2\}}$

変量 x, y において

共分散… $s_{xy}=\dfrac{1}{n}\{(x_1-\overline{x})(y_1-\overline{y})+(x_2-\overline{x})(y_2-\overline{y})+\cdots+(x_n-\overline{x})(y_n-\overline{y})\}$

相関係数… $r=\dfrac{s_{xy}}{s_x s_y}$($s_x$：変量 x の標準偏差, s_y：変量 y の標準偏差)

■確率(p.192 ～)

余事象の確率…事象 A の余事象 $\overline{A}$ が起こる確率は, $P(\overline{A})=1-P(A)$

反復試行の確率… 1 回の試行で事象 A が起こる確率を p とすると，この試行を n 回繰り返すとき，事象 A がちょうど r 回起こる確率は, ${}_n\mathrm{C}_r p^r(1-p)^{n-r}$

正規分布表

下の表は確率変数 X が平均 0，分散 1 の正規分布に従うときの $0 \leqq X \leqq u$ である確率を表します。

u	0.00	0.01	0.02	0.03	0.04	0.05	0.06	0.07	0.08	0.09
0.0	0.00000	0.00399	0.00798	0.01197	0.01595	0.01994	0.02392	0.02790	0.03188	0.03586
0.1	0.03983	0.04380	0.04776	0.05172	0.05567	0.05962	0.06356	0.06749	0.07142	0.07535
0.2	0.07926	0.08317	0.08706	0.09095	0.09483	0.09871	0.10257	0.10642	0.11026	0.11409
0.3	0.11791	0.12172	0.12552	0.12930	0.13307	0.13683	0.14058	0.14431	0.14803	0.15173
0.4	0.15542	0.15910	0.16276	0.16640	0.17003	0.17364	0.17724	0.18082	0.18439	0.18793
0.5	0.19146	0.19497	0.19847	0.20194	0.20540	0.20884	0.21226	0.21566	0.21904	0.22240
0.6	0.22575	0.22907	0.23237	0.23565	0.23891	0.24215	0.24537	0.24857	0.25175	0.25490
0.7	0.25804	0.26115	0.26424	0.26730	0.27035	0.27337	0.27637	0.27935	0.28230	0.28524
0.8	0.28814	0.29103	0.29389	0.29673	0.29955	0.30234	0.30511	0.30785	0.31057	0.31327
0.9	0.31594	0.31859	0.32121	0.32381	0.32639	0.32894	0.33147	0.33398	0.33646	0.33891
1.0	0.34134	0.34375	0.34614	0.34849	0.35083	0.35314	0.35543	0.35769	0.35993	0.36214
1.1	0.36433	0.36650	0.36864	0.37076	0.37286	0.37493	0.37698	0.37900	0.38100	0.38298
1.2	0.38493	0.38686	0.38877	0.39065	0.39251	0.39435	0.39617	0.39796	0.39973	0.40147
1.3	0.40320	0.40490	0.40658	0.40824	0.40988	0.41149	0.41309	0.41466	0.41621	0.41774
1.4	0.41924	0.42073	0.42220	0.42364	0.42507	0.42647	0.42785	0.42922	0.43056	0.43189
1.5	0.43319	0.43448	0.43574	0.43699	0.43822	0.43943	0.44062	0.44179	0.44295	0.44408
1.6	0.44520	0.44630	0.44738	0.44845	0.44950	0.45053	0.45154	0.45254	0.45352	0.45449
1.7	0.45543	0.45637	0.45728	0.45818	0.45907	0.45994	0.46080	0.46164	0.46246	0.46327
1.8	0.46407	0.46485	0.46562	0.46638	0.46712	0.46784	0.46856	0.46926	0.46995	0.47062
1.9	0.47128	0.47193	0.47257	0.47320	0.47381	0.47441	0.47500	0.47558	0.47615	0.47670
2.0	0.47725	0.47778	0.47831	0.47882	0.47932	0.47982	0.48030	0.48077	0.48124	0.48169
2.1	0.48214	0.48257	0.48300	0.48341	0.48382	0.48422	0.48461	0.48500	0.48537	0.48574
2.2	0.48610	0.48645	0.48679	0.48713	0.48745	0.48778	0.48809	0.48840	0.48870	0.48899
2.3	0.48928	0.48956	0.48983	0.49010	0.49036	0.49061	0.49086	0.49111	0.49134	0.49158
2.4	0.49180	0.49202	0.49224	0.49245	0.49266	0.49286	0.49305	0.49324	0.49343	0.49361
2.5	0.49379	0.49396	0.49413	0.49430	0.49446	0.49461	0.49477	0.49492	0.49506	0.49520
2.6	0.49534	0.49547	0.49560	0.49573	0.49585	0.49598	0.49609	0.49621	0.49632	0.49643
2.7	0.49653	0.49664	0.49674	0.49683	0.49693	0.49702	0.49711	0.49720	0.49728	0.49736
2.8	0.49744	0.49752	0.49760	0.49767	0.49774	0.49781	0.49788	0.49795	0.49801	0.49807
2.9	0.49813	0.49819	0.49825	0.49831	0.49836	0.49841	0.49846	0.49851	0.49856	0.49861
3.0	0.49865	0.49869	0.49874	0.49878	0.49882	0.49886	0.49889	0.49893	0.49896	0.49900
3.1	0.49903	0.49906	0.49910	0.49913	0.49916	0.49918	0.49921	0.49924	0.49926	0.49929
3.2	0.49931	0.49934	0.49936	0.49938	0.49940	0.49942	0.49944	0.49946	0.49948	0.49950
3.3	0.49952	0.49953	0.49955	0.49957	0.49958	0.49960	0.49961	0.49962	0.49964	0.49965
3.4	0.49966	0.49968	0.49969	0.49970	0.49971	0.49972	0.49973	0.49974	0.49975	0.49976
3.5	0.49977	0.49978	0.49978	0.49979	0.49980	0.49981	0.49981	0.49982	0.49983	0.49983

第1章 数と式

1-1 実数

1 実数の分類

☑チェック！

有理数…整数 m と 0 でない整数 n を用いて分数 $\frac{m}{n}$ の形で表すことができる数

無理数…整数 m と 0 でない整数 n を用いて分数 $\frac{m}{n}$ の形で表すことができない数

実数…有理数と無理数を合わせて実数といいます。

有限小数…小数点以下の数が有限である小数

無限小数…小数点以下の数が無限に続く小数

循環小数…無限小数のうち，ある位以下では同じ数字の並びが繰り返される小数を，循環小数といいます。循環する部分の最初と最後の数字の上に記号・をつけて表します。分母に 2 と 5 以外の素因数をもつ既約分数は循環小数となります。

実数
- 有理数
  - 整数
  - 有限小数
  - 循環小数（無限小数）
- 無理数… 循環しない無限小数（無限小数）

例 1　$\frac{4}{3}$，-2.6 は有理数です。$-\sqrt{3}$，$\pi=3.141592\cdots$ は循環しない無限小数であり，無理数です。

例 2　$\frac{5}{8}=0.625$ は有限小数です。$\frac{1}{6}$ の分母を素因数分解すると，2×3 であり，2 と 5 以外の素因数をもつため，循環小数であり，無限小数です。

例 3　$\frac{23}{9}$ を小数に直し，循環小数の記号・を用いて表すと，$\frac{23}{9}=2.555\cdots=2.\dot{5}$

テスト 次の問いに答えなさい。

(1) $\sqrt{7}$，-2，0.15，$-\sqrt{19}$を有理数と無理数に分類しなさい。

(2) $\frac{4}{7}$，$\frac{3}{10}$，$\frac{1}{30}$，$\frac{7}{25}$を小数で表したとき，有限小数になるものと循環小数になるものに分類しなさい。

答え (1) 有理数…-2，0.15　無理数…$\sqrt{7}$，$-\sqrt{19}$

(2) 有限小数になるもの…$\frac{3}{10}$，$\frac{7}{25}$　循環小数になるもの…$\frac{4}{7}$，$\frac{1}{30}$

2 根号を含む式の計算

☑チェック！

根号を含む式の計算…

正の数 a，b について

$\sqrt{a^2}=a$，$\sqrt{a}\times\sqrt{b}=\sqrt{ab}$，$\frac{\sqrt{a}}{\sqrt{b}}=\sqrt{\frac{a}{b}}$，$\sqrt{a^2b}=a\sqrt{b}$

例1　$\sqrt{10}\times\sqrt{2}=\sqrt{10\times2}=\sqrt{2\times5\times2}=\sqrt{2^2\times5}=2\sqrt{5}$

例2　$\sqrt{5}(\sqrt{3}-7)=\sqrt{5\times3}-\sqrt{5}\times7=\sqrt{15}-7\sqrt{5}$

例3　$(\sqrt{3}+5)(\sqrt{3}-2)=(\sqrt{3})^2+(5-2)\times\sqrt{3}+5\times(-2)=3+3\sqrt{3}-10$

$=-7+3\sqrt{3}$

テスト 次の計算をしなさい。

(1) $\sqrt{20}-\sqrt{45}+\sqrt{125}$　(2) $(\sqrt{10}+\sqrt{3})^2$　答え (1) $4\sqrt{5}$　(2) $13+2\sqrt{30}$

☑チェック！

分母の有理化…分母に根号を含まない形に変形すること

例1　$\frac{\sqrt{2}}{\sqrt{5}}=\frac{\sqrt{2}\times\sqrt{5}}{\sqrt{5}\times\sqrt{5}}=\frac{\sqrt{10}}{5}$　←分母と分子に$\sqrt{5}$をかける

例2　$\frac{4}{\sqrt{7}+\sqrt{3}}$

$=\frac{4(\sqrt{7}-\sqrt{3})}{(\sqrt{7}+\sqrt{3})(\sqrt{7}-\sqrt{3})}$　（分母と分子に$\sqrt{7}-\sqrt{3}$をかける）

$=\frac{4(\sqrt{7}-\sqrt{3})}{(\sqrt{7})^2-(\sqrt{3})^2}$　（分母は乗法公式$(a+b)(a-b)=a^2-b^2$を利用して計算する）

$=\frac{4(\sqrt{7}-\sqrt{3})}{4}=\sqrt{7}-\sqrt{3}$

基本問題

1 $\dfrac{7}{11}$を循環小数で表しなさい。

考え方
7÷11 の計算を，商に循環する部分が現れるまで続けます。

解き方 $7\div11=0.636363\cdots$

よって，$\dfrac{7}{11}=0.\dot{6}\dot{3}$

答え $0.\dot{6}\dot{3}$

重要
2 循環小数 $0.\dot{3}\dot{6}$ を分数で表しなさい。

考え方
$x=0.\dot{3}\dot{6}$ とおいて，両辺を 100 倍した式との差を求め，循環する部分を消去します。

解き方 $x=0.\dot{3}\dot{6}$ とおくと

$$\begin{array}{rl} 100x= & 36.363636\cdots \\ -)\quad x= & 0.363636\cdots \\ \hline 99x= & 36 \end{array}$$

←両辺を 100 倍する

よって，$x=\dfrac{36}{99}=\dfrac{4}{11}$

答え $\dfrac{4}{11}$

3 次の式の分母を有理化しなさい。

(1) $\dfrac{8}{\sqrt{6}+\sqrt{2}}$　　(2) $\dfrac{\sqrt{5}+\sqrt{2}}{\sqrt{5}-\sqrt{2}}$

考え方
(1)分母と分子に $\sqrt{6}-\sqrt{2}$ をかけます。
(2)分母と分子に $\sqrt{5}+\sqrt{2}$ をかけます。

解き方 (1) $\dfrac{8}{\sqrt{6}+\sqrt{2}}=\dfrac{8(\sqrt{6}-\sqrt{2})}{(\sqrt{6}+\sqrt{2})(\sqrt{6}-\sqrt{2})}=\dfrac{8(\sqrt{6}-\sqrt{2})}{(\sqrt{6})^2-(\sqrt{2})^2}=\dfrac{8(\sqrt{6}-\sqrt{2})}{4}$

$=2\sqrt{6}-2\sqrt{2}$

答え $2\sqrt{6}-2\sqrt{2}$

(2) $\dfrac{\sqrt{5}+\sqrt{2}}{\sqrt{5}-\sqrt{2}}=\dfrac{(\sqrt{5}+\sqrt{2})^2}{(\sqrt{5}-\sqrt{2})(\sqrt{5}+\sqrt{2})}=\dfrac{(\sqrt{5})^2+2\sqrt{5}\cdot\sqrt{2}+(\sqrt{2})^2}{(\sqrt{5})^2-(\sqrt{2})^2}$

$=\dfrac{7+2\sqrt{10}}{3}$

答え $\dfrac{7+2\sqrt{10}}{3}$

4 $\sqrt{2}=1.414$ とするとき，$\dfrac{1}{\sqrt{2}+1}$ の値を求めなさい。

考え方 分母を有理化してから $\sqrt{2}$ の値を代入します。

解き方 $\dfrac{1}{\sqrt{2}+1}=\dfrac{\sqrt{2}-1}{(\sqrt{2}+1)(\sqrt{2}-1)}=\dfrac{\sqrt{2}-1}{(\sqrt{2})^2-1^2}=\sqrt{2}-1=1.414-1=0.414$

↑ 分母を有理化せずに代入した場合，$\dfrac{1}{2.414}$ となり計算が複雑になるため，先に有理化する

答え 0.414

重要
5 次の計算をしなさい。

(1) $\dfrac{1}{2-\sqrt{3}}-\sqrt{3}$　　(2) $\dfrac{\sqrt{3}+1}{\sqrt{3}-1}-\dfrac{\sqrt{3}-1}{\sqrt{3}+1}$

解き方 (1) $\dfrac{1}{2-\sqrt{3}}-\sqrt{3}=\dfrac{2+\sqrt{3}}{(2-\sqrt{3})(2+\sqrt{3})}-\sqrt{3}=\dfrac{2+\sqrt{3}}{4-3}-\sqrt{3}=2$ **答え** 2

(2) $\dfrac{\sqrt{3}+1}{\sqrt{3}-1}-\dfrac{\sqrt{3}-1}{\sqrt{3}+1}=\dfrac{(\sqrt{3}+1)^2-(\sqrt{3}-1)^2}{(\sqrt{3}-1)(\sqrt{3}+1)}=\dfrac{4+2\sqrt{3}-(4-2\sqrt{3})}{3-1}$

$=2\sqrt{3}$

答え $2\sqrt{3}$

重要
6 $x+\dfrac{1}{x}=\sqrt{7}$ のとき，$x^2+\dfrac{1}{x^2}$ の値を求めなさい。

解き方 $\left(x+\dfrac{1}{x}\right)^2=(\sqrt{7})^2$

両辺を 2 乗する

$x^2+2+\dfrac{1}{x^2}=7$

両辺から 2 をひく

$x^2+\dfrac{1}{x^2}=5$

5

重要
7 $x=\dfrac{1}{\sqrt{6}+2}$，$y=\dfrac{1}{\sqrt{6}-2}$ のとき，x^2+y^2 の値を求めなさい。

考え方 x^2+y^2 を $x+y$，xy を用いて表し，$x+y$，xy の値を代入します。

解き方 $x+y=\dfrac{1}{\sqrt{6}+2}+\dfrac{1}{\sqrt{6}-2}=\dfrac{\sqrt{6}-2+\sqrt{6}+2}{(\sqrt{6}+2)(\sqrt{6}-2)}=\dfrac{2\sqrt{6}}{6-4}=\sqrt{6}$

$xy=\dfrac{1}{\sqrt{6}+2}\times\dfrac{1}{\sqrt{6}-2}=\dfrac{1}{(\sqrt{6}+2)(\sqrt{6}-2)}=\dfrac{1}{6-4}=\dfrac{1}{2}$

よって，$x^2+y^2=(x+y)^2-2xy=(\sqrt{6})^2-2\times\dfrac{1}{2}=5$

答え 5

応用問題

1 $\dfrac{2}{\sqrt{2}+\sqrt{3}+\sqrt{5}}$の分母を有理化しなさい。

考え方
$(\sqrt{2})^2+(\sqrt{3})^2=(\sqrt{5})^2$ になることから，分母と分子に
$(\sqrt{2}+\sqrt{3})-\sqrt{5}$ をかけます。

解き方 $\dfrac{2}{\sqrt{2}+\sqrt{3}+\sqrt{5}}=\dfrac{2(\sqrt{2}+\sqrt{3}-\sqrt{5})}{\{(\sqrt{2}+\sqrt{3})+\sqrt{5}\}\{(\sqrt{2}+\sqrt{3})-\sqrt{5}\}}$

$=\dfrac{2(\sqrt{2}+\sqrt{3}-\sqrt{5})}{(\sqrt{2}+\sqrt{3})^2-(\sqrt{5})^2}$ 　$\sqrt{2}-(\sqrt{3}+\sqrt{5})$や$(\sqrt{2}+\sqrt{5})-\sqrt{3}$をかけてもよいが，分母が 2 項になる

$=\dfrac{2(\sqrt{2}+\sqrt{3}-\sqrt{5})}{5+2\sqrt{6}-5}=\dfrac{2(\sqrt{2}+\sqrt{3}-\sqrt{5})}{2\sqrt{6}}$

$=\dfrac{\sqrt{2}+\sqrt{3}-\sqrt{5}}{\sqrt{6}}=\dfrac{\sqrt{6}(\sqrt{2}+\sqrt{3}-\sqrt{5})}{(\sqrt{6})^2}$

$=\dfrac{\sqrt{12}+\sqrt{18}-\sqrt{30}}{6}=\dfrac{2\sqrt{3}+3\sqrt{2}-\sqrt{30}}{6}$

答え $\dfrac{2\sqrt{3}+3\sqrt{2}-\sqrt{30}}{6}$

2 $\dfrac{1}{\sqrt{5}-2}$の整数部分を a，小数部分を $b(0\leqq b<1)$とするとき，
$\dfrac{1}{a+b}-\dfrac{1}{b}$の値を求めなさい。

ポイント
もとの数を整数部分と小数部分に分けると
(小数部分)＝(もとの数)－(整数部分)

解き方 $\dfrac{1}{\sqrt{5}-2}$の分母を有理化すると

$\dfrac{1}{\sqrt{5}-2}=\dfrac{\sqrt{5}+2}{(\sqrt{5}-2)(\sqrt{5}+2)}=\dfrac{\sqrt{5}+2}{5-4}=\sqrt{5}+2$

$\sqrt{4}<\sqrt{5}<\sqrt{9}$ より $2<\sqrt{5}<3$ であるから，$\sqrt{5}$ の整数部分は 2 である。

よって，$\sqrt{5}+2$ の整数部分は，$a=2+2=4$

小数部分は，$b=(\sqrt{5}+2)-a=(\sqrt{5}+2)-4=\sqrt{5}-2$

したがって，$\dfrac{1}{a+b}-\dfrac{1}{b}=\dfrac{-a}{(a+b)b}=\dfrac{-4}{(\sqrt{5}+2)(\sqrt{5}-2)}=\dfrac{-4}{5-4}=-4$

答え -4

3 $a<\dfrac{3}{\sqrt{13}-\sqrt{10}}<a+1$ を満たす整数 a を求めなさい。

考え方
$\dfrac{3}{\sqrt{13}-\sqrt{10}}$ の分母を有理化した式を2乗することで根号を1つにして，それを隣り合う2つの平方数ではさみます。

解き方 $\dfrac{3}{\sqrt{13}-\sqrt{10}}=\dfrac{3(\sqrt{13}+\sqrt{10})}{(\sqrt{13}-\sqrt{10})(\sqrt{13}+\sqrt{10})}=\dfrac{3(\sqrt{13}+\sqrt{10})}{13-10}=\sqrt{13}+\sqrt{10}$

$(\sqrt{13}+\sqrt{10})^2=13+2\sqrt{13}\sqrt{10}+10=23+2\sqrt{130}$

$11^2<130<12^2$ より，$11<\sqrt{130}<12$

よって，$45<23+2\sqrt{130}<47$

$6^2<45$，$47<7^2$ であるから

$6^2<23+2\sqrt{130}<7^2$

$6^2<(\sqrt{13}+\sqrt{10})^2<7^2$

これより，$6<\sqrt{13}+\sqrt{10}<7$ すなわち，$6<\dfrac{3}{\sqrt{13}-\sqrt{10}}<7$

したがって，$a=6$

答え $a=6$

4 次の3つの数の大小を比較しなさい。

$\sqrt{23}+\sqrt{31}$，$\dfrac{9}{\sqrt{31}-\sqrt{23}}$，$\sqrt{22}+\sqrt{32}$

考え方
比較する数の分母を有理化したり，比較する数を2乗したりして，大小を比較しやすい形にします。

解き方 $\dfrac{9}{\sqrt{31}-\sqrt{23}}=\dfrac{9(\sqrt{31}+\sqrt{23})}{(\sqrt{31}-\sqrt{23})(\sqrt{31}+\sqrt{23})}=\dfrac{9(\sqrt{31}+\sqrt{23})}{31-23}=\dfrac{9}{8}(\sqrt{31}+\sqrt{23})$

$1<\dfrac{9}{8}$より，$\sqrt{31}+\sqrt{23}<\dfrac{9}{8}(\sqrt{31}+\sqrt{23})$すなわち，$\sqrt{23}+\sqrt{31}<\dfrac{9}{\sqrt{31}-\sqrt{23}}$

$(\sqrt{23}+\sqrt{31})^2=23+2\sqrt{23}\sqrt{31}+31=54+2\sqrt{713}$

$(\sqrt{22}+\sqrt{32})^2=22+2\sqrt{22}\sqrt{32}+32=54+2\sqrt{704}$

$704<713$ より，$(\sqrt{22}+\sqrt{32})^2<(\sqrt{23}+\sqrt{31})^2$

よって，$\sqrt{22}+\sqrt{32}<\sqrt{23}+\sqrt{31}$

以上より，$\sqrt{22}+\sqrt{32}<\sqrt{23}+\sqrt{31}<\dfrac{9}{\sqrt{31}-\sqrt{23}}$

答え $\sqrt{22}+\sqrt{32}<\sqrt{23}+\sqrt{31}<\dfrac{9}{\sqrt{31}-\sqrt{23}}$

練習問題

答え：別冊 p.3

1 $\dfrac{21}{101}$を循環小数で表しなさい。

重要
2 循環小数 $0.\dot{1}0\dot{5}$ を分数で表しなさい。

重要
3 次の計算をしなさい。答えが分数になるときは，分母を有理化して答えなさい。

(1) $(\sqrt{3}+\sqrt{7}+\sqrt{10})(\sqrt{3}+\sqrt{7}-\sqrt{10})$

(2) $\dfrac{\sqrt{3}+7}{\sqrt{15}-\sqrt{5}}+\sqrt{\dfrac{3}{5}}$

4 $x^2+\dfrac{1}{x^2}=2$ のとき，$x+\dfrac{1}{x}$の値を求めなさい。

重要
5 $x=\dfrac{3}{\sqrt{5}-\sqrt{2}}$，$y=\dfrac{3}{\sqrt{5}+\sqrt{2}}$のとき，次の問いに答えなさい。

(1) x^2+y^2 の値を求めなさい。

(2) x^4+y^4 の値を求めなさい。

1-2 整数の性質

1 約数と倍数

☑チェック！

約数・倍数…2つの整数 a，b について，$a=bn$ を満たす整数 n が存在するとき，b は a の約数，a は b の倍数といいます。

約数の個数…正の整数 N を素因数分解した結果が $N=p^a q^b r^c\cdots$ であるとき，N の正の約数の個数は，$(a+1)(b+1)(c+1)\cdots$(個)となります。

例1　300を素因数分解すると $300=2^2\times3^1\times5^2$ だから，300の正の約数の個数は
$(2+1)(1+1)(2+1)=3\times2\times3=18$(個)

テスト　次の数の正の約数の個数を求めなさい。

(1)　280　　(2)　2352　　答え (1)　16個　　(2)　30個

2 1次不定方程式

☑チェック！

互いに素…2つの正の整数 a，b の最大公約数が1であるとき，a と b は互いに素であるといいます。

1次不定方程式…

a，b，c は整数の定数で，$a\neq0$，$b\neq0$ とするとき，x，y の1次方程式 $ax+by=c$ を1次不定方程式といいます。1次不定方程式 $ax+by=0$ (a，b は互いに素)を満たすすべての整数解は，$x=bn$，$y=-an$(n は整数)と表されます。

例1　不定方程式 $9x-7y=0$ のすべての整数解

$9x=7y$ で，9と7は互いに素であるから，x は7の倍数です。

よって，$x=7n$(n は整数)となり，これを $9x=7y$ に代入して

$9\times7n=7y$ すなわち，$y=9n$

したがって，求めるすべての整数解は，$x=7n$，$y=9n$(n は整数)

例2　不定方程式 $5x-3y=1$　…①のすべての整数解

$x=2$，$y=3$ は①の整数解の1つであるから ←1組の整数解を見つける

$5\times2-3\times3=1$　…②

①−②より，$5(x-2)-3(y-3)=0$

すなわち，$5(x-2)=3(y-3)$　…③

5と3は互いに素であるから，$x-2$ は3の倍数です。

よって，$x-2=3n$（n は整数）となり，これを③に代入して

$5\times3n=3(y-3)$ すなわち，$y=5n+3$

したがって，求めるすべての整数解は，$x=3n+2$，$y=5n+3$（n は整数）

テスト　不定方程式 $4x+5y=2$ のすべての整数解を求めなさい。

答え　$x=5n-2$，$y=-4n+2$（n は整数）

3 n 進法

チェック！

10進法…0から9までの10種類の数字を用い，右から順に1，10^1，10^2，…の位として数を表します。

2進法…0と1の2種類の数字を用い，右から順に1，2^1，2^2，…の位として数を表します。

n 進法…0から $n-1$ までの n 種類の数字を用い，右から順に1，n^1，n^2，…の位として数を表します。10進法以外の n 進法では，数の右下に$_{(n)}$を書きます。

例1　$1011_{(2)}$ を10進法で表すと

$1011_{(2)}=1\times2^3+0\times2^2+1\times2^1+1\times1=8+0+2+1=11$

例2　5を2進法で表すと

$5=1\times2^2+0\times2^1+1\times1=101_{(2)}$

$$\begin{array}{r|ll} 2 & 5 & 余り \\ 2 & 2 & \cdots 1 \\ 2 & 1 & \cdots 0 \\ & 0 & \cdots 1 \end{array}$$

↑←商が0になるまで2で割り，余りを逆順に並べる

テスト　次の2進法で表された数を10進法で，10進法で表された数を2進法で表しなさい。

(1)　$10101_{(2)}$　　(2)　18

答え　(1)　21　　(2)　$10010_{(2)}$

基本問題

1 360の正の約数の個数を求めなさい。

ポイント
正の整数 N を素因数分解した結果が $N=p^a q^b r^c$ …であるとき，N の正の約数の個数は，$(a+1)(b+1)(c+1)\cdots$（個）

解き方 360を素因数分解すると $360=2^3\times3^2\times5^1$ だから，360の正の約数の個数は，$(3+1)(2+1)(1+1)=4\times3\times2=24$（個）

答え 24個

2 不定方程式 $3x-7y=1$ のすべての整数解を求めなさい。

考え方
まず，x，y に適当な数値を代入し，1組の整数解を見つけます。

解き方 $3x-7y=1$ …①

$x=-2$，$y=-1$ は①を満たす整数解の1つであるから

$3\times(-2)-7\times(-1)=1$ …②

①−②より，$3(x+2)-7(y+1)=0$ すなわち，$3(x+2)=7(y+1)$ …③

3と7は互いに素であるから，$x+2=7n$（n は整数）となり，これを③に代入して，$y=3n-1$

よって，求めるすべての整数解は，$x=7n-2$，$y=3n-1$（n は整数）

答え $x=7n-2$，$y=3n-1$（n は整数）

重要 **3** 10進法で表された数91を2進法で表しなさい。

考え方
91を商が0になるまで2で割り，余りを逆順に並べます。

解き方 $91=1\times2^6+0\times2^5+1\times2^4+1\times2^3+0\times2^2+1\times2^1+1\times1$

$=1011011_{(2)}$

2)	91	余り
2)	45	…1
2)	22	…1
2)	11	…0
2)	5	…1
2)	2	…1
2)	1	…0
	0	…1

答え $1011011_{(2)}$

応用問題

1 $2x-5y=1$，$3y+7z=1$，$x+y+z>0$ をすべて満たす整数 x，y，z のうち，$x+y+z$ の値が最小となるものを求めなさい。

考え方 $2x-5y=1$ を満たすすべての整数解 y を $3y+7z=1$ に代入してできる不定方程式の解から，与えられた 2 つの不定方程式をともに満たすすべての整数解 x，y，z を求めます。

解き方 $2x-5y=1$ …①，$3y+7z=1$ …②

$x=3$，$y=1$ は①を満たす整数解の 1 つであるから，$2\times3-5\times1=1$ …③

①−③より，$2(x-3)-5(y-1)=0$

すなわち，$2(x-3)=5(y-1)$ …④

2 と 5 は互いに素であるから，$x-3=5m$（m は整数）となり，これを④に代入して，$y=2m+1$

①を満たすすべての整数解は，$x=5m+3$，$y=2m+1$（m は整数） …⑤

②に $y=2m+1$ を代入して整理すると，$6m+7z=-2$ …⑥

$m=2$，$z=-2$ は⑥を満たす整数解の 1 つであるから

$6\times2+7\times(-2)=-2$ …⑦

⑥−⑦より，$6(m-2)+7(z+2)=0$

すなわち，$6(m-2)=-7(z+2)$ …⑧

6 と 7 は互いに素であるから，$m-2=7n$（n は整数）となり，これを⑧に代入して，$z=-6n-2$

$m-2=7n$ より，$m=7n+2$ であるから，これを⑤に代入して

$x=5(7n+2)+3=35n+13$，$y=2(7n+2)+1=14n+5$

よって，①，②を満たすすべての整数解は

$x=35n+13$，$y=14n+5$，$z=-6n-2$（n は整数）

このとき，$x+y+z=(35n+13)+(14n+5)+(-6n-2)=43n+16$

よって，$x+y+z>0$ を満たすとき，$x+y+z$ は $n=0$ のとき最小値 16 をとり，このとき，$x=13$，$y=5$，$z=-2$ となる。

答え $x=13$，$y=5$，$z=-2$

練習問題

答え：別冊 p.4 ～ p.5

1 $\dfrac{1}{x}+\dfrac{3}{y}=1$ を満たす正の整数の組 x，y をすべて求めなさい。

2 3桁の正の整数のうち，5の倍数であり，かつ9の倍数であるものの個数を求めなさい。

3 不定方程式 $3x+4y=2$ のすべての整数解を求めなさい。

4 数直線上の原点に駒が置いてあります。1枚の硬貨を投げて，表が出たら駒を正の方向に3，裏が出たら駒を負の方向に2だけ移動させます。硬貨を n 回投げるとき，駒が到達する点の座標が17となり得るような n の値の最小値を求めなさい。

重要
5 次の問いに答えなさい。

(1) 2進法で表された数 $1110010_{(2)}$ を10進法で表しなさい。

(2) 10進法で表された数38を2進法で表しなさい。

(3) 3進法で表された数 $12201_{(3)}$ を10進法で表しなさい。

6 次の計算の結果を2進法で表しなさい。

(1) $110_{(2)}+111_{(2)}$　　(2) $111_{(2)}\times110_{(2)}$

1-3 集合と命題

1 集合

☑ チェック！

集合と要素…範囲がはっきりしたものの集まりを集合といい，集合を構成しているものをその集合の要素といいます。a が集合 A の要素であるとき，a は集合 A に**属する**といい，$a \in A$ と表します。また，b が集合 A の要素でないことを，$b \notin A$ と表します。集合の表し方には，{ }の中に要素を書き並べる方法と，要素の条件を述べる方法があります。

部分集合…集合 A のすべての要素が集合 B の要素であるとき，A を B の部分集合といい，$A \subset B$ または $B \supset A$ と表します。このとき，A は B に**含まれる**，または B は A を**含む**といいます。2つの集合 A と B の要素がすべて一致するとき，A と B は**等しい**といい，$A=B$ と表します。

空集合…要素を1つももたない集合を空集合といい，ϕ と表します。

共通部分…2つの集合 A と B のどちらにも属する要素全体の集合を A と B の共通部分といい，$A \cap B$ と表します。

和集合…2つの集合 A と B の少なくとも一方に属する要素全体の集合を A と B の和集合といい，$A \cup B$ と表します。

全体集合…考えるもの全体の集合をあらかじめ集合 U と定め，その部分集合について考えるとき，集合 U を全体集合といいます。

補集合…全体集合 U の中で，集合 A に属さない要素全体の集合を A の補集合といい，$\overline{A}$ と表します。

部分集合 $A \subset B$

共通部分 $A \cap B$

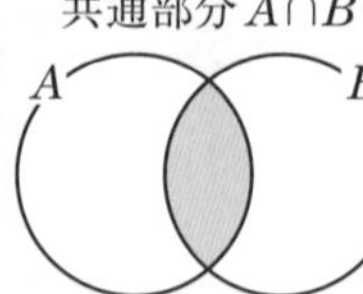

和集合 $A \cup B$

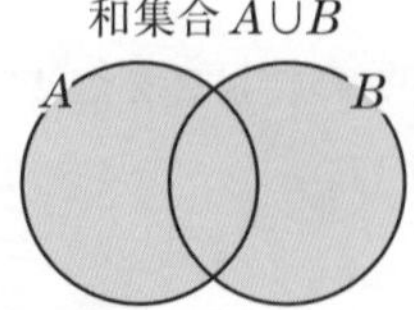

補集合 $\overline{A}$

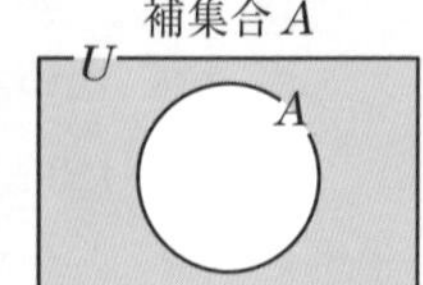

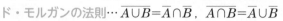

ド・モルガンの法則…$\overline{A \cup B}=\overline{A} \cap \overline{B}$，$\overline{A \cap B}=\overline{A} \cup \overline{B}$

例1　4以下の正の整数全体の集合を A とするとき，

要素を書き並べる方法では，$A=\{1,\ 2,\ 3,\ 4\}$ と表します。

要素の条件を述べる方法では，$A=\{x \mid x$ は4以下の正の整数$\}$ と表します。

例2　集合 $A=\{3,\ 6\}$ の部分集合は，次の4個です。

ϕ，$\{3\}$，$\{6\}$，$\{3,\ 6\}$ ←空集合 ϕ と集合 A 自身も A の部分集合

2 命題

チェック！

命題…

正しいか正しくないかがはっきり決まる事柄を述べた文や式を命題といいます。ある命題が正しいとき，その命題は**真**であるといい，正しくないとき，その命題は**偽**であるといいます。2つの条件 p，q について「p ならば q である」という形の命題を「$p \Rightarrow q$」と表します。このとき，p を**仮定**，q を**結論**といいます。この命題について，「p であるが q でない」例を1つ挙げれば，偽であることが示せます。そのような例を**反例**といいます。また，変数を含んだ文や式で真偽が決まるものを，**条件**といいます。

必要条件と十分条件…2つの条件 p，q において，命題「$p \Rightarrow q$」が真であるとき，q は p であるための必要条件であるといい，p は q であるための十分条件であるといいます。

必要十分条件…2つの命題「$p \Rightarrow q$」，「$q \Rightarrow p$」がともに真であるとき，p は q であるための（また，q は p であるための）必要十分条件であるといいます。このとき，「$p \Leftrightarrow q$」と表し，p と q は**同値**であるといいます。

条件の否定…条件 p に対して，条件「p でない」を p の否定といい，$\overline{p}$ と表します。

ド・モルガンの法則…$\overline{p \text{ かつ } q} \Leftrightarrow \overline{p} \text{ または } \overline{q}$

$\overline{p \text{ または } q} \Leftrightarrow \overline{p} \text{ かつ } \overline{q}$

例1　命題「x が10の倍数 $\Rightarrow$ x が5の倍数」は真であるから，「x が5の倍数」は「x が10の倍数」であるための必要条件であり，「x が10の倍数」は「x が5の倍数」であるための十分条件です。

例 2　条件「$x+y>0$ かつ $xy \leqq 0$」の否定は，ド・モルガンの法則より
「$x+y \leqq 0$ または $xy>0$」です。

☑ チェック！

命題の逆，裏，対偶…

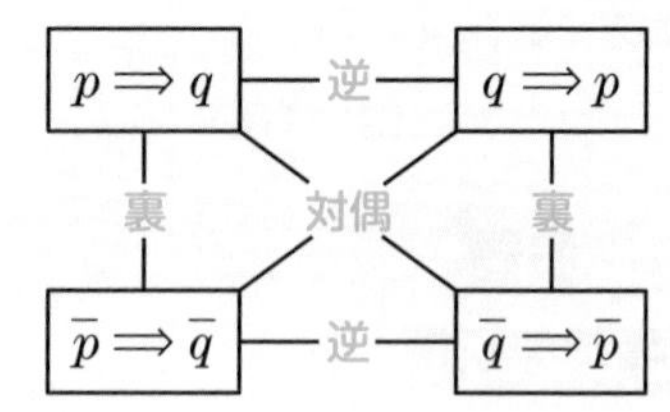

命題「$p \Rightarrow q$」に対して，
命題「$q \Rightarrow p$」を「$p \Rightarrow q$」の逆，
命題「$\overline{p} \Rightarrow \overline{q}$」を「$p \Rightarrow q$」の裏，
命題「$\overline{q} \Rightarrow \overline{p}$」を「$p \Rightarrow q$」の対偶
といいます。

命題が真であっても，その命題の逆は真とは限りません。また，裏も真とは限りません。命題「$p \Rightarrow q$」とその対偶「$\overline{q} \Rightarrow \overline{p}$」の真偽は一致します。

対偶を利用する証明方法…

命題とその対偶の真偽は一致するので，命題「$p \Rightarrow q$」を証明するとき，その対偶「$\overline{q} \Rightarrow \overline{p}$」を証明する方法があります。

背理法を利用する証明方法…

ある命題を証明するとき，その命題が成り立たないと仮定すると矛盾が生じることを証明する方法があります。このような方法を背理法といいます。

例 1　命題「$x=2 \Rightarrow x^2=4$」は真です。この命題に対して，
逆は「$x^2=4 \Rightarrow x=2$」であり，$x=-2$ が反例であるから偽です。
裏は「$x \neq 2 \Rightarrow x^2 \neq 4$」であり，$x=-2$ が反例であるから偽です。
対偶は「$x^2 \neq 4 \Rightarrow x \neq 2$」であり，もとの命題が真であるため，対偶も真です。

例 2　命題「$xy \neq 15 \Rightarrow x \neq 3$ または $y \neq 5$」の対偶を利用した証明
条件「$xy \neq 15$」の否定は「$xy=15$」です。
条件「$x \neq 3$ または $y \neq 5$」の否定は「$x=3$ かつ $y=5$」です。
↑ド・モルガンの法則 $\overline{p \text{ または } q} \Leftrightarrow \overline{p}$ かつ $\overline{q}$

これより，もとの命題の対偶は「$x=3$ かつ $y=5 \Rightarrow xy=15$」であり，真です。よって，対偶が真であるため，もとの命題「$xy \neq 15 \Rightarrow x \neq 3$ または $y \neq 5$」も真です。

基本問題

重要 1 $U=\{x \mid x$ は1以上10以下の整数$\}$を全体集合とします。このとき，部分集合$A=\{2,\ 5,\ 7,\ 8\}$の補集合$\overline{A}$を，要素を書き並べる方法で表しなさい。

解き方 図に表すと右のようになる。全体集合Uに属しているが集合Aに属していない要素を書き並べればよいので，$\overline{A}=\{1,\ 3,\ 4,\ 6,\ 9,\ 10\}$

答え $\overline{A}=\{1,\ 3,\ 4,\ 6,\ 9,\ 10\}$

2 次の□にあてはまるものを，下の㋐～㋓の中から1つずつ選びなさい。

㋐ 必要条件であるが十分条件でない

㋑ 十分条件であるが必要条件でない

㋒ 必要十分条件である

㋓ 必要条件でも十分条件でもない

(1) $-2<x<3$は，$x<5$であるための□。

(2) 平行四辺形であることは，ひし形であるための□。

考え方
(1) $p:-2<x<3$，$q:x<5$とおき，$p\Rightarrow q$と$q\Rightarrow p$の真偽を調べます。

解き方 (1) $p:-2<x<3$，$q:x<5$とする。
$-2<x<3$のとき$x<5$だから，$p\Rightarrow q$は真である。$q\Rightarrow p$は，$x=4$が反例であるから偽である。よって，pはqであるための十分条件であるが必要条件でないから㋑である。

答え ㋑

(2) p：四角形ABCDは平行四辺形，q：四角形ABCDはひし形とする。$p\Rightarrow q$は，$AB=CD=2$，$AD=BC=3$である平行四辺形ABCDが反例であるから偽である。ひし形は2組の向かい合う辺の長さがそれぞれ等しいため平行四辺形であるから，$q\Rightarrow p$は真である。よって，pはqであるための必要条件であるが十分条件でないから㋐である。

答え ㋐

応用問題

1 x, y を整数とします。次の命題を証明しなさい。

「$x-y$ が奇数ならば, x, y の少なくとも1つは偶数である」

ポイント 命題の真偽とその対偶の真偽は一致します。

解き方 整数 x, y について, 条件「$x-y$ が奇数」の否定は「$x-y$ が偶数」である。条件「x, y の少なくとも1つは偶数」は「x が偶数または y が偶数」であるから, その否定は「x が奇数かつ y が奇数」である。よって, 与えられた命題の対偶は, 「x が奇数かつ y が奇数ならば, $x-y$ が偶数である」となる。

答え 対偶「x が奇数かつ y が奇数ならば, $x-y$ が偶数である」を証明する。x, y がともに奇数ならば, ある整数 m, n を用いて,

$x=2m+1$, $y=2n+1$ と表される。ここで,

$x-y=(2m+1)-(2n+1)=2(m-n)$ であり, $m-n$ は整数なので,

$x-y$ は偶数である。対偶が真であるから, もとの命題も真である。

よって, $x-y$ が奇数ならば, x, y の少なくとも1つは偶数である。

2 a, b は有理数で, $b\neq0$ のとき, $a+b\sqrt{3}$ が無理数であることを証明しなさい。ただし, $\sqrt{3}$ が無理数であることは証明せずに用いてもかまいません。

考え方 「$a+b\sqrt{3}$ が無理数でない」, すなわち「$a+b\sqrt{3}$ が有理数である」と仮定して, 矛盾を導きます。

解き方 $a+b\sqrt{3}=c$ として, c が有理数であると仮定する。a, b, c が有理数であることと, $\sqrt{3}$ が無理数であることを利用して, 矛盾を導けばよい。

答え $c=a+b\sqrt{3}$ として, c が有理数であると仮定する。式を変形して

$$\sqrt{3}=\frac{c-a}{b} \quad \cdots(※)$$

a, b, c は有理数だから, $\dfrac{c-a}{b}$ も有理数である。これは(※)の左辺 $\sqrt{3}$ が無理数であることに矛盾する。よって, $a+b\sqrt{3}$ は無理数である。

発展問題

1 $\sqrt{2}$ が無理数であることを証明しなさい。

考え方 「$\sqrt{2}$ は有理数である」と仮定して，矛盾を導きます。

解き方 $\sqrt{2}$ が有理数であるということは，$\sqrt{2}$ が既約分数で表せるということである。これを利用して矛盾を導けばよい。

答え $\sqrt{2}$ が有理数であると仮定すると，$\sqrt{2}$ は互いに素な正の整数 a，b を用いて $\sqrt{2}=\dfrac{a}{b}$ と表すことができる。これより

$a=\sqrt{2}\,b$

$a^2=2b^2$ …①

ここで，「a^2 が偶数 $\Rightarrow$ a は偶数」を証明する。この命題の対偶は「a が奇数 $\Rightarrow$ a^2 は奇数」である。a が奇数のとき，a は整数 n を用いて $a=2n+1$ と表されるから

$$\begin{aligned}a^2&=(2n+1)^2\\&=4n^2+4n+1\\&=2(2n^2+2n)+1\end{aligned}$$

$2n^2+2n$ は整数であるから，a^2 は奇数である。したがって，「a が奇数 $\Rightarrow$ a^2 は奇数」が真なので，「a^2 が偶数 $\Rightarrow$ a は偶数」は真である。

①より a^2 は偶数なので，a は偶数である。このとき，a は整数 k を用いて $a=2k$ と表される。これを①に代入して

$4k^2=2b^2$

$b^2=2k^2$

よって，b^2 が偶数なので，b は偶数である。

これより，a，b はともに偶数であるから，公約数2をもつ。これは，a と b が互いに素であることに矛盾する。

よって，$\sqrt{2}$ は無理数である。

練習問題

答え：別冊 p.6

重要
1 $U=\{x\mid x$ は 18 以下の正の整数$\}$を全体集合とします。Uの2つの部分集合A，Bを

$A=\{x\mid x$ は 18 の正の約数$\}$，

$B=\{2, 5, 6, 7, 8, 10, 15, 18\}$

によって定めます。このとき，集合$A\cap\overline{B}$を要素を書き並べる方法で表しなさい。ただし，$\overline{B}$はBの補集合を表します。

2 x，yを実数とします。次の命題は真ですか，偽ですか。真ならばそのことを証明し，偽ならばその反例を挙げなさい。

「$x^2+y^2<9$ ならば，$|x|+|y|<3$」

3 次の□にあてはまるものを，下の㋐〜㋓の中から1つずつ選びなさい。

㋐ 必要条件であるが十分条件でない

㋑ 十分条件であるが必要条件でない

㋒ 必要十分条件である

㋓ 必要条件でも十分条件でもない

(1) x，yを実数とするとき，$xy>0$ は $x<0$ かつ $y<0$ であるための□。

(2) △ABC において，$\mathrm{AB}^2=\mathrm{BC}^2+\mathrm{CA}^2$ であることは，△ABC が∠C$=90°$の直角三角形であるための□。

4 nを整数とします。次の命題を証明しなさい。

「n^2-1 が4の倍数ならば，nは奇数である」

5 3辺の長さがすべて奇数の直角三角形は存在しないことを証明しなさい。

1-4 式の計算

1 式の展開

☑チェック!

展開…単項式と多項式の積，多項式と多項式の積の形をした式を，かっこを外して1つの多項式に表すこと

乗法公式…

$(x+a)(x+b)=x^2+(a+b)x+ab$

$(a+b)^2=a^2+2ab+b^2$

$(a-b)^2=a^2-2ab+b^2$

$(a+b)(a-b)=a^2-b^2$

$(ax+b)(cx+d)=acx^2+(ad+bc)x+bd$

$(a+b+c)^2=a^2+b^2+c^2+2ab+2bc+2ca$

$(a+b)^3=a^3+3a^2b+3ab^2+b^3$

$(a-b)^3=a^3-3a^2b+3ab^2-b^3$

$(a+b)(a^2-ab+b^2)=a^3+b^3$

$(a-b)(a^2+ab+b^2)=a^3-b^3$

例1　$(3x+4y)(2x-5y)=3\times2\times x^2+\{3\times(-5y)+4y\times2\}x+4y\times(-5y)$

$=6x^2-7xy-20y^2$　　↑ $a=3$，$b=4y$，$c=2$，$d=-5y$

例2　$(x+5y-2)^2$

$=x^2+(5y)^2+(-2)^2+2\times x\times5y+2\times5y\times(-2)+2\times(-2)\times x$

$=x^2+25y^2+10xy-4x-20y+4$

例3　$(2x-3y)^3=(2x)^3-3\times(2x)^2\times3y+3\times2x\times(3y)^2-(3y)^3$　← $a=2x$，$b=3y$

$=8x^3-36x^2y+54xy^2-27y^3$

テスト　次の式を展開して計算しなさい。

(1)　$(4x-5y)(3x-2y)$　　　(2)　$(x+2y)(x^2-2xy+4y^2)$

答え　(1)　$12x^2-23xy+10y^2$　　(2)　x^3+8y^3

2 因数分解

チェック！

因数…多項式をいくつかの単項式や多項式の積で表すとき，その個々の数や式を因数といいます。$x^2+2x-3=(x+3)(x-1)$ より，$x+3$，$x-1$ は x^2+2x-3 の因数です。

因数分解…多項式をいくつかの因数の積の形で表すこと

共通因数…式のすべての項に含まれる因数を共通因数といいます。$ab+ac$ では a が共通因数です。

因数分解の公式…

$$x^2+(a+b)x+ab=(x+a)(x+b)$$
$$a^2+2ab+b^2=(a+b)^2$$
$$a^2-2ab+b^2=(a-b)^2$$
$$a^2-b^2=(a+b)(a-b)$$
$$acx^2+(ad+bc)x+bd=(ax+b)(cx+d)$$
$$a^3+b^3=(a+b)(a^2-ab+b^2)$$
$$a^3-b^3=(a-b)(a^2+ab+b^2)$$

例 1　$4x^2+5x-6$ ←$ac=4$，$ad+bc=5$，$bd=-6$ になる a，b，c，d を見つける

$=(x+2)(4x-3)$

たすき掛け→

a	b →	bc
c	d →	ad
ac	bd	$ad+bc$

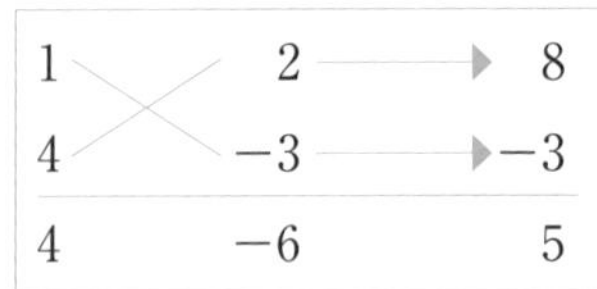

例 2　$8x^3-27y^3=(2x)^3-(3y)^3$ ←$a=2x$，$b=3y$

$=(2x-3y)(4x^2+6xy+9y^2)$

テスト　次の式を因数分解しなさい。

(1)　$6x^2-11x+3$　　(2)　$125x^3+64y^3$

答え　(1)　$(2x-3)(3x-1)$　　(2)　$(5x+4y)(25x^2-20xy+16y^2)$

3 二項定理

チェック!

組合せ…異なる n 個のものから r 個取り出した1組を，組合せといいます。

その総数を ${}_n\mathrm{C}_r$ で表し，次の式が成り立ちます。

$${}_n\mathrm{C}_r=\frac{n(n-1)(n-2)\cdots(n-r+1)}{r(r-1)(r-2)\cdots\cdot3\cdot2\cdot1}$$ ただし，${}_n\mathrm{C}_0=1$ とします。

$(a+b)^n$ の展開式における $a^{n-r}b^r$ の係数は，n 個の $a+b$ から a を $(n-r)$ 個，b を r 個取り出した組合せの総数 ${}_n\mathrm{C}_r$ に等しくなります。

パスカルの三角形…

$(a+b)^n$ の展開式における各項の係数を，右のように三角形に並べたものをパスカルの三角形といいます。パスカルの三角形について，次のような性質が成り立ちます。

$(a+b)^1$	1 1
$(a+b)^2$	1 2 1
$(a+b)^3$	1 3 3 1
$(a+b)^4$	1 4 6 4 1
$(a+b)^5$	1 5 10 10 5 1

${}_{n-1}\mathrm{C}_{r-1}+{}_{n-1}\mathrm{C}_r={}_n\mathrm{C}_r$

①n 段めの数の並びは

${}_n\mathrm{C}_0$，${}_n\mathrm{C}_1$，${}_n\mathrm{C}_2$，…，${}_n\mathrm{C}_r$，…，${}_n\mathrm{C}_n$

②数の配列は左右対称である。(${}_n\mathrm{C}_r={}_n\mathrm{C}_{n-r}$)

③各行の両端の数は1である。(${}_n\mathrm{C}_0={}_n\mathrm{C}_n=1$)

④両端以外の各数は，その左上の数と右上の数との和に等しい。

(${}_{n-1}\mathrm{C}_{r-1}+{}_{n-1}\mathrm{C}_r={}_n\mathrm{C}_r$)

二項定理…

$$(a+b)^n={}_n\mathrm{C}_0a^n+{}_n\mathrm{C}_1a^{n-1}b+{}_n\mathrm{C}_2a^{n-2}b^2+\cdots+{}_n\mathrm{C}_ra^{n-r}b^r+\cdots+{}_n\mathrm{C}_{n-1}ab^{n-1}+{}_n\mathrm{C}_nb^n$$

一般項，二項係数…二項定理における ${}_n\mathrm{C}_ra^{n-r}b^r$ を $(a+b)^n$ の展開式の一般項といい，係数 ${}_n\mathrm{C}_r$ を二項係数といいます。

例1　$(x-2)^4={}_4\mathrm{C}_0x^4+{}_4\mathrm{C}_1x^3(-2)+{}_4\mathrm{C}_2x^2(-2)^2+{}_4\mathrm{C}_3x(-2)^3+{}_4\mathrm{C}_4(-2)^4$

$=x^4-8x^3+24x^2-32x+16$　　↑ $a=x$，$b=-2$，$n=4$

例2　$(x-2)^4$ の展開式の一般項は，${}_4\mathrm{C}_rx^{4-r}(-2)^r$

テスト　$(x+3)^5$ の展開式における x^3 の係数を求めなさい。　答え　90

4 分数式

☑チェック！

多項式の割り算…

多項式 A，B が与えられたとき

$A=BQ+R$　ただし，R は0か，B より次数の低い多項式

を満たす多項式 Q，R はただ1通りに定まります。この Q，R を求めることを A を B で割るといい，Q を商，R を余りといいます。$R=0$ になるとき，A は B で割り切れるといいます。

例1　x^2-3x-6 を $x+2$ で割ると，右の筆算より，

商は $x-5$，余りは4となります。

$$\begin{array}{r} x\ -5 \\ x+2\,\overline{)\,x^2-3x-6} \\ \underline{x^2+2x} \\ -5x-6 \\ \underline{-5x-10} \\ 4 \end{array}$$

例2　多項式 A を $x-2$ で割った商が $2x+3$，余りが5であるときの多項式 A は

$A=(x-2)(2x+3)+5=2x^2-x-6+5=2x^2-x-1$

テスト　多項式 A を $x+3$ で割った商が $4x-1$，余りが2であるとき，多項式 A を求めなさい。　答え　$4x^2+11x-1$

☑チェック！

分数式…多項式 A と定数でない B を用いて $\dfrac{A}{B}$ の形で表される式を分数式といい，A を分子，B を分母といいます。

約分…分数式の分母と分子をその共通因数で割ることを約分するといい，それ以上約分できない分数式を既約分数式といいます。

通分…2つ以上の分数式の分母を同じにすること

例1　$\dfrac{x+2}{x-4}\times\dfrac{x^2-8x+16}{x^2-3x-10}=\dfrac{x+2}{x-4}\times\dfrac{(x-4)^2}{(x+2)(x-5)}=\dfrac{(x+2)(x-4)^2}{(x-4)(x+2)(x-5)}$

$=\dfrac{x-4}{x-5}$

例2　$\dfrac{5}{x}+\dfrac{1}{x-2}=\dfrac{5(x-2)}{x(x-2)}+\dfrac{x}{x(x-2)}=\dfrac{5x-10+x}{x(x-2)}=\dfrac{6x-10}{x(x-2)}$

テスト　$\dfrac{4x-5}{x^2-1}-\dfrac{x-2}{x^2-1}$ を計算しなさい。　答え　$\dfrac{3}{x+1}$

基本問題

重要

1 次の式を展開して計算しなさい。

(1) $(5x-2y)(3x+7y)$　　(2) $(3x+4y)^3$

ポイント
(1) $(ax+b)(cx+d)=acx^2+(ad+bc)x+bd$
(2) $(a+b)^3=a^3+3a^2b+3ab^2+b^3$

解き方 (1) $(5x-2y)(3x+7y)=15x^2+29xy-14y^2$　**答え** $15x^2+29xy-14y^2$

(2) $(3x+4y)^3=27x^3+108x^2y+144xy^2+64y^3$

答え $27x^3+108x^2y+144xy^2+64y^3$

重要

2 次の式を因数分解しなさい。

(1) $20x^2+7x-3$　　(2) $64x^3-8y^3$

ポイント

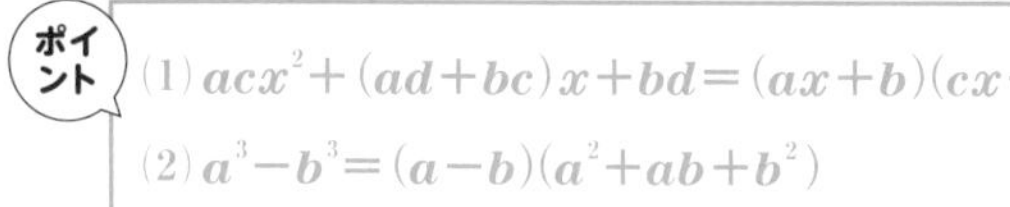

(1) $acx^2+(ad+bc)x+bd=(ax+b)(cx+d)$
(2) $a^3-b^3=(a-b)(a^2+ab+b^2)$

解き方 (1) $20x^2+7x-3=(4x-1)(5x+3)$　**答え** $(4x-1)(5x+3)$

(2) $64x^3-8y^3=8(8x^3-y^3)=8\{(2x)^3-y^3\}=8(2x-y)(4x^2+2xy+y^2)$

答え $8(2x-y)(4x^2+2xy+y^2)$

3 次の問いに答えなさい。

(1) $(x-1)^7$ の展開式を求めなさい。

(2) $(2x-y)^7$ の展開式の一般項を求めなさい。

(3) $(x+2y)^6$ の展開式における x^3y^3 の係数を求めなさい。

ポイント
二項定理

$$(a+b)^n={}_n\mathrm{C}_0a^n+{}_n\mathrm{C}_1a^{n-1}b+{}_n\mathrm{C}_2a^{n-2}b^2+\cdots+{}_n\mathrm{C}_ra^{n-r}b^r+\cdots+{}_n\mathrm{C}_nb^n$$

解き方 (1) $(x-1)^7={}_7\mathrm{C}_0x^7+{}_7\mathrm{C}_1x^6(-1)+{}_7\mathrm{C}_2x^5(-1)^2+{}_7\mathrm{C}_3x^4(-1)^3+{}_7\mathrm{C}_4x^3(-1)^4$

$+{}_7\mathrm{C}_5x^2(-1)^5+{}_7\mathrm{C}_6x(-1)^6+{}_7\mathrm{C}_7(-1)^7$

$=x^7-7x^6+21x^5-35x^4+35x^3-21x^2+7x-1$

答え $x^7-7x^6+21x^5-35x^4+35x^3-21x^2+7x-1$

(2)　$(2x-y)^7$ の展開式の一般項は，${}_7\mathrm{C}_r(2x)^{7-r}(-y)^r={}_7\mathrm{C}_r2^{7-r}(-1)^rx^{7-r}y^r$

答え　${}_7\mathrm{C}_r2^{7-r}(-1)^rx^{7-r}y^r$

(3)　$(x+2y)^6$ の展開式の一般項は，${}_6\mathrm{C}_rx^{6-r}(2y)^r={}_6\mathrm{C}_r2^rx^{6-r}y^r$

x^3y^3 の項は $r=3$ のときであるから，その係数は，${}_6\mathrm{C}_32^3=20\times8=160$

答え　160

重要 4　次の問いに答えなさい。

(1)　x^2+2x-7 を $x-3$ で割ったときの商と余りを求めなさい。

(2)　多項式 A を $x+2$ で割った商が $3x-2$，余りが 6 であるとき，多項式 A を求めなさい。

多項式 A を多項式 B で割った商 Q，余り R について，$A=BQ+R$

解き方 (1)　右の筆算より，商は $x+5$，余りは 8 である。

$$\begin{array}{r} x+5 \\ x-3\,\overline{)\,x^2+2x-7} \\ \underline{x^2-3x} \\ 5x-7 \\ \underline{5x-15} \\ 8 \end{array}$$

答え　商…$x+5$　余り…8

(2)　$A=(x+2)(3x-2)+6=3x^2+4x-4+6=3x^2+4x+2$

答え　$3x^2+4x+2$

重要 5　次の計算をしなさい。

(1)　$\dfrac{2x^2}{2x-1}+\dfrac{2x^2-1}{2x-1}$　　(2)　$\dfrac{x^2+6x+9}{x^2+x-6}\times\dfrac{2x-4}{x+3}$

考え方　(2)分母と分子を因数分解し，約分してから計算します。

解き方 (1)　$\dfrac{2x^2}{2x-1}+\dfrac{2x^2-1}{2x-1}=\dfrac{4x^2-1}{2x-1}=\dfrac{(2x+1)(2x-1)}{2x-1}=\underline{2x+1}$

答えは既約分数式にする

答え　$2x+1$

(2)　$\dfrac{x^2+6x+9}{x^2+x-6}\times\dfrac{2x-4}{x+3}=\dfrac{(x+3)^2}{(x+3)(x-2)}\times\dfrac{2(x-2)}{x+3}=2$　　**答え**　2

応用問題

1 次の式を因数分解しなさい。

$xy(x-y)+yz(y-z)+zx(z-x)$

考え方 x について降べきの順に整理します。

解き方 $xy(x-y)+yz(y-z)+zx(z-x)$

$=x^2y-xy^2+yz(y-z)+z^2x-zx^2$

$=(y-z)x^2-(y^2-z^2)x+yz(y-z)$

$=(y-z)x^2-(y+z)(y-z)x+yz(y-z)$

$=(y-z)\{x^2-(y+z)x+yz\}$

$=(y-z)(x-y)(x-z)$

$=-(x-y)(y-z)(z-x)$ **答え** $-(x-y)(y-z)(z-x)$

2 $(a+b+c)^6$ の展開式における a^3bc^2 の係数を求めなさい。

考え方 $a+b$ を1つの項とみなして二項定理を用います。

解き方 $\{(a+b)+c\}^6$ の展開式における c^2 を含む項は，${}_6C_2(a+b)^4c^2$

また，$(a+b)^4$ の展開式における a^3b の項は，${}_4C_1a^3b$

よって，a^3bc^2 の係数は，${}_6C_2\times{}_4C_1=15\times4=60$ **答え** 60

3 次の等式が成り立つことを証明しなさい。

${}_nC_0+{}_nC_1+{}_nC_2+\cdots+{}_nC_n=2^n$

解き方 二項定理を用いて $(a+b)^n$ の展開式を考える。a，b にある数値を代入して，等式の左辺と同じ式をつくる。

答え 与えられた等式の左辺は，二項定理

$$(a+b)^n={}_nC_0a^n+{}_nC_1a^{n-1}b+{}_nC_2a^{n-2}b^2+\cdots+{}_nC_{n-1}ab^{n-1}+{}_nC_nb^n$$

の右辺に $a=1$，$b=1$ を代入したものだから

${}_nC_0+{}_nC_1+{}_nC_2+\cdots+{}_nC_n=(1+1)^n=2^n$

重要

4 $x^3+(a-4)x^2-7x-4$ が $x-4$ で割り切れるように，定数 a の値を定めなさい。また，そのときの商を求めなさい。

ポイント　多項式 A が B で割り切れる　⇔　A を B で割った余りが 0

解き方 $x^3+(a-4)x^2-7x-4$ を $x-4$ で割ると，右の筆算より

$$\begin{array}{r|l} & x^2 \quad +ax+(-7+4a) \\ \hline x-4 & x^3+(a-4)x^2 \quad -7x-4 \\ & x^3 \quad -4x^2 \\ \hline & \quad ax^2 \quad -7x-4 \\ & \quad ax^2-4ax \\ \hline & \quad (-7+4a)x-4 \\ & \quad (-7+4a)x+28-16a \\ \hline & \quad -32+16a \end{array}$$

商は，$x^2+ax+(-7+4a)$　…①

余りは，$-32+16a$

余りが 0 になればよいので

$-32+16a=0$

$a=2$

これを①に代入して，x^2+2x+1

答え 定数… $a=2$　商… x^2+2x+1

5 次の計算をしなさい。

(1) $\dfrac{1}{x-1}+\dfrac{1}{x^2-2x+1}+\dfrac{1}{x^3-3x^2+3x-1}$　　(2) $\dfrac{\dfrac{1}{x+1}}{1-\dfrac{1}{x+1}}$

考え方

(1)通分しやすいように，分母を因数分解します。

(2)分母と分子に同じ式をかけます。

解き方 (1) $\dfrac{1}{x-1}+\dfrac{1}{x^2-2x+1}+\dfrac{1}{x^3-3x^2+3x-1}$

$$=\frac{1}{x-1}+\frac{1}{(x-1)^2}+\frac{1}{(x-1)^3}$$

$$=\frac{(x-1)^2+x-1+1}{(x-1)^3}$$

$$=\frac{x^2-x+1}{(x-1)^3}$$

答え $\dfrac{x^2-x+1}{(x-1)^3}$

(2) $$\frac{\dfrac{1}{x+1}}{1-\dfrac{1}{x+1}}=\frac{\dfrac{1}{x+1}\times(x+1)}{\left(1-\dfrac{1}{x+1}\right)\times(x+1)}=\frac{1}{x+1-1}=\frac{1}{x}$$

答え $\dfrac{1}{x}$

練習問題

答え：別冊 p.7 ～ p.8

1 次の計算をしなさい。

(1) $(2x-3y)(4x^2+6xy+9y^2)$　　(2) $(x^2+y)^4$

(3) $(6x^2-x-12)\div(3x+4)$

(4) $(5x^3-3x^2+20x-12)\div(5x-3)$

(5) $\dfrac{2x^2-x-3}{9x^2-4}\div\dfrac{x+1}{3x-2}$　　(6) $\dfrac{2x}{x^2-4}-\dfrac{1}{x+2}$

重要
2 次の式を因数分解しなさい。

(1) $20x^2+xy-12y^2$　　(2) $27x^3+125y^3$

3 次の問いに答えなさい。

(1) $(3x+2y)^5$ の展開式における x^3y^2 の係数を求めなさい。

(2) $(a+b+c)^7$ の展開式における ab^2c^4 の係数を求めなさい。

重要
4 次の問いに答えなさい。

(1) $4x^2-13x+3$ を $x-4$ で割ったときの商と余りを求めなさい。

(2) $2x^2+9x+2$ を多項式 B で割った商が $2x-1$，余りが 7 であるとき，多項式 B を求めなさい。

1-5 等式・不等式の証明

1 1次不等式

☑チェック!

不等式の性質…

① $a<b$ ならば，$a+c<b+c$，$a-c<b-c$

② $a<b$，$m>0$ ならば，$ma<mb$，$\frac{a}{m}<\frac{b}{m}$

③ $a<b$，$m<0$ ならば，$ma>mb$，$\frac{a}{m}>\frac{b}{m}$

例 1　$a<b$ のとき，$a-7<b-7$ です。

例 2　$a<b$ のとき，$-a>-b$ です。

テスト　$a<b$ のとき，次の 2 数の大小関係を調べなさい。

(1)　$5+a$，$5+b$　　(2)　$-\frac{a}{4}$，$-\frac{b}{4}$

答え　(1)　$5+a<5+b$　　(2)　$-\frac{a}{4}>-\frac{b}{4}$

☑チェック!

1次不等式の解き方…

$ax>b$，$ax\leqq b(a\neq 0)$ などの形に式を整理し，両辺を x の係数 a で割ります。$a<0$ のときは不等号の向きが変わります。

例 1　$2x-3>5x+6$ は，次のように解きます。

$2x-5x>6+3$

$-3x>9$　　両辺を x の係数 -3 で割る

$x<-3$　　不等号の向きが変わる

テスト　次の不等式を解きなさい。

(1)　$6x+7>4x-3$　　(2)　$-x-7\leqq 3x+1$

答え　(1)　$x>-5$　　(2)　$x\geqq -2$

2 恒等式の利用

☑チェック！

恒等式…式中の文字にどのような値を代入しても，常に成り立つ等式

恒等式の性質…

多項式 P，Q について，次の性質が成り立ちます。

①$P=Q$ が恒等式　$\Leftrightarrow$　P と Q の次数が等しく，両辺の同じ次数の項の係数がそれぞれ等しい

$ax^2+bx+c=a'x^2+b'x+c'$ が x についての恒等式

$\Leftrightarrow$　$a=a'$，$b=b'$，$c=c'$

②$P=0$ が恒等式　$\Leftrightarrow$　P の各項の係数がすべて0

$ax^2+bx+c=0$ が x についての恒等式　$\Leftrightarrow$　$a=b=c=0$

例1　等式 $ax^2-(2a+b)x+a-2b-8=3x^2-4x+c$ が x についての恒等式となるのは，両辺の同じ次数の項の係数が等しいときなので，各項の係数を比較して，$a=3$，$b=-2$，$c=-1$

テスト　等式 $ax+4bx-a+b+5=0$ が x についての恒等式となるように，定数 a，b の値を定めなさい。　答え　$a=4$，$b=-1$

3 等式・不等式の証明

☑チェック！

等式 $A=B$ の証明方法…

$A=B$ であることを証明するには，次のような方法があります。

①A(左辺)または B(右辺)を変形し，他方を導く。

②両辺 A，B を変形し，$A=C$，$B=C$ であることを導く。

③$A-B=0$ であることを示す。

例1　等式 $x^2+y^2=(x+y)^2-2xy$ が成り立つことの証明

$\underbrace{(x+y)^2-2xy}_{\text{右辺}}=(x^2+2xy+y^2)-2xy=\underbrace{x^2+y^2}_{\text{左辺}}$

よって，$x^2+y^2=(x+y)^2-2xy$

テスト　$a+b+c=0$ のとき，等式 $a^2+b^2+c^2=-2ab-2bc-2ca$ が成り立つことを証明しなさい。

答え　$c=-a-b$ を等式の左辺と右辺にそれぞれ代入して

(左辺) $=2a^2+2b^2+2ab$

(右辺) $=2a^2+2b^2+2ab$

よって，$a^2+b^2+c^2=-2ab-2bc-2ca$

チェック！

不等式 $A>B(A\geqq B)$ の証明方法…

不等式 $A>B(A\geqq B)$ の証明は，$A-B>0(A-B\geqq 0)$ を示します。

実数の性質…

① $a^2\geqq 0$（等号が成り立つ条件は $a=0$）

② $a^2+b^2\geqq 0$（等号が成り立つ条件は $a=b=0$）

③ $a\geqq 0$，$b\geqq 0$ のとき，$a\geqq b \iff a^2\geqq b^2$

④ $|a|\geqq 0$，$|a|\geqq a$，$|a|\geqq -a$，$|a|^2=a^2$

相加平均と相乗平均の大小関係…

$a>0$，$b>0$ のとき，$\dfrac{a+b}{2}\geqq\sqrt{ab}$ すなわち，$a+b\geqq 2\sqrt{ab}$

等号が成り立つ条件は $a=b$

例1　$x>1$，$y>1$ のとき，不等式 $xy+1>x+y$ が成り立つことは，次のように証明できます。

$(xy+1)-(x+y)=xy-x-y+1=x(y-1)-(y-1)=(x-1)(y-1)$

$x>1$，$y>1$ より，$x-1>0$，$y-1>0$ だから，$(x-1)(y-1)>0$

よって，$xy+1>x+y$

テスト　不等式 $(x+y)^2-4xy\geqq 0$ が成り立つことを証明しなさい。また，等号が成り立つときの条件を求めなさい。

答え　$(x+y)^2-4xy=(x^2+2xy+y^2)-4xy=x^2-2xy+y^2=(x-y)^2\geqq 0$

よって，$(x+y)^2-4xy\geqq 0$

等号が成り立つ条件は，$(x-y)^2=0$ すなわち，$x=y$

基本問題

1 1個150円の梨と1個100円のりんごを合わせて20個買い，120円の箱に詰めます。全部の代金を3000円以下にするとき，できるだけたくさんの梨を詰めると，梨は何個になりますか。

考え方 梨を x 個詰めるとして，合計の代金について不等式をつくります。

解き方 梨の個数を x 個とすると，りんごの個数は $20-x$(個)と表せるので

$150x+100(20-x)+120 \leqq 3000$

$150x+2000-100x+120 \leqq 3000$

$50x \leqq 880$

$x \leqq 17.6$

これを満たす最大の整数を求めればよいから，$x=17$(個)　**答え**　17個

2 次の等式が x についての恒等式となるように，定数 a，b，c の値を定めなさい。

$ax(x-2)+b(x-1)(x+1)-c(x+3)=3x-5$

$P=Q$ が恒等式　$\Leftrightarrow$　P と Q の次数が等しく，両辺の同じ次数の項の係数がそれぞれ等しい

解き方 左辺を x について整理すると，与えられた等式は

$(a+b)x^2-(2a+c)x-b-3c=3x-5$

この等式が x についての恒等式となるのは，両辺の同じ次数の項の係数が等しいときである。各項の係数を比較して

$a+b=0$，$-(2a+c)=3$，$-b-3c=-5$

これを解いて，$a=-2$，$b=2$，$c=1$　**答え**　$a=-2$，$b=2$，$c=1$

3 $a+b+c=0$ のとき，次の等式が成り立つことを証明しなさい。

$(a+b)(b+c)(c+a)=-abc$

解き方 与えられた条件式から，文字を１つ消去する。または，左辺を変形する。

答え （例１） $a+b+c=0$ より，$c=-a-b$

これを等式の左辺と右辺にそれぞれ代入して

(左辺)$=(a+b)(b-a-b)(-a-b+a)=ab(a+b)$

(右辺)$=-ab(-a-b)=ab(a+b)$

よって，$(a+b)(b+c)(c+a)=-abc$

（例２） $a+b+c=0$ より，$a+b=-c$，$b+c=-a$，$c+a=-b$

これを等式の左辺に代入して

(左辺)$=(-c)\cdot(-a)\cdot(-b)=-abc$

よって，$(a+b)(b+c)(c+a)=-abc$

4 $a>0$，$b>0$ のとき，次の不等式が成り立つことを証明しなさい。また，等号が成り立つときの条件を求めなさい。

$\dfrac{b}{a}+\dfrac{a}{b}\geqq 2$

解き方 相加平均と相乗平均の大小関係 $\dfrac{a+b}{2}\geqq\sqrt{ab}$ より，$a+b\geqq 2\sqrt{ab}$ を利用する。このとき，等号が成り立つ条件は，$a=b$ である。

答え $a>0$，$b>0$ より，$\dfrac{b}{a}>0$，$\dfrac{a}{b}>0$ であるから，相加平均と相乗平均の大小関係より

$\dfrac{b}{a}+\dfrac{a}{b}\geqq 2\sqrt{\dfrac{b}{a}\cdot\dfrac{a}{b}}=2$

よって，$\dfrac{b}{a}+\dfrac{a}{b}\geqq 2$

等号が成り立つのは，$\dfrac{b}{a}=\dfrac{a}{b}$ すなわち，$a^2=b^2$ のときであり，$a^2-b^2=0$ より，$(a+b)(a-b)=0$

$a>0$，$b>0$ より，$a+b>0$ であるから，等号が成り立つ条件は

$a-b=0$ すなわち，$a=b$

応用問題

1 $\dfrac{a}{b}=\dfrac{c}{d}$のとき，次の等式が成り立つことを証明しなさい。

$(ab+cd)^2=(a^2+c^2)(b^2+d^2)$

解き方 比例式では，$\dfrac{a}{b}=\dfrac{c}{d}=k$ とおいて，a，c をそれぞれ k を用いて表し，等式の両辺に代入する。

答え $\dfrac{a}{b}=\dfrac{c}{d}=k$ とおくと，$a=bk$，$c=dk$

これを等式の左辺と右辺にそれぞれ代入して

(左辺)$=(bk\cdot b+dk\cdot d)^2=(kb^2+kd^2)^2=\{k(b^2+d^2)\}^2=k^2(b^2+d^2)^2$

(右辺)$=\{(bk)^2+(dk)^2\}(b^2+d^2)=k^2(b^2+d^2)(b^2+d^2)=k^2(b^2+d^2)^2$

よって，$(ab+cd)^2=(a^2+c^2)(b^2+d^2)$

重要

2 x，y，z を実数とするとき，次の不等式が成り立つことを証明しなさい。また，等号が成り立つときの条件を求めなさい。

$3(x^2+y^2+z^2)\geqq(x+y+z)^2$

解き方 (左辺)$-$(右辺)$\geqq 0$ を証明すればよいので，

(左辺)$-$(右辺)$=A^2+B^2+C^2$ の形に変形する。このとき，等号が成り立つ条件は，$A=B=C=0$ である。

答え (左辺)$-$(右辺)$=3(x^2+y^2+z^2)-(x+y+z)^2$

$$\begin{aligned}&=3x^2+3y^2+3z^2-(x^2+y^2+z^2+2xy+2yz+2zx)\\&=2x^2+2y^2+2z^2-2xy-2yz-2zx\\&=(x^2-2xy+y^2)+(y^2-2yz+z^2)+(z^2-2zx+x^2)\\&=(x-y)^2+(y-z)^2+(z-x)^2\geqq 0\end{aligned}$$

よって，$3(x^2+y^2+z^2)\geqq(x+y+z)^2$

等号が成り立つ条件は

$x-y=0$ かつ $y-z=0$ かつ $z-x=0$ すなわち，$x=y=z$

発展問題

1 $a+b+c=3$，$ab+bc+ca=3$ のとき，a，b，c はすべて 1 に等しいことを証明しなさい。

考え方 実数 x，y について，$x^2+y^2=0$ のとき，$x=y=0$ であることを利用します。

解き方 a，b，c がすべて 1 に等しいということは，$a=1$ かつ $b=1$ かつ $c=1$，すなわち $a=b=c=1$ である。これを証明するには，$(a-1)^2+(b-1)^2+(c-1)^2=0$ が成り立つことを示せばよい。

答え $(a-1)^2+(b-1)^2+(c-1)^2$

$=a^2+b^2+c^2-2(a+b+c)+3$

$=(a+b+c)^2-2(ab+bc+ca)-2(a+b+c)+3$

$=3^2-2\cdot3-2\cdot3+3$

$=0$

よって，a，b，c はすべて 1 に等しい。

2 $\dfrac{1}{x}+\dfrac{1}{y}+\dfrac{1}{z}=1$，$x+y+z=1$ のとき，x，y，z のうち少なくとも 1 つは 1 に等しいことを証明しなさい。

解き方 x，y，z のうち少なくとも 1 つは 1 に等しいということは，$x=1$ または $y=1$ または $z=1$ である。これを証明するには，$(x-1)(y-1)(z-1)=0$ が成り立つことを示せばよい。

答え $\dfrac{1}{x}+\dfrac{1}{y}+\dfrac{1}{z}=1$ の両辺に xyz をかけて，$xy+yz+zx=xyz$

また，$x+y+z=1$ であるから

$(x-1)(y-1)(z-1)=xyz-(xy+yz+zx)+(x+y+z)-1$

$=xyz-xyz+1-1$

$=0$

よって，x，y，z のうち少なくとも 1 つは 1 に等しい。

練習問題

答え：別冊 p.8 ～ p.9

1 次の不等式を解きなさい。

(1) $5x \geqq 3(2x-1)$　　(2) $-2(x+2)-1<4x+1$

重要
2 次の等式が x についての恒等式となるように，定数 a，b，c の値を定めなさい。

$(a-1)x^2+(b-2)x+c-3=(2x+3)(2x-3)$

3 $a+b=1$ のとき，次の等式が成り立つことを証明しなさい。

$a^3+b^3+3ab=1$

重要
4 x，y を実数とするとき，次の不等式が成り立つことを証明しなさい。また，等号が成り立つときの x，y の値を求めなさい。

$2x^2+y^2 \geqq x(x+y)$

重要
5 $x \geqq 0$ のとき，次の不等式が成り立つことを証明しなさい。また，等号が成り立つときの x の値を求めなさい。

$\sqrt{x}+1 \geqq \sqrt{x+1}$

6 $x>0$ のとき，$x+\dfrac{4}{x}$ の最小値を求めなさい。また，そのときの x の値を求めなさい。

1-6 複素数

1 複素数とその四則計算

チェック!

虚数単位…

2乗すると-1になる数のうちの1つ，すなわち，$i^2=-1$を満たす数i

複素数…

2つの実数a，bを用いて$a+bi$と表される数を複素数といいます。aを**実部**，bを**虚部**といい，$b\neq0$であるものを**虚数**，さらに$a=0$であるものを**純虚数**といいます。また，2つの複素数$\alpha=a+bi$，$\beta=c+di$（a，b，c，dは実数）について，「$\alpha=\beta \iff a=c$ かつ $b=d$」（**複素数の相等**）が成り立ちます。

共役な複素数…

$\alpha=a+bi$に対して$a-bi$をαと共役な複素数といい，$\overline{\alpha}$で表します。

例1　虚数$2-i$の実部は2，虚部は-1，共役な複素数は$2+i$です。

例2　$(\sqrt{3}i)^2=-3$，$(-\sqrt{3}i)^2=-3$より，$\sqrt{3}i$，$-\sqrt{3}i$は-3の平方根です。

テスト　-8の平方根を求めなさい。　　答え　$2\sqrt{2}i$，$-2\sqrt{2}i$

チェック!

複素数の四則計算…

加法　$(a+bi)+(c+di)=(a+c)+(b+d)i$

減法　$(a+bi)-(c+di)=(a-c)+(b-d)i$

乗法　$(a+bi)(c+di)=(ac-bd)+(ad+bc)i$

除法　$\dfrac{c+di}{a+bi}=\dfrac{ac+bd}{a^2+b^2}+\dfrac{ad-bc}{a^2+b^2}i$

互いに共役な複素数の和と積…

$(a+bi)+(a-bi)=2a$，$(a+bi)(a-bi)=a^2+b^2$

例1　$(-6+2i)+(3-4i)=(-6+3)+(2-4)i=-3-2i$

例2　$\dfrac{3+i}{1-i}=\dfrac{3+i}{1-i}\cdot\dfrac{1+i}{1+i}=\dfrac{3+4i+i^2}{1-i^2}=\dfrac{2+4i}{2}=1+2i$

$1-i$と共役な複素数$1+i$を分母と分子にかける

2 2次方程式の複素数の解

チェック!

2次方程式の解の公式…

2次方程式 $ax^2+bx+c=0$（a，b，c は実数）の解は，$x=\dfrac{-b\pm\sqrt{b^2-4ac}}{2a}$

$b=2b'$ とすると，$ax^2+2b'x+c=0$ の解は，$x=\dfrac{-b'\pm\sqrt{b'^2-ac}}{a}$

2次方程式の解の種類の判別…

2次方程式 $ax^2+bx+c=0$ について，$D=b^2-4ac$ を**判別式**といい，判別式と解について，次のことが成り立ちます。

① $D>0$ ⇔ 異なる2つの実数解をもつ

② $D=0$ ⇔ ただ1つの実数解（重解）をもつ

③ $D<0$ ⇔ 異なる2つの虚数解をもつ

2次方程式 $ax^2+2b'x+c=0$ の判別式は，$\dfrac{D}{4}=b'^2-ac$

2次方程式の解と係数の関係…

2次方程式 $ax^2+bx+c=0$ の2つの解を α，β とすると，次のことが成り立ちます。

$\alpha+\beta=-\dfrac{b}{a}$，$\alpha\beta=\dfrac{c}{a}$

例1　$x^2+x+5=0$

$$x=\frac{-1\pm\sqrt{1^2-4\cdot1\cdot5}}{2}=\frac{-1\pm\sqrt{-19}}{2}=\frac{-1\pm\sqrt{19}\,i}{2}$$

例2　2次方程式 $2x^2+5x-1=0$ の2つの解を α，β とすると，$\alpha+\beta=-\dfrac{5}{2}$，$\alpha\beta=-\dfrac{1}{2}$ が成り立ちます。

テスト　次の2次方程式を解きなさい。

(1)　$x^2-3x+4=0$　　　　(2)　$x^2+4x+7=0$

答え　(1)　$x=\dfrac{3\pm\sqrt{7}\,i}{2}$　　(2)　$x=-2\pm\sqrt{3}\,i$

基本問題

1 次の計算をしなさい。

(1) $(2+3i)(2-3i)$　　(2) $\dfrac{1-2i}{3+i}$

解き方 (1) $(2+3i)(2-3i)=4-(3i)^2=4-(-9)=4+9=13$　**答え** 13

(2) $\dfrac{1-2i}{3+i}=\dfrac{(1-2i)(3-i)}{(3+i)(3-i)}=\dfrac{3+2i^2-7i}{9-i^2}=\dfrac{1-7i}{10}$　**答え** $\dfrac{1-7i}{10}$

2 次の2次方程式の解の種類を判別しなさい。

(1) $3x^2+7x+2=0$　　(2) $2x^2-6x+5=0$

ポイント　2次方程式 $ax^2+bx+c=0$ の判別式　$D=b^2-4ac$

解き方 (1) 2次方程式の判別式を D とすると

$D=7^2-4\cdot3\cdot2=49-24=25>0$

よって，この2次方程式は異なる2つの実数解をもつ。

答え 異なる2つの実数解

(2) 2次方程式の判別式を D とすると

$\dfrac{D}{4}=(-3)^2-2\cdot5=9-10=-1<0$

よって，この2次方程式は異なる2つの虚数解をもつ。

答え 異なる2つの虚数解

3 2次方程式 $3x^2-6x-1=0$ の2つの解を α，β とするとき，$\alpha+\beta$，$\alpha\beta$ の値を求めなさい。

解き方 解と係数の関係より

$\alpha+\beta=-\dfrac{-6}{3}=2$，$\alpha\beta=\dfrac{-1}{3}=-\dfrac{1}{3}$　**答え** $\alpha+\beta=2$，$\alpha\beta=-\dfrac{1}{3}$

応用問題

1 $x=\dfrac{3\sqrt{2}i}{\sqrt{2}+i}$，$y=\dfrac{3\sqrt{2}i}{\sqrt{2}-i}$のとき，次の値を求めなさい。

(1) $x-y$　　(2) xy　　(3) x^3-y^3

考え方 (3) x^3-y^3 を $x-y$，xy を用いて表し，それぞれの値を代入します。

解き方 (1)

$$x-y=\frac{3\sqrt{2}i}{\sqrt{2}+i}-\frac{3\sqrt{2}i}{\sqrt{2}-i}$$
$$=\frac{3\sqrt{2}i(\sqrt{2}-i)-3\sqrt{2}i(\sqrt{2}+i)}{(\sqrt{2}+i)(\sqrt{2}-i)}$$
$$=\frac{6i-3\sqrt{2}i^2-6i-3\sqrt{2}i^2}{2-i^2}$$
$$=\frac{6\sqrt{2}}{3}$$
$$=2\sqrt{2}$$

答え $2\sqrt{2}$

(2) $xy=\dfrac{(3\sqrt{2}i)^2}{(\sqrt{2}+i)(\sqrt{2}-i)}=\dfrac{18i^2}{2-i^2}=-\dfrac{18}{3}=-6$　**答え** -6

(3)

$$x^3-y^3=(x-y)(x^2+xy+y^2)$$

← $x^3-y^3=(x-y)^3+3xy(x-y)$ と変形してもよい

$$=(x-y)\{(x-y)^2+3xy\}$$
$$=2\sqrt{2}\{(2\sqrt{2})^2+3\cdot(-6)\}$$
$$=-20\sqrt{2}$$

答え $-20\sqrt{2}$

2 $x^2-2x+10$ を複素数の範囲で因数分解しなさい。

考え方 どのような係数の 2 次式でも，複素数の範囲まで因数分解を行うと，1 次式の積の形で表されます。

解き方 $x^2-2x+10=0$ の解は，$x=1\pm3i$

よって

$$x^2-2x+10=\{x-(1+3i)\}\{x-(1-3i)\}$$
$$=(x-1-3i)(x-1+3i)$$

答え $(x-1-3i)(x-1+3i)$

練習問題

答え：別冊 p.9 ～ p.10

重要
1 次の計算をしなさい。ただし，i は虚数単位を表します。

(1) $(3-i)-(5-4i)$　　(2) $(-2+i)(3-2i)$

(3) $\dfrac{3i}{1-3i}+\dfrac{2}{1+2i}$　　(4) $\left(\dfrac{2}{1-\sqrt{3}i}\right)^2$

2 次の等式を満たす実数 a，b の値を求めなさい。ただし，i は虚数単位を表します。

$(a+bi)^2=8i$

3 次の 2 次方程式を複素数の範囲で解きなさい。

(1) $x^2-5x+7=0$　　(2) $3x^2+4x+2=0$

重要
4 2 次方程式 $x^2+(2a-1)x+a^2-1=0$ が虚数解をもつように，実数 a の値の範囲を定めなさい。

5 2 次方程式 $x^2+4x-3=0$ の 2 つの解を α，β とするとき，$\alpha+1$，$\beta+1$ を解にもつ 2 次方程式を 1 つ求めなさい。

1-7 高次方程式

1 剰余の定理，因数定理

☑チェック！

剰余の定理…多項式$P(x)$を1次式$x-a$で割ったときの余りは，$P(a)$

多項式$P(x)$を1次式$ax+b$で割ったときの余りは，$P\left(-\frac{b}{a}\right)$

因数定理…1次式$x-a$が多項式$P(x)$の因数である $\Leftrightarrow$ $P(a)=0$

例1　$P(x)=3x^3+x^2-5x+7$を$x-1$で割ったときの余りは，剰余の定理より

$P(1)=3\cdot1^3+1^2-5\cdot1+7=6$

例2　$P(x)=2x^3-x^2+4x+13$を$2x+3$で割ったときの余りは，剰余の定理より

$P\left(-\frac{3}{2}\right)=2\cdot\left(-\frac{3}{2}\right)^3-\left(-\frac{3}{2}\right)^2+4\cdot\left(-\frac{3}{2}\right)+13=-2$

例3　$x^3-2x^2-11x+12$は，次のように因数分解できます。

$P(x)=x^3-2x^2-11x+12$とすると

$P(1)=1^3-2\cdot1^2-11\cdot1+12=0$ ←$P(x)=0$となるxを見当をつけて代入する

より，$P(x)$は$x-1$を因数にもちます。

右の割り算から

$x^3-2x^2-11x+12=(x-1)(x^2-x-12)$

よって，$x^3-2x^2-11x+12=(x-1)(x+3)(x-4)$

$$
\begin{array}{r}
x^2\ -x\ -12 \\
x-1\,\big)\,\overline{x^3-2x^2-11x+12} \\
\underline{x^3\ -x^2} \\
-x^2-11x+12 \\
\underline{-x^2\ \ +x} \\
-12x+12 \\
\underline{-12x+12} \\
0
\end{array}
$$

テスト　次の問いに答えなさい。

(1)　$P(x)=2x^3-5x^2+7x-2$を$x-2$で割ったときの余りを求めなさい。

(2)　$P(x)=-8x^3+4x^2+6x+1$を$-2x+5$で割ったときの余りを求めなさい。

(3)　x^3+2x^2-x-2を因数分解しなさい。

答え　(1)　8　　(2)　-84　　(3)　$(x-1)(x+1)(x+2)$

2 高次方程式

チェック!

高次方程式とその解…

x の多項式 $P(x)$ が n 次式のとき，方程式 $P(x)=0$ を n 次方程式といいます。とくに，3次以上の方程式を高次方程式といいます。また，係数がすべて実数である方程式が虚数解 α をもつとき，α と共役な複素数 $\overline{\alpha}$ も解となります。

高次方程式の解き方…

①3次式の因数分解の公式や置き換えなどを用いて解く方法

②因数定理を用いて因数分解し，2次方程式の解の公式などを用いて解く方法

重解…

$P(x)$ が $(x-\alpha)^m$（m は2以上の整数）を因数にもつとき，$x=\alpha$ は方程式 $P(x)=0$ の重解（**m 重解**）であるといいます。m 重解を m 個の解とみなせば，一般に，n 次方程式は n 個の解をもつことが知られています。

3乗根… 3乗して α になる数，すなわち $x^3=\alpha$ の解を，α の3乗根または**立方根**といいます。$\alpha \neq 0$ を満たす実数 α の3乗根は3つあり，1つは実数，2つは虚数です。

3次方程式の解と係数の関係…

3次方程式 $ax^3+bx^2+cx+d=0$ の3つの解を α，β，γ とすると，次の式が成り立ちます。

$$\alpha+\beta+\gamma=-\frac{b}{a},\quad \alpha\beta+\beta\gamma+\gamma\alpha=\frac{c}{a},\quad \alpha\beta\gamma=-\frac{d}{a}$$

例1　$x^3=1$

$x^3-1=0$

$(x-1)(x^2+x+1)=0$　← $a^3-b^3=(a-b)(a^2+ab+b^2)$

$x=1,\ \dfrac{-1\pm\sqrt{3}i}{2}$　← $x^2+x+1=0$ を解の公式を用いて解く

これより，1の3乗根は，1，$\dfrac{-1+\sqrt{3}i}{2}$，$\dfrac{-1-\sqrt{3}i}{2}$ の3つであることがわかります。

基本問題

1 次の問いに答えなさい。

(1) x^3+2x^2+2x-5 を $x+1$ で割ったときの余りを求めなさい。

(2) x^3+4x^2+ax-1 が $x-1$ で割り切れるように，定数 a の値を定めなさい。

> ポイント
> (1)剰余の定理　$P(x)$ を $x-a$ で割ったときの余りは，$P(a)$
> (2)因数定理　$P(x)$ が $x-a$ で割り切れる $\Leftrightarrow$ $P(a)=0$

解き方 (1) $P(x)=x^3+2x^2+2x-5$ とする。$P(x)$ を $x+1$ で割ったときの余りは，剰余の定理より

$P(-1)=(-1)^3+2\cdot(-1)^2+2\cdot(-1)-5=-6$　　**答え** -6

(2) $P(x)=x^3+4x^2+ax-1$ とする。因数定理より，$P(x)$ が $x-1$ で割り切れるのは $P(1)=0$ となるときである。

$P(1)=1^3+4\cdot1^2+a\cdot1-1=a+4$ より，$a+4=0$ すなわち，$a=-4$

答え $a=-4$

2 次の方程式を解きなさい。

(1) $x^3=-1$　　(2) $x^4+3x^2-28=0$　　(3) $x^3-x^2+3x+5=0$

解き方 (1) $x^3+1=0$ より，$(x+1)(x^2-x+1)=0$

よって，$x=-1$，$\dfrac{1\pm\sqrt{3}i}{2}$　　**答え** $x=-1$，$\dfrac{1\pm\sqrt{3}i}{2}$

(2) $x^2=X$ とおくと，与えられた方程式は，$X^2+3X-28=0$

$(X+7)(X-4)=0$ すなわち，$(x^2+7)(x^2-4)=0$

$x^2=-7$，4 より，$x=\pm\sqrt{7}i$，±2　　**答え** $x=\pm\sqrt{7}i$，±2

(3) $P(x)=x^3-x^2+3x+5$ とおくと

$P(-1)=(-1)^3-(-1)^2+3\cdot(-1)+5=0$

因数定理より，$(x+1)(x^2-2x+5)=0$

よって，$x=-1$，$1\pm2i$

$$\begin{array}{r|l} & x^2-2x+5 \\ \hline x+1 & x^3-x^2+3x+5 \\ & x^3+x^2 \\ \hline & -2x^2+3x+5 \\ & -2x^2-2x \\ \hline & 5x+5 \\ & 5x+5 \\ \hline & 0 \end{array}$$

答え $x=-1$，$1\pm2i$

応用問題

重要
1 多項式 $P(x)$ を $x+1$ で割ったときの余りは -5，$x-6$ で割ったときの余りは 9 です。$P(x)$ を $(x+1)(x-6)$ で割ったときの余りを求めなさい。

考え方 多項式 $P(x)$ を 2 次式で割ったときの余りは 1 次式または定数になるので，$(x+1)(x-6)$ で割ったときの余りを $ax+b$ とおきます。

解き方 $P(x)$ を $(x+1)(x-6)$ で割ったときの商を $Q(x)$，余りを $ax+b$ とすると

$P(x)=(x+1)(x-6)Q(x)+ax+b$

であるから

$P(-1)=-a+b$，$P(6)=6a+b$

剰余の定理より，$P(-1)=-5$，$P(6)=9$ であるから

$-a+b=-5$，$6a+b=9$

これを解いて，$a=2$，$b=-3$

よって，求める余りは，$2x-3$

答え $2x-3$

2 3 次方程式 $x^3-5x^2+4x+6=0$ の 3 つの解を α，β，γ とするとき，$(\alpha+1)(\beta+1)(\gamma+1)$ の値を求めなさい。

考え方 与式を $\alpha+\beta+\gamma$，$\alpha\beta+\beta\gamma+\gamma\alpha$，$\alpha\beta\gamma$ を用いて表し，それぞれの値を解と係数の関係を用いて求め，代入します。

解き方 1 解と係数の関係より，$\alpha+\beta+\gamma=5$，$\alpha\beta+\beta\gamma+\gamma\alpha=4$，$\alpha\beta\gamma=-6$

よって

$$
\begin{aligned}
(\alpha+1)(\beta+1)(\gamma+1) &= \alpha\beta\gamma+(\alpha\beta+\beta\gamma+\gamma\alpha)+(\alpha+\beta+\gamma)+1 \\
&= -6+4+5+1 \\
&= 4
\end{aligned}
$$

解き方 2 $P(x)=x^3-5x^2+4x+6$ とおくと，$P(x)=(x-\alpha)(x-\beta)(x-\gamma)$

これに $x=-1$ を代入すると

$P(-1)=(-1-\alpha)(-1-\beta)(-1-\gamma)=-(\alpha+1)(\beta+1)(\gamma+1)$

よって，$(\alpha+1)(\beta+1)(\gamma+1)=-P(-1)=-(-4)=4$

答え 4

発展問題

1 a を実数の定数とします。3次方程式 $x^3-5ax^2+(4a^2+1)x-a=0$ が異なる2つの実数解をもつとき，a の値を求めなさい。

考え方 因数定理を用いて左辺を(x の1次式)×(x の2次式)に因数分解し，
(i) 2次方程式が異なる2つの実数解をもち，その1つの解が1次方程式の解となる
(ii) 2次方程式が1次方程式の解と異なる重解をもつ
の2通りを考えます。

解き方 $P(x)=x^3-5ax^2+(4a^2+1)x-a$ とおく。

$P(a)=a^3-5a\cdot a^2+(4a^2+1)\cdot a-a=0$ より，$P(x)=(x-a)(x^2-4ax+1)$

よって，$P(x)=0 \iff x-a=0$ …① または $x^2-4ax+1=0$ …②

①の解は $x=a$ であるから，$P(x)=0$ が異なる2つの実数解をもつのは，次の2通りである。

(i) ②が異なる2つの実数解をもち，その1つの解が $x=a$ となる

(ii) ②が $x=a$ と異なる重解をもつ

$P_1(x)=x^2-4ax+1$ とし，②の判別式を D とする。

(i)のとき，$D>0$ かつ $P_1(a)=0$ より

$D=(-4a)^2-4\cdot 1\cdot 1>0$ かつ $P_1(a)=a^2-4a\cdot a+1=0$

すなわち，$a<-\frac{1}{2}$，$\frac{1}{2}<a$ かつ $a=\pm\frac{1}{\sqrt{3}}$

よって，$a=\pm\frac{1}{\sqrt{3}}$

(ii)のとき，$D=0$ かつ $P_1(a)\neq 0$ より

$D=16a^2-4=0$ かつ $P_1(a)=-3a^2+1\neq 0$

すなわち，$a=\pm\frac{1}{2}$ かつ $a\neq\pm\frac{1}{\sqrt{3}}$

よって，$a=\pm\frac{1}{2}$

(i)，(ii)より，$a=\pm\frac{1}{\sqrt{3}}$，$\pm\frac{1}{2}$

答え $a=\pm\frac{1}{\sqrt{3}}$，$\pm\frac{1}{2}$

練習問題

答え：別冊 p.11 ～ p.12

重要
1 多項式 $P(x)$ を $x-2$ で割ったときの余りは 14，$x+5$ で割ったときの余りは -7 です。$P(x)$ を $(x-2)(x+5)$ で割ったときの余りを求めなさい。

重要
2 多項式 $2x^3+ax^2-2x+8$ が $x+4$ で割り切れるように，定数 a の値を定めなさい。

3 a，b，c を実数の定数とします。3 次方程式 $x^3-ax^2+bx-c=0$ が $x=3$，$2+i$ を解にもつとき，定数 a，b，c の値を求めなさい。また，他の解を求めなさい。ただし，i は虚数単位を表します。

4 a，b を実数の定数とします。3 次方程式 $x^3-2x^2+ax+b=0$ が 2 重解 $x=-2$ をもつとき，定数 a，b の値を求めなさい。また，他の解を求めなさい。

5 1 の 3 乗根のうち，虚数であるものの 1 つを ω（オメガ）とするとき，次の値を求めなさい。

(1) $\omega^2+\omega$　　(2) $\omega^4+\omega^8+\omega^{16}+\omega^{32}$

6 p，q を定数とします。3 次方程式 $x^3+12x^2+px+q=0$ の 3 つの解が α，2α，3α であるとき，定数 p，q の値と 3 つの解を求めなさい。

第2章 図形

2-1 三角比

1 三角比の定義

チェック!

正弦・余弦・正接…

直角三角形ABCにおいて，右の図のように鋭角の1つを θ（シータ）とするとき，$\frac{AC}{AB}$，$\frac{BC}{AB}$，$\frac{AC}{BC}$の値は三角形の大きさによらず，角 θ の大きさだけで定まります。これらをそれぞれ θ の正弦(サイン)，余弦(コサイン)，正接(タンジェント)といい，$\sin\theta$，$\cos\theta$，$\tan\theta$ と表します。

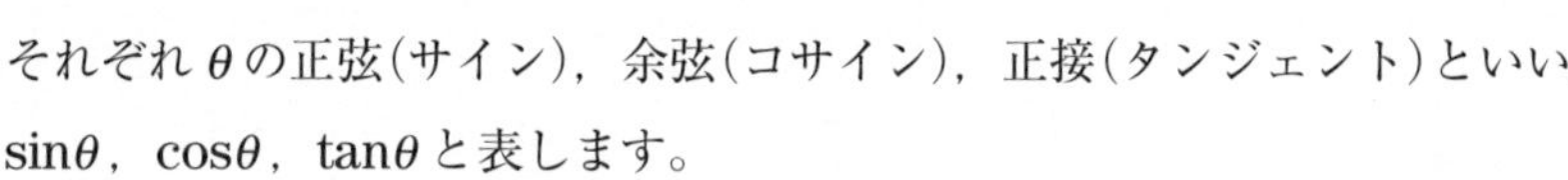

正弦，余弦，正接をまとめて**三角比**といいます。

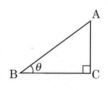

$$\sin\theta=\frac{AC}{AB},\ \cos\theta=\frac{BC}{AB},\ \tan\theta=\frac{AC}{BC}$$

30°，45°，60°の三角比…

$$\sin30^\circ=\frac{1}{2},\ \sin45^\circ=\frac{1}{\sqrt{2}},\ \sin60^\circ=\frac{\sqrt{3}}{2}$$

$$\cos30^\circ=\frac{\sqrt{3}}{2},\ \cos45^\circ=\frac{1}{\sqrt{2}},\ \cos60^\circ=\frac{1}{2}$$

$$\tan30^\circ=\frac{1}{\sqrt{3}},\ \tan45^\circ=1,\ \tan60^\circ=\sqrt{3}$$

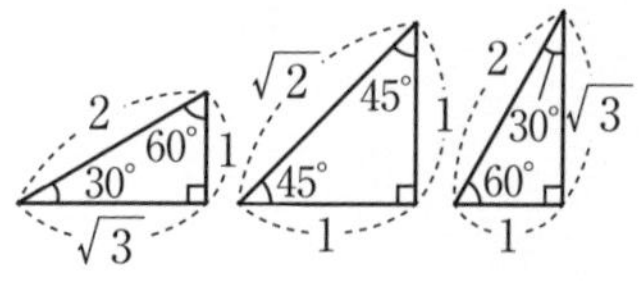

0°≦θ≦180°の三角比の定義…

原点Oを中心とする半径 r の半円と，x 軸の正の向きとの交点をAとし，半円の円周上に，∠AOP$=\theta$ となる点P(x, y)をとり，次のように定義します。

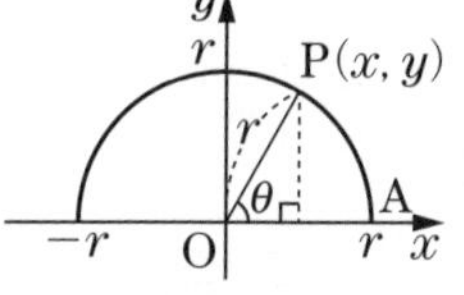

$$\sin\theta=\frac{y}{r},\ \cos\theta=\frac{x}{r},\ \tan\theta=\frac{y}{x}$$

三角比の値の範囲は，$0^\circ\leqq\theta\leqq180^\circ$ のとき

$0\leqq\sin\theta\leqq1$，$-1\leqq\cos\theta\leqq1$

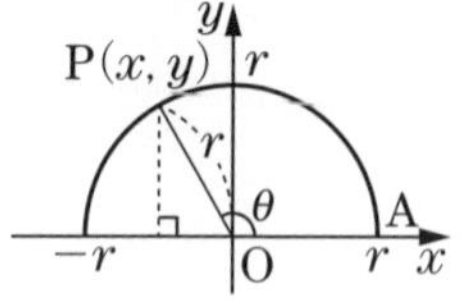

例1　$0^\circ\leqq\theta\leqq180^\circ$ で $\cos\theta=-\frac{1}{2}$ のとき，$\theta=120^\circ$ です。

2 三角比の相互関係

チェック！

90°−θの三角比…次の関係が成り立ちます。

$$\sin(90^\circ-\theta)=\cos\theta$$

$$\cos(90^\circ-\theta)=\sin\theta$$

$$\tan(90^\circ-\theta)=\frac{1}{\tan\theta}$$

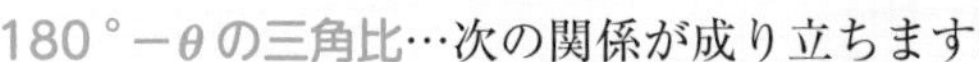

180°−θの三角比…次の関係が成り立ちます。

$$\sin(180^\circ-\theta)=\sin\theta$$

$$\cos(180^\circ-\theta)=-\cos\theta$$

$$\tan(180^\circ-\theta)=-\tan\theta$$

三角比の相互関係…　$\tan\theta=\dfrac{\sin\theta}{\cos\theta}$

$$\sin^2\theta+\cos^2\theta=1$$

$$1+\tan^2\theta=\frac{1}{\cos^2\theta}$$

例1　$\sin51^\circ$ を 45° 以下の三角比で表すと

$\sin51^\circ=\sin(90^\circ-39^\circ)=\cos39^\circ$

例2　$\cos147^\circ$ を 90° 以下の三角比で表すと

$\cos147^\circ=\cos(180^\circ-33^\circ)=-\cos33^\circ$

例3　θ が鋭角で $\sin\theta=\dfrac{2}{3}$ のとき，$\cos\theta$ の値は，$\sin^2\theta+\cos^2\theta=1$ より

$\cos^2\theta=1-\sin^2\theta=1-\left(\dfrac{2}{3}\right)^2=\dfrac{5}{9}$

$\cos\theta>0$ だから，$\cos\theta=\dfrac{\sqrt{5}}{3}$

$\tan\theta$ の値は，$\tan\theta=\dfrac{\sin\theta}{\cos\theta}$ より

$\tan\theta=\dfrac{2}{3}\div\dfrac{\sqrt{5}}{3}=\dfrac{2}{\sqrt{5}}$

テスト　θ が鈍角で $\cos\theta=-\dfrac{5}{11}$ のとき，$\tan\theta$ の値を求めなさい。

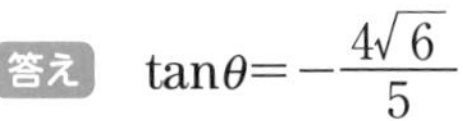

答え　$\tan\theta=-\dfrac{4\sqrt{6}}{5}$

基本問題

1 斜辺の長さが6.50m，高さが3.45mのエスカレーターがあります。このエスカレーターのおよその傾斜角を，右の三角比の表を用いて求めなさい。

θ	$\sin\theta$	$\cos\theta$	$\tan\theta$
30°	0.5000	0.8660	0.5774
31°	0.5150	0.8572	0.6009
32°	0.5299	0.8480	0.6249
33°	0.5446	0.8387	0.6494
34°	0.5592	0.8290	0.6745
35°	0.5736	0.8192	0.7002

解き方 傾斜角を θ とすると，$\sin\theta=\dfrac{\text{高さ}}{\text{斜辺の長さ}}=\dfrac{3.45}{6.50}=0.5307\cdots$

三角比の表において，$\sin\theta$ の値 $0.5307\cdots$ にいちばん近い値は0.5299だから，求める傾斜角は約32°である。

答え 約32°

2 $\sin 23^\circ=0.3907$，$\cos 23^\circ=0.9205$，$\tan 23^\circ=0.4245$ を用いて，次の式の値を求めなさい。

(1) $\sin 67^\circ+\cos 157^\circ+\tan 157^\circ$　　(2) $\sin 157^\circ+\cos 67^\circ\cdot\tan 67^\circ\cdot\tan 157^\circ$

ポイント
$\sin(90^\circ-\theta)=\cos\theta$，$\cos(90^\circ-\theta)=\sin\theta$，$\tan(90^\circ-\theta)=\dfrac{1}{\tan\theta}$
$\sin(180^\circ-\theta)=\sin\theta$，$\cos(180^\circ-\theta)=-\cos\theta$，$\tan(180^\circ-\theta)=-\tan\theta$

解き方 (1) $\sin 67^\circ=\sin(90^\circ-23^\circ)=\cos 23^\circ$

$\cos 157^\circ=\cos(180^\circ-23^\circ)=-\cos 23^\circ$

$\tan 157^\circ=\tan(180^\circ-23^\circ)=-\tan 23^\circ$

よって

$\sin 67^\circ+\cos 157^\circ+\tan 157^\circ=\cos 23^\circ-\cos 23^\circ-\tan 23^\circ$

$=-0.4245$

答え -0.4245

(2) $\sin 157^\circ=\sin(180^\circ-23^\circ)=\sin 23^\circ$

$\cos 67^\circ=\cos(90^\circ-23^\circ)=\sin 23^\circ$

$\tan 67^\circ=\tan(90^\circ-23^\circ)=\dfrac{1}{\tan 23^\circ}$

よって

$\sin 157^\circ+\cos 67^\circ\cdot\tan 67^\circ\cdot\tan 157^\circ$

$=\sin 23^\circ+\sin 23^\circ\cdot\dfrac{1}{\tan 23^\circ}\cdot(-\tan 23^\circ)=0$

答え 0

3 $0^\circ \leqq \theta \leqq 180^\circ$ のとき，次の等式を満たす θ を求めなさい。

(1) $2\sin\theta - \sqrt{3} = 0$　　(2) $\sqrt{2}\cos\theta - 1 = 0$

解き方 (1) $2\sin\theta - \sqrt{3} = 0$ より，$\sin\theta = \dfrac{\sqrt{3}}{2}$

半径 2 の半円の周上で y 座標が $\sqrt{3}$ となる点は，右の図の 2 点 P，Q である。

よって，$\theta = 60^\circ$，120°

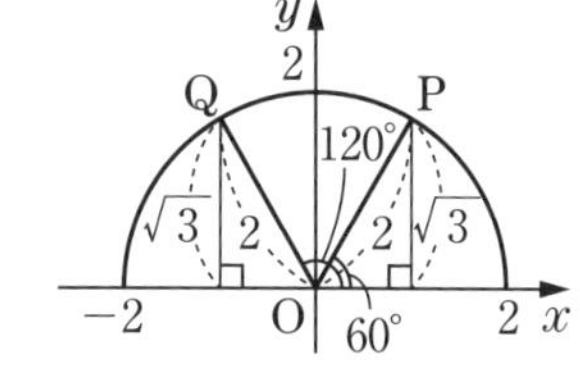

答え $\theta = 60^\circ$，120°

(2) $\sqrt{2}\cos\theta - 1 = 0$ より，$\cos\theta = \dfrac{1}{\sqrt{2}}$

半径 $\sqrt{2}$ の半円の周上で x 座標が 1 となる点は，右の図の点 P である。

よって，$\theta = 45^\circ$　**答え** $\theta = 45^\circ$

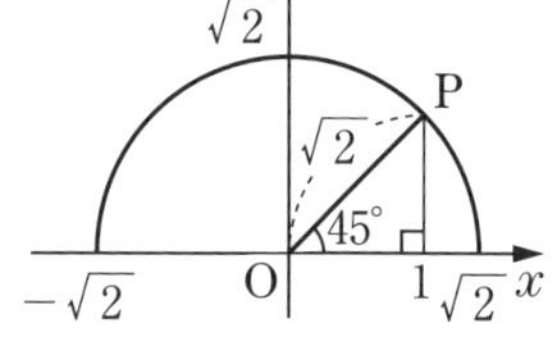

4 次の問いに答えなさい。

(1) $0^\circ \leqq \theta \leqq 90^\circ$ で $\sin\theta = \dfrac{1}{5}$ のとき，$\cos\theta$，$\tan\theta$ の値を求めなさい。

(2) $0^\circ \leqq \theta \leqq 180^\circ$ で $\tan\theta = -\sqrt{2}$ のとき，$\sin\theta$，$\cos\theta$ の値を求めなさい。

ポイント
$\sin^2\theta + \cos^2\theta = 1$　　$\tan\theta = \dfrac{\sin\theta}{\cos\theta}$　　$1 + \tan^2\theta = \dfrac{1}{\cos^2\theta}$

解き方 (1) $\cos^2\theta = 1 - \sin^2\theta = 1 - \left(\dfrac{1}{5}\right)^2 = \dfrac{24}{25}$　$\cos\theta \geqq 0$ だから，$\cos\theta = \dfrac{2\sqrt{6}}{5}$

$$\tan\theta = \frac{\sin\theta}{\cos\theta} = \frac{1}{5} \div \frac{2\sqrt{6}}{5} = \frac{1}{2\sqrt{6}} = \frac{\sqrt{6}}{12}$$

答え $\cos\theta = \dfrac{2\sqrt{6}}{5}$，$\tan\theta = \dfrac{\sqrt{6}}{12}$

(2) $\dfrac{1}{\cos^2\theta} = 1 + \tan^2\theta = 1 + (-\sqrt{2})^2 = 3$　これより，$\cos^2\theta = \dfrac{1}{3}$

$\tan\theta < 0$ より $90^\circ < \theta < 180^\circ$ であるため，$\cos\theta < 0$ だから

$$\cos\theta = -\frac{1}{\sqrt{3}} = -\frac{\sqrt{3}}{3}$$

$\tan\theta = \dfrac{\sin\theta}{\cos\theta}$ より，$\sin\theta = \tan\theta\cos\theta = -\sqrt{2} \cdot \left(-\dfrac{\sqrt{3}}{3}\right) = \dfrac{\sqrt{6}}{3}$

答え $\sin\theta = \dfrac{\sqrt{6}}{3}$，$\cos\theta = -\dfrac{\sqrt{3}}{3}$

応用問題

重要

1 右の図のように，地上に垂直なビルがあります。ビルの先端をA，点Aの真下にある地上の点をB，点Bから100m離れた地点をC，さらにビルから離れた地点をDとします。点Aから点C，Dを見下ろしたときの俯角がそれぞれ82°，37°のとき，CD間の距離は何mですか。ただし，3点B，C，Dは一直線上にあるものとします。tan82°=7.1154，tan37°=0.7536として計算し，答えは小数第2位を四捨五入して，小数第1位まで求めなさい。

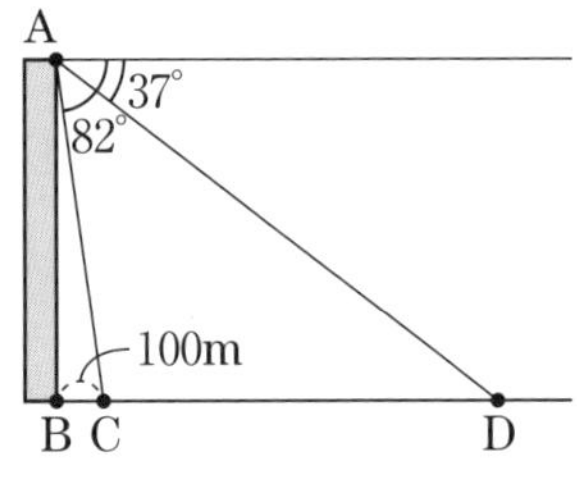

考え方 BCの長さとCを見下ろしたときの俯角を使ってABの長さを出し，ABの長さとDを見下ろしたときの俯角を使ってCDの長さを求めます。

解き方 $\tan 82^\circ = \dfrac{AB}{BC}$ より，$AB = 7.1154 \cdot 100 = 711.54$

$\tan 37^\circ = \dfrac{AB}{BD}$ より，$BD = 711.54 \div 0.7536 = 944.18 \cdots \fallingdotseq 944.2$

よって，$CD = BD - BC = 944.2 - 100 = 844.2$

答え 844.2m

2 $\tan\theta = -2$ のとき，$\dfrac{\sin\theta}{\cos\theta+1} + \dfrac{\cos(90^\circ-\theta)}{\cos\theta-1}$ の値を求めなさい。

考え方 与式を $\tan\theta$ だけの式にして，$\tan\theta = -2$ を代入します。

解き方

$$\frac{\sin\theta}{\cos\theta+1} + \frac{\cos(90^\circ-\theta)}{\cos\theta-1} = \frac{\sin\theta}{\cos\theta+1} + \frac{\sin\theta}{\cos\theta-1}$$

$$= \sin\theta \cdot \frac{(\cos\theta-1)+(\cos\theta+1)}{(\cos\theta+1)(\cos\theta-1)} = \frac{2\sin\theta\cos\theta}{\cos^2\theta-1}$$

$$= \frac{2\sin\theta\cos\theta}{(1-\sin^2\theta)-1} = \frac{2\sin\theta\cos\theta}{-\sin^2\theta}$$

$$= -\frac{2\cos\theta}{\sin\theta} = \frac{-2}{\tan\theta} = \frac{-2}{-2} = 1$$

答え 1

3 △ABCの3つの内角について，$\angle A=\theta_1$，$\angle B=\theta_2$，$\angle C=\theta_3$とするとき，次の等式が成り立つことを証明しなさい。ただし，$\theta_3\neq90°$とします。

$$\cos(\theta_1+\theta_2)+\frac{\sin\theta_3}{\tan\theta_3}=0$$

ポイント $\cos(180°-\theta)=-\cos\theta$　　$\tan\theta=\dfrac{\sin\theta}{\cos\theta}$

解き方 三角形の内角の和は180°であるから，$\theta_1+\theta_2+\theta_3=180°$が成り立つ。これと三角比の相互関係から，与式を変形する。

答え $\theta_1+\theta_2+\theta_3=180°$より，$\theta_1+\theta_2=180°-\theta_3$であるから

$\cos(\theta_1+\theta_2)=\cos(180°-\theta_3)=-\cos\theta_3$

また，$\tan\theta_3=\dfrac{\sin\theta_3}{\cos\theta_3}$より，$\dfrac{\sin\theta_3}{\tan\theta_3}=\cos\theta_3$

よって，$\cos(\theta_1+\theta_2)+\dfrac{\sin\theta_3}{\tan\theta_3}=-\cos\theta_3+\cos\theta_3=0$

4 2直線$y=-x$と$y=\sqrt{3}x$のなす角θを求めなさい。ただし，$0°\leqq\theta\leqq90°$とします。

考え方 直線$y=mx$とx軸の正の向きとのなす角をθとすると，$m=\tan\theta$となります。

解き方 直線$y=\sqrt{3}x$がx軸の正の向きとなす角θ_1は$\tan\theta_1=\sqrt{3}$であるから，右の図のように点B$(1,\sqrt{3})$をとると，$\theta_1=\angle AOB=60°$

また，直線$y=-x$がx軸の正の向きとなす角θ_2は$\tan\theta_2=-1$であるから，右の図のように点C$(-1,1)$をとると

$\theta_2=\angle AOC=90°+45°=135°$

よって，$\theta=\theta_2-\theta_1=135°-60°=75°$

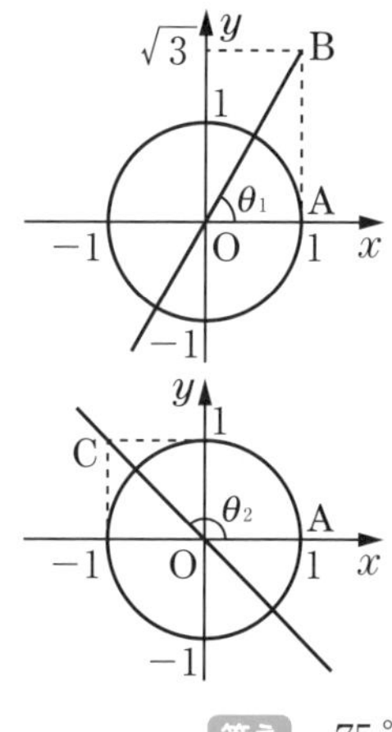

答え 75°

第2章 図形

練習問題

答え：別冊 p.13 ～ p.14

1 $0° \leqq \theta < 180°$ のとき，次の等式を満たす θ を求めなさい。

(1) $\cos\theta + 1 = \frac{1}{2}$　　(2) $3\tan^2\theta = 1$

2 右の図で，辺 AB 上に $\angle CDB = 50°$ となるように点 D をとるとき，線分 AD の長さを求めなさい。$\sqrt{3} = 1.7321$，$\tan 50° = 1.1918$ として計算し，答えは小数第 2 位を四捨五入して，小数第 1 位まで求めなさい。

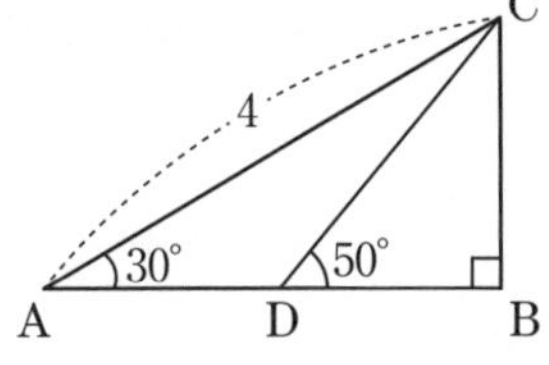

3 右の図の△ABC は，AB＝AC，$\angle A = 30°$ の二等辺三角形です。点 B から辺 AC に引いた垂線と辺 AC との交点を D とします。この図を利用して，$\tan 15°$ の値を求めなさい。

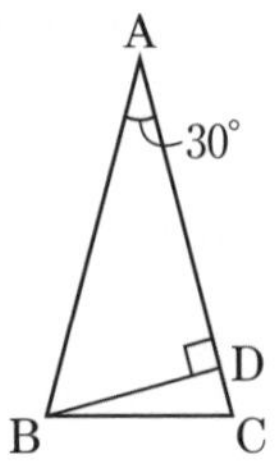

重要
4 $0° \leqq \theta \leqq 180°$ として，次の問いに答えなさい。

(1) $\tan\theta = -\sqrt{5}$ のとき，$\sin\theta$，$\cos\theta$ の値を求めなさい。

(2) $\cos\theta = -\frac{3}{7}$ のとき，$\sin\theta$，$\tan\theta$ の値を求めなさい。

2-2 正弦定理と余弦定理

1 正弦定理

☑チェック！

△ABC において，∠A，∠B，∠C の大きさをそれぞれ A，B，C，辺 BC，CA，AB の長さをそれぞれ a，b，c と表します。

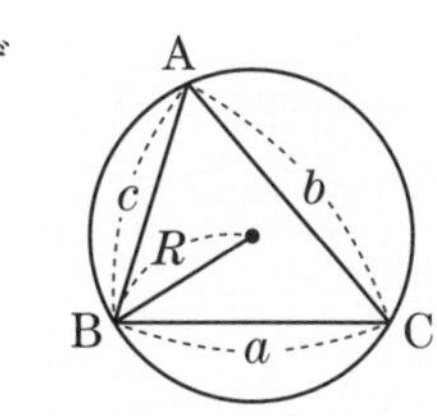

外接円…三角形の 3 つの頂点を通る円を，その三角形の外接円といいます。

正弦定理…△ABC の外接円の半径を R とすると，次の等式が成り立ちます。

$$\frac{a}{\sin A}=\frac{b}{\sin B}=\frac{c}{\sin C}=2R$$

例 1　右の図で，外接円の半径 R は，正弦定理より

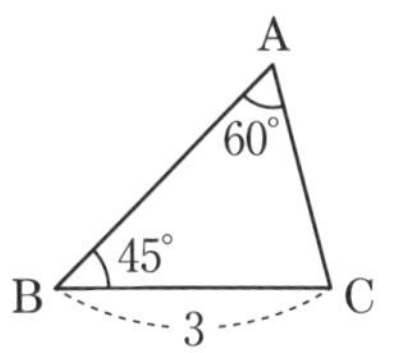

$$\frac{3}{\sin 60^\circ}=2R \leftarrow \frac{a}{\sin A}=2R$$

$$R=\frac{1}{2}\cdot\frac{3}{\sin 60^\circ}=\frac{3}{2\cdot\frac{\sqrt{3}}{2}}=\frac{3}{\sqrt{3}}=\sqrt{3}$$

辺 CA の長さ b は，正弦定理より

$$b=2R\cdot\sin B=2\cdot\sqrt{3}\cdot\sin 45^\circ=2\sqrt{3}\cdot\frac{1}{\sqrt{2}}=\frac{2\sqrt{6}}{2}=\sqrt{6}$$

2 余弦定理

☑チェック！

余弦定理…△ABC において，次の等式が成り立ちます。

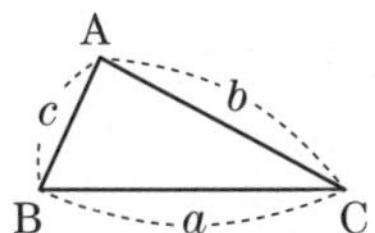

$$a^2=b^2+c^2-2bc\cos A$$

$$b^2=c^2+a^2-2ca\cos B$$

$$c^2=a^2+b^2-2ab\cos C$$

$\cos A$，$\cos B$，$\cos C$ について解くと，次の等式になります。

$$\cos A=\frac{b^2+c^2-a^2}{2bc},\quad \cos B=\frac{c^2+a^2-b^2}{2ca},\quad \cos C=\frac{a^2+b^2-c^2}{2ab}$$

例 1　右の図で，辺 CA の長さ b は，余弦定理より

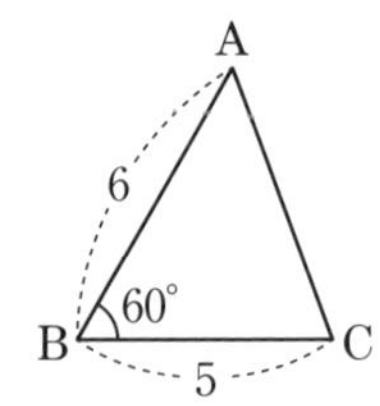

$$b^2=6^2+5^2-2\cdot 6\cdot 5\cdot \cos 60^\circ=36+25-60\cdot\frac{1}{2}=31$$

$b>0$ より，$b=\sqrt{31}$

例 2　右の図で，∠C の大きさ C は，余弦定理より

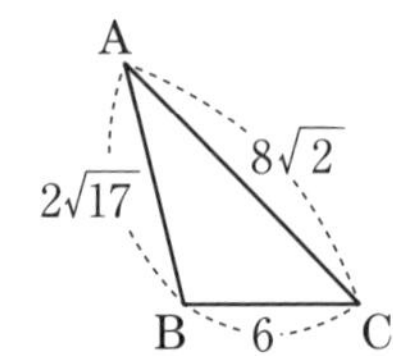

$$\cos C=\frac{6^2+(8\sqrt{2})^2-(2\sqrt{17})^2}{2\cdot 6\cdot 8\sqrt{2}}=\frac{1}{\sqrt{2}}$$

よって，$C=45^\circ$

3 三角形の面積

☑ チェック！

三角形の面積…△ABC において，面積を S とすると

$$S=\frac{1}{2}bc\sin A=\frac{1}{2}ca\sin B=\frac{1}{2}ab\sin C$$

内接円…三角形の 3 辺に接する円を，その三角形の内接円といいます。

三角形の内接円と面積…△ABC において，面積を S，内接円の半径を r とすると

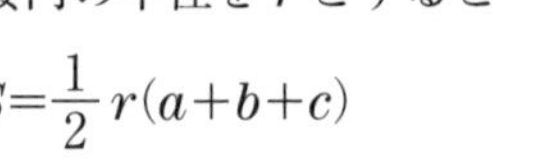

$$S=\frac{1}{2}r(a+b+c)$$

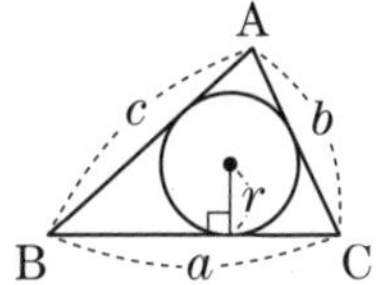

ヘロンの公式…△ABC において，面積を S とすると

$$S=\sqrt{s(s-a)(s-b)(s-c)}\quad ただし，s=\frac{1}{2}(a+b+c)$$

例 1　右の図で，△ABC の面積 S は

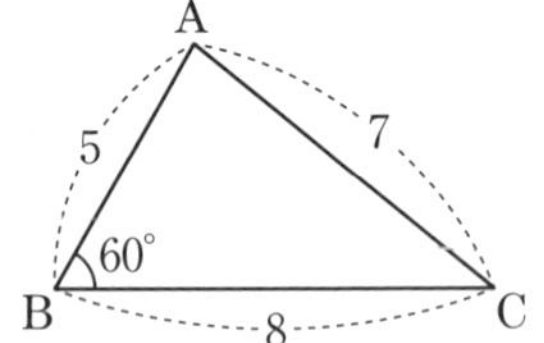

$$S=\frac{1}{2}ca\sin B$$

$$=\frac{1}{2}\cdot 5\cdot 8\cdot \sin 60^\circ=20\cdot\frac{\sqrt{3}}{2}=10\sqrt{3}$$

内接円の半径 r は，$S=\frac{1}{2}r(a+b+c)$ より

$$r=\frac{2S}{a+b+c}=\frac{2\cdot 10\sqrt{3}}{8+7+5}=\sqrt{3}$$

基本問題

重要

1 △ABC について，次の問いに答えなさい。

(1) $A=75^\circ$，$B=60^\circ$，AB=4 のとき，外接円の半径 R を求めなさい。

(2) $A=120^\circ$，$B=45^\circ$，BC=8 のとき，辺 CA の長さを求めなさい。

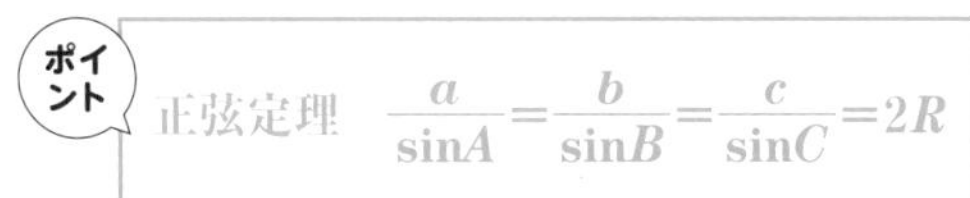

ポイント
正弦定理 $\dfrac{a}{\sin A}=\dfrac{b}{\sin B}=\dfrac{c}{\sin C}=2R$

解き方 (1) $\angle C=180^\circ-(75^\circ+60^\circ)=45^\circ$

正弦定理より，$\dfrac{4}{\sin 45^\circ}=2R$ ← $\dfrac{c}{\sin C}=2R$

$R=\dfrac{4}{2\sin 45^\circ}=2\sqrt{2}$

答え $2\sqrt{2}$

(2) 正弦定理より，$\dfrac{8}{\sin 120^\circ}=\dfrac{\mathrm{CA}}{\sin 45^\circ}$

$\mathrm{CA}=\dfrac{8\sin 45^\circ}{\sin 120^\circ}=8\cdot\dfrac{1}{\sqrt{2}}\div\dfrac{\sqrt{3}}{2}=\dfrac{8\sqrt{6}}{3}$

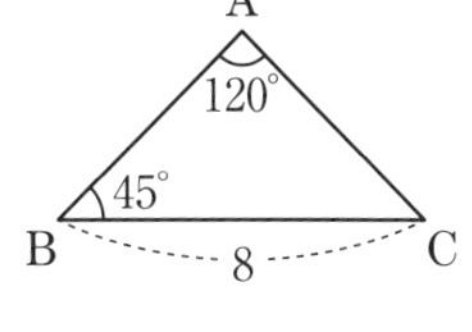

答え $\dfrac{8\sqrt{6}}{3}$

重要

2 △ABC について，次の問いに答えなさい。

(1) AB=5，CA=7，$A=60^\circ$ のとき，辺 BC の長さを求めなさい。

(2) AB=$\sqrt{17}$，CA=$\sqrt{2}$，$C=135^\circ$ のとき，辺 BC の長さを求めなさい。

余弦定理 $a^2=b^2+c^2-2bc\cos A$

考え方

(2) 2 辺の長さと，その間の角ではない角の大きさしかわからないときでも，余弦定理を利用して残りの 1 辺の長さを求めることができます。

解き方 (1) 余弦定理より

$\mathrm{BC}^2=5^2+7^2-2\cdot5\cdot7\cdot\cos 60^\circ=74-70\cdot\dfrac{1}{2}=39$

BC>0 より，$\mathrm{BC}=\sqrt{39}$

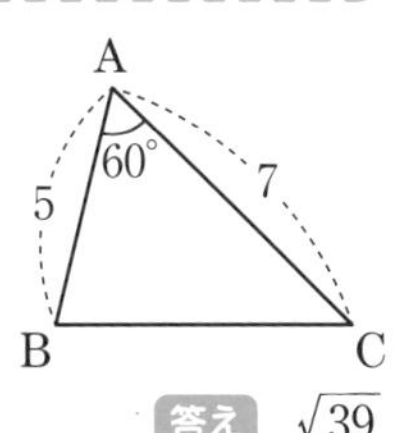

答え $\sqrt{39}$

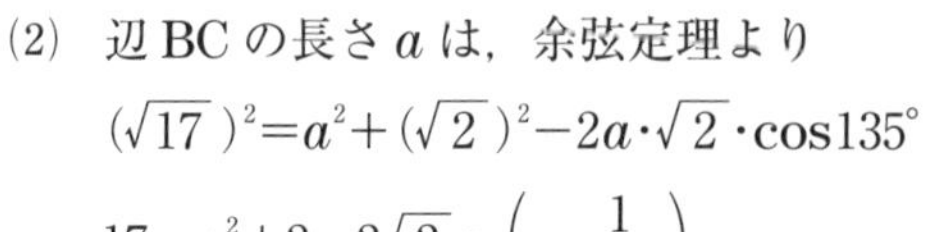

(2) 辺BCの長さ a は，余弦定理より

$(\sqrt{17})^2=a^2+(\sqrt{2})^2-2a\cdot\sqrt{2}\cdot\cos 135^\circ$

$17=a^2+2-2\sqrt{2}\,a\cdot\left(-\dfrac{1}{\sqrt{2}}\right)$

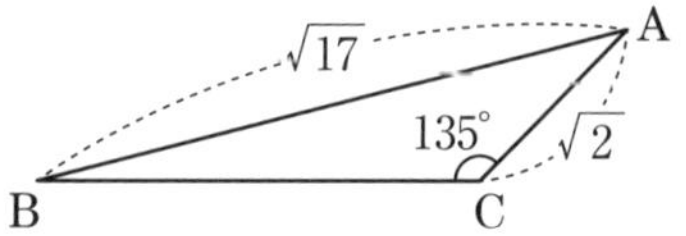

$a^2+2a-15=0$

$(a-3)(a+5)=0$

$a=3,\ -5$

$a>0$ より，$a=3$ 答え 3

重要 3 右の図のように，池をはさんだ2地点A，Bがあります。地点CからA，Bを見て∠ACBを測ったところ，120°でした。また，C，A間の距離が100m，C，B間の距離が150mのとき，A，B間の距離を求めなさい。

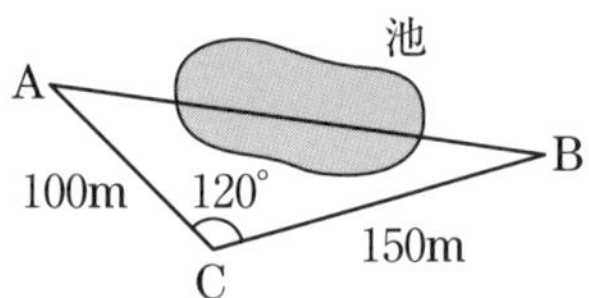

解き方 △ABCにおいて，余弦定理より

$AB^2=150^2+100^2-2\cdot150\cdot100\cdot\cos 120^\circ=32500-30000\cdot\left(-\dfrac{1}{2}\right)=47500$

$AB>0$ より，$AB=50\sqrt{19}$ 答え $50\sqrt{19}$ m

重要 4 △ABCについて，次の問いに答えなさい。

(1) AB=5，BC=12，$B=30^\circ$ のとき，面積 S を求めなさい。

(2) BC=4，CA=$3\sqrt{2}$，面積が6のとき，∠Cの大きさ C を求めなさい。

三角形の面積　$S=\dfrac{1}{2}ab\sin C=\dfrac{1}{2}bc\sin A=\dfrac{1}{2}ca\sin B$

解き方 (1) $S=\dfrac{1}{2}ca\sin B=\dfrac{1}{2}\cdot5\cdot12\cdot\sin 30^\circ=30\cdot\dfrac{1}{2}=15$

15

(2) $S=\dfrac{1}{2}ab\sin C$ より

$\sin C=\dfrac{2S}{ab}=\dfrac{2\cdot6}{4\cdot3\sqrt{2}}$

$=\dfrac{12}{12\sqrt{2}}=\dfrac{1}{\sqrt{2}}$

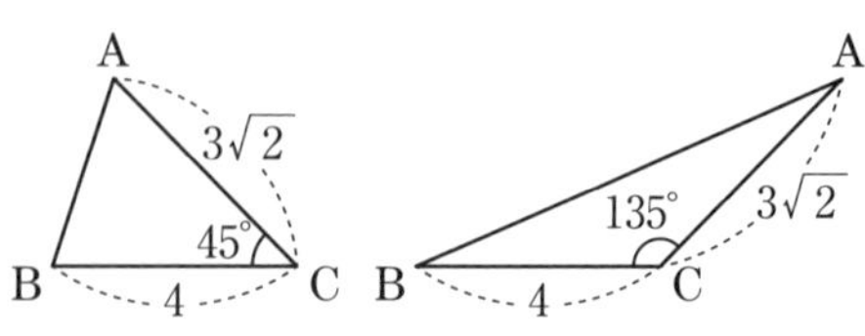

よって，$C=45^\circ,\ 135^\circ$ 答え 45°，135°

応用問題

1 △ABCが$\dfrac{\sin B}{\sin C}=\cos A$を満たすとき，△ABCはどのような三角形ですか。

考え方 正弦定理と余弦定理を用いて，左辺と右辺をそれぞれ3辺の長さa，b，cだけの式で表します。

解き方 △ABCの外接円の半径をRとすると，正弦定理より

$\sin B=\dfrac{b}{2R}$ ← $\dfrac{b}{\sin B}=2R$

同様に，$\sin C=\dfrac{c}{2R}$ ← $\dfrac{c}{\sin C}=2R$

よって，$\dfrac{\sin B}{\sin C}=\dfrac{b}{2R}\div\dfrac{c}{2R}=\dfrac{b}{c}$ …①

余弦定理より，$\cos A=\dfrac{b^2+c^2-a^2}{2bc}$ …②

①，②より，与えられた等式は，$\dfrac{b}{c}=\dfrac{b^2+c^2-a^2}{2bc}$

これを整理すると，$a^2+b^2=c^2$

三平方の定理の逆より，△ABCは$C=90^\circ$の直角三角形である。

答え $C=90^\circ$の直角三角形

2 右の図の△ABCについて，∠Aの二等分線と辺BCの交点をDとするとき，線分ADの長さを求めなさい。

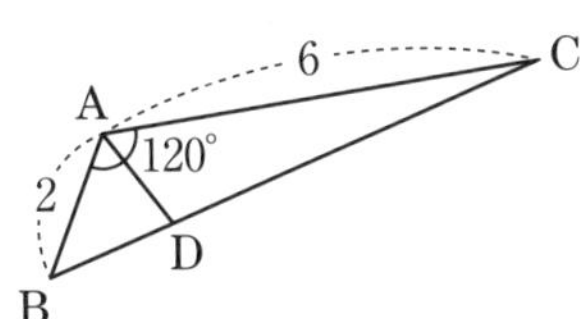

考え方 △ABCの面積は△ABDと△ACDの面積の和であることを利用します。

解き方 △ABC＝△ABD＋△ACDであるから

$\dfrac{1}{2}\cdot 2\cdot 6\cdot\sin 120^\circ=\dfrac{1}{2}\cdot 2\cdot \mathrm{AD}\cdot\sin 60^\circ+\dfrac{1}{2}\cdot 6\cdot \mathrm{AD}\cdot\sin 60^\circ$

$6\cdot\dfrac{\sqrt{3}}{2}=\mathrm{AD}\cdot\dfrac{\sqrt{3}}{2}+3\cdot\mathrm{AD}\cdot\dfrac{\sqrt{3}}{2}$

$\mathrm{AD}=\dfrac{3}{2}$

答え $\dfrac{3}{2}$

3 右の図で，辺 BC 上に∠ADC=45° となる点 D をとります。この図を利用して，sin15° の値を求めなさい。

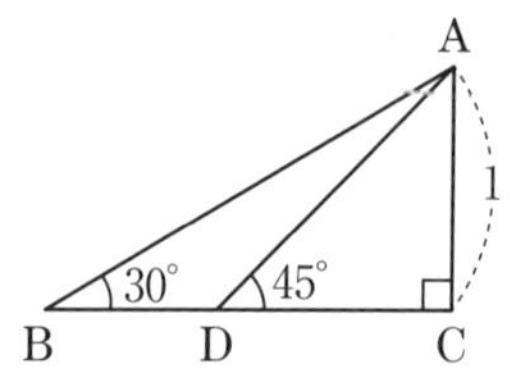

考え方 ∠BAD=60°−45°=15° を用います。

解き方 1 △ADC は∠A=∠D=45° の直角二等辺三角形なので，$AD=\sqrt{2}$，CD=1

△ABC は∠B=30°，∠A=60° の直角三角形なので，$BC=\sqrt{3}$

よって，$BD=BC-CD=\sqrt{3}-1$

△ABD に正弦定理を用いて，$\dfrac{\sqrt{2}}{\sin 30^\circ}=\dfrac{\sqrt{3}-1}{\sin 15^\circ}$

よって，$\sin 15^\circ=\dfrac{\sqrt{6}-\sqrt{2}}{4}$

解き方 2 △ABD=△ABC−△ADC であるから

$$\frac{1}{2}\cdot AB\cdot AD\cdot \sin 15^\circ=\frac{1}{2}\cdot BC\cdot AC-\frac{1}{2}\cdot DC\cdot AC$$

$$\frac{1}{2}\cdot 2\cdot\sqrt{2}\cdot\sin 15^\circ=\frac{1}{2}\cdot\sqrt{3}\cdot 1-\frac{1}{2}\cdot 1\cdot 1$$

$$\sin 15^\circ=\frac{\sqrt{6}-\sqrt{2}}{4}$$

答え $\sin 15^\circ=\dfrac{\sqrt{6}-\sqrt{2}}{4}$

重要

4 AB=4，BC=5，CA=7 である△ABC について，面積 S と内接円の半径 r を求めなさい。

解き方 1 余弦定理より，$\cos A=\dfrac{b^2+c^2-a^2}{2bc}=\dfrac{7^2+4^2-5^2}{2\cdot 7\cdot 4}=\dfrac{5}{7}$

$\sin^2 A=1-\cos^2 A=1-\left(\dfrac{5}{7}\right)^2=\dfrac{24}{49}$　$\sin A>0$ より，$\sin A=\dfrac{2\sqrt{6}}{7}$

↑$\sin B$ や $\sin C$ を求めてもよい

$S=\dfrac{1}{2}bc\sin A=\dfrac{1}{2}\cdot 7\cdot 4\cdot\dfrac{2\sqrt{6}}{7}=4\sqrt{6}$

$S=\dfrac{1}{2}r(a+b+c)$ より，$r=\dfrac{2S}{a+b+c}=\dfrac{2\cdot 4\sqrt{6}}{5+7+4}=\dfrac{8\sqrt{6}}{16}=\dfrac{\sqrt{6}}{2}$

解き方 2 ヘロンの公式より，$s=\dfrac{1}{2}(a+b+c)=\dfrac{1}{2}(5+7+4)=8$ とすると

$S=\sqrt{s(s-a)(s-b)(s-c)}=\sqrt{8(8-5)(8-7)(8-4)}=4\sqrt{6}$

$r=\dfrac{S}{\frac{1}{2}(a+b+c)}=\dfrac{4\sqrt{6}}{8}=\dfrac{\sqrt{6}}{2}$

答え $S=4\sqrt{6}$，$r=\dfrac{\sqrt{6}}{2}$

発展問題

1 △ABCにおいて，$s=\frac{1}{2}(a+b+c)$とおくと，面積Sが

$S=\sqrt{s(s-a)(s-b)(s-c)}$の式で表されることを証明しなさい。

考え方 △ABCの面積を，3辺の長さa，b，cだけの式で表します。

解き方 三角形の面積の公式$S=\frac{1}{2}bc\sin A$を与式のように変形するために，余弦定理と三角比の相互関係を用いて，$\sin A$を3辺の長さa，b，cだけの式で表す。

答え 余弦定理より，$\cos A=\frac{b^2+c^2-a^2}{2bc}$

$$\sin^2 A=1-\cos^2 A=(1+\cos A)(1-\cos A) \quad \leftarrow \sin^2 A+\cos^2 A=1$$

$$=\left(1+\frac{b^2+c^2-a^2}{2bc}\right)\left(1-\frac{b^2+c^2-a^2}{2bc}\right)$$

$$=\frac{2bc+b^2+c^2-a^2}{2bc}\cdot\frac{2bc-b^2-c^2+a^2}{2bc}$$

$$=\frac{(b+c)^2-a^2}{2bc}\cdot\frac{a^2-(b-c)^2}{2bc}$$

$\downarrow a^2-b^2=(a+b)(a-b)$

$$=\frac{\{(b+c)+a\}\{(b+c)-a\}}{2bc}\cdot\frac{\{a+(b-c)\}\{a-(b-c)\}}{2bc}$$

$$=\frac{(a+b+c)(-a+b+c)(a+b-c)(a-b+c)}{4b^2c^2} \quad \cdots①$$

$s=\frac{1}{2}(a+b+c)$であるから，$a+b+c=2s$

これより，$-a+b+c=2s-2a=2(s-a)$， ← $a+b+c=2s$より $a+b+c-2a=2s-2a$

$a+b-c=2s-2c=2(s-c)$，$a-b+c=2s-2b=2(s-b)$

これらを①に代入して

$$\sin^2 A=\frac{2s\cdot 2(s-a)\cdot 2(s-c)\cdot 2(s-b)}{4b^2c^2}=\frac{4s(s-a)(s-b)(s-c)}{b^2c^2}$$

$\sin A>0$であるから，$\sin A=\frac{2\sqrt{s(s-a)(s-b)(s-c)}}{bc}$

よって，面積Sは

$$S=\frac{1}{2}bc\sin A=\frac{1}{2}bc\cdot\frac{2\sqrt{s(s-a)(s-b)(s-c)}}{bc}$$

$$=\sqrt{s(s-a)(s-b)(s-c)}$$

練習問題

答え：別冊 p.14 ～ p.16

重要
1 △ABC について，次の問いに答えなさい。

(1) $A=25^\circ$，$B=110^\circ$，AB$=7$ のとき，外接円の半径 R を求めなさい。

(2) $A=45^\circ$，$B=60^\circ$，BC$=10$ のとき，辺 CA の長さを求めなさい。

重要
2 △ABC について，次の問いに答えなさい。

(1) AB$=5\sqrt{6}$，CA$=7\sqrt{3}$，$A=45^\circ$ のとき，辺 BC の長さを求めなさい。

(2) BC$=3$，CA$=4$，AB$=\sqrt{13}$ のとき，∠C の大きさ C を求めなさい。また，△ABC の面積 S を求めなさい。

3 右の図の平行四辺形 ABCD について，次の問いに答えなさい。

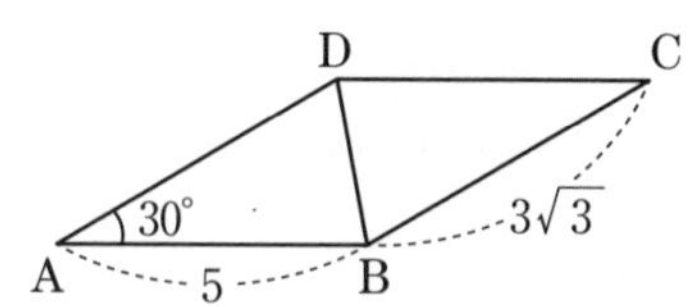

(1) 対角線 BD の長さを求めなさい。

(2) 平行四辺形 ABCD の面積を求めなさい。

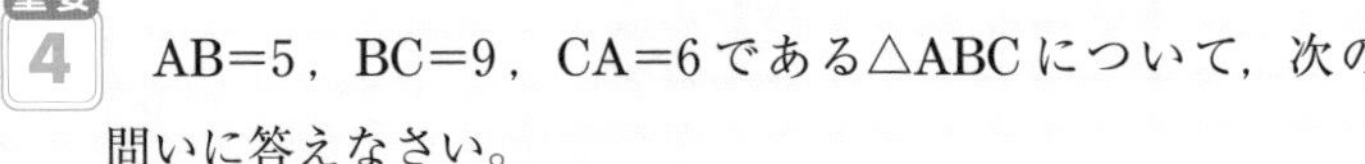

重要 **4** AB=5，BC=9，CA=6である△ABCについて，次の問いに答えなさい。

(1) 外接円の半径Rを求めなさい。

(2) 内接円の半径rを求めなさい。

5 AB=6，AC=9，∠A=60°である△ABCについて，辺BCの中点をMとするとき，次の問いに答えなさい。

(1) 辺BCの長さを求めなさい。

(2) 線分AMの長さを求めなさい。

6 右の図のような，AB=4，AC=5，PA=5，∠CAB=60°の三角錐PABCがあります。頂点Pから△ABCに垂線PHを引くと，点Hが△ABCの外接円の中心になるとき，三角錐PABCの体積を求めなさい。

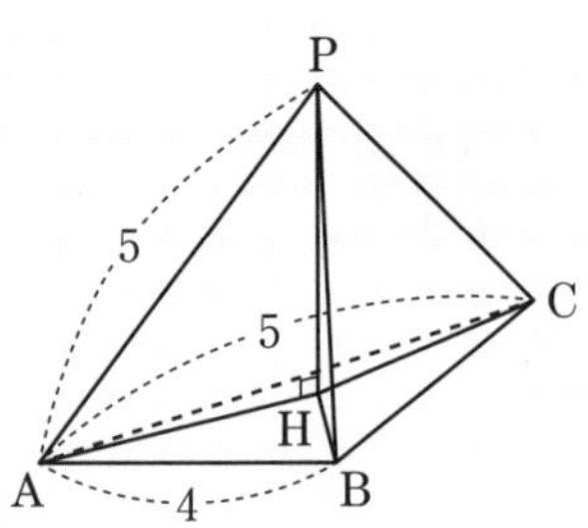

2-3 三角形の性質

1 角の二等分線と辺の比

☑ チェック!

三角形の内角の二等分線の性質…

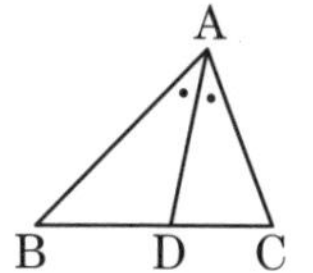

△ABC の∠A の二等分線と辺 BC との交点を D とすると，次の等式が成り立ちます。

AB：AC＝BD：DC

三角形の外角の二等分線の性質…

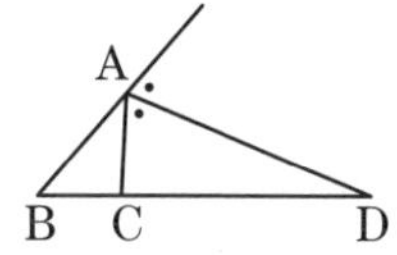

△ABC の∠A の外角の二等分線と辺 BC の延長との交点を D とすると，次の等式が成り立ちます。

AB：AC＝BD：DC

2 チェバの定理，メネラウスの定理

☑ チェック!

チェバの定理…

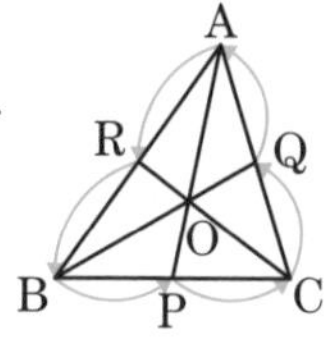

△ABC の辺上にもその延長上にもない点 O があり，直線 AO，BO，CO と辺 BC，CA，AB またはその延長との交点をそれぞれ P，Q，R とすると，次の等式が成り立ちます。

$$\frac{BP}{PC}\cdot\frac{CQ}{QA}\cdot\frac{AR}{RB}=1$$

メネラウスの定理…

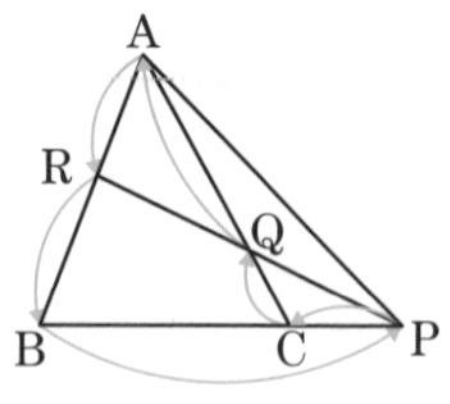

△ABC の辺 BC，CA，AB またはその延長が，ある直線と交わる点をそれぞれ P，Q，R とすると，次の等式が成り立ちます。

$$\frac{BP}{PC}\cdot\frac{CQ}{QA}\cdot\frac{AR}{RB}=1$$

3 外心・内心・重心

☑チェック！

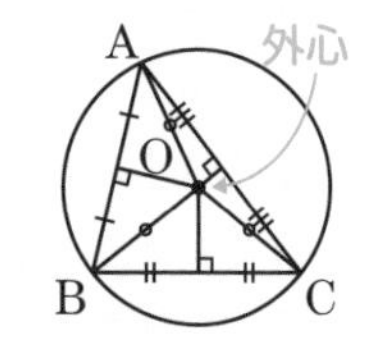

外心…三角形の３辺の垂直二等分線は１点で交わり，この交点を外心といいます。外心は外接円の中心になります。

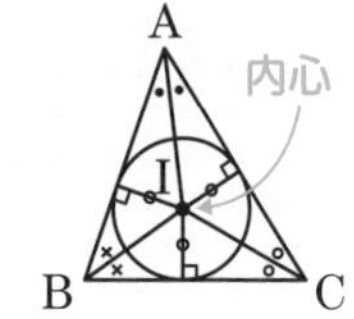

内心…三角形の３つの内角の二等分線は１点で交わり，この交点を内心といいます。内心は内接円の中心になります。

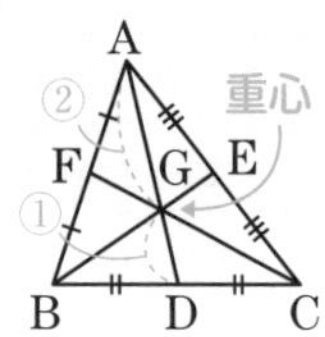

重心…三角形の頂点とその対辺の中点を結ぶ線分を中線といいます。３本の中線は１点で交わり，この交点を重心といいます。重心はそれぞれの中線を2：1に内分します。

4 三角形の辺と角

☑チェック！

三角形の３辺の長さの関係…

１つの三角形において，次の①，②が成り立ちます。

①２辺の長さの和は，他の１辺の長さより大きい。

②２辺の長さの差は，他の１辺の長さより小さい。

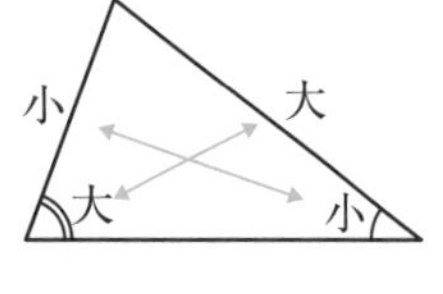

三角形の辺と角の大小関係…

１つの三角形において，次の①，②が成り立ちます。

①大きい辺に向かい合う角は，小さい辺に向かい合う角より大きい。

②大きい角に向かい合う辺は，小さい角に向かい合う辺より長い。

例１　長さが1，2，4である３つの線分について，$1+2<4$ であることから，これらの線分を３辺とする三角形は，存在しません。

基本問題

重要
1 右の図で，∠ABCの二等分線と辺ACとの交点をD，∠CABの外角の二等分線と辺BCの延長との交点をE，直線BDとAEの交点をFとするとき，次の問いに答えなさい。

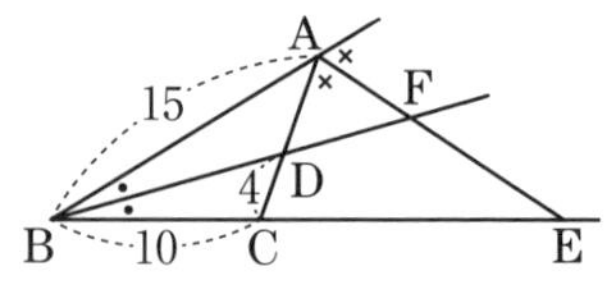

(1) 辺ADの長さを求めなさい。

(2) AF：FEを求めなさい。

解き方 (1) △ABCにおいて，三角形の内角の二等分線の性質より

10：15＝4：DA ←BC：BA＝CD：DA

AD＝6 **答え** 6

(2) △ABCにおいて，三角形の外角の二等分線の性質より

15：(6＋4)＝(10＋EC)：EC ←AB：AC＝BE：EC

EC＝20

△ABEにおいて，三角形の内角の二等分線の性質より

AF：FE＝BA：BE＝15：(10＋20)＝1：2 **答え** 1：2

重要
2 右の図で，CQ：QA＝4：3，AR：RB＝1：2のとき，BP：PCを求めなさい。

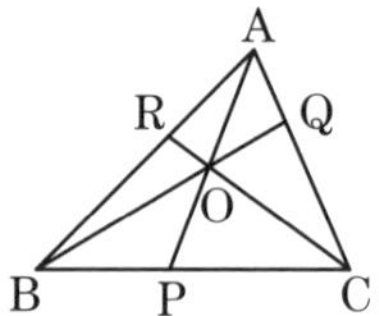

考え方 頂点A，B，Cと1点Oを結ぶ直線があるので，チェバの定理を利用します。

解き方 チェバの定理より，$\frac{BP}{PC}\cdot\frac{4}{3}\cdot\frac{1}{2}=1$ ←$\frac{BP}{PC}\cdot\frac{CQ}{QA}\cdot\frac{AR}{RB}=1$

これより，$\frac{BP}{PC}=\frac{3}{2}$

よって，BP：PC＝3：2 **答え** 3：2

重要 **3** 右の図で，AR：RB＝2：3，BP：PC＝6：1のとき，CQ：QAを求めなさい。

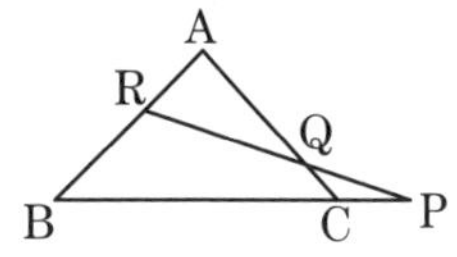

考え方 三角形と直線が交わっているので，メネラウスの定理を利用します。

解き方 メネラウスの定理より，$\frac{6}{1}\cdot\frac{CQ}{QA}\cdot\frac{2}{3}=1$ ← $\frac{BP}{PC}\cdot\frac{CQ}{QA}\cdot\frac{AR}{RB}=1$

これより，$\frac{CQ}{QA}=\frac{1}{4}$

よって，CQ：QA＝1：4

答え 1：4

4 下の図において，点Oは△ABCの外心，点Iは△ABCの内心です。$\angle x$，$\angle y$の大きさをそれぞれ求めなさい。

(1)

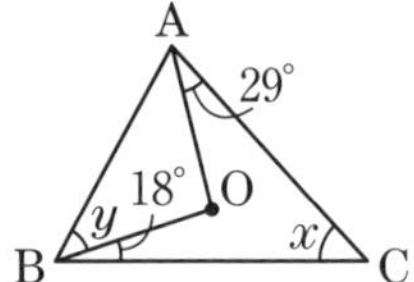

(2)

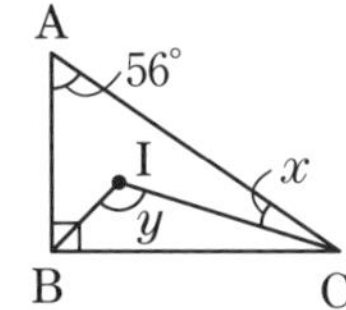

解き方 (1) OA＝OB＝OCより，△AOC，△BOCは二等辺三角形だから

$\angle OCA=\angle OAC=29°$，$\angle OCB=\angle OBC=18°$

よって，$\angle x=29°+18°=47°$

円周角の定理より，$\angle AOB=2\cdot 47°=94°$

したがって，$\angle y=(180°-94°)\div 2=43°$

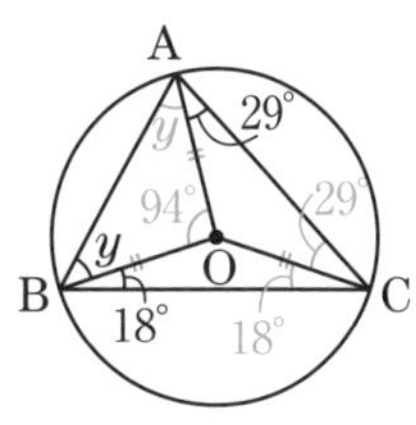
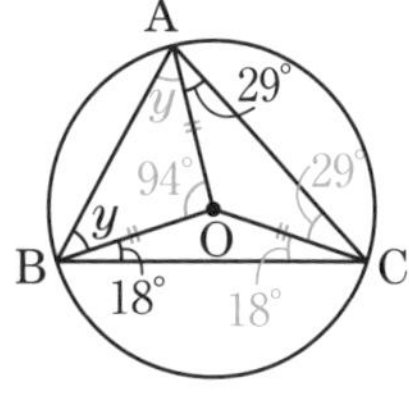

答え $\angle x=47°$，$\angle y=43°$

(2) $\angle ACI=\angle BCI=\angle x$であるから

$\angle x=\{180°-(56°+90°)\}\div 2=17°$

$\angle ABI=\angle CBI=45°$であるから

$\angle y=180°-(17°+45°)=118°$

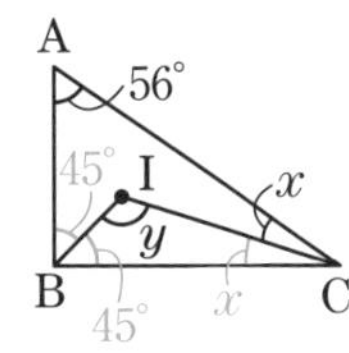

答え $\angle x=17°$，$\angle y=118°$

第2章 図形

応用問題

重要 **1** 右の図で，∠BAC の外角の二等分線と辺 BC の延長との交点を P とします。辺 AC 上に AQ：QC＝3：1 となる点 Q をとり，直線 PQ と辺 AB の交点を R とするとき，線分 RB の長さを求めなさい。

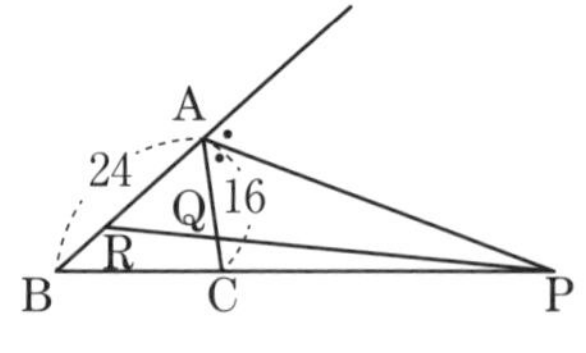

考え方 外角の二等分線の性質を利用して BP：PC を求め，メネラウスの定理を利用して AR：RB を求めます。

解き方 △ABC において，三角形の外角の二等分線の性質より

AB：AC＝BP：PC＝24：16＝3：2

メネラウスの定理より，$\frac{3}{2}\cdot\frac{1}{3}\cdot\frac{\mathrm{AR}}{\mathrm{RB}}=1$ ← $\frac{\mathrm{BP}}{\mathrm{PC}}\cdot\frac{\mathrm{CQ}}{\mathrm{QA}}\cdot\frac{\mathrm{AR}}{\mathrm{RB}}=1$

$\frac{\mathrm{AR}}{\mathrm{RB}}=\frac{2}{1}$

よって，AR：RB＝2：1 であるから，$\mathrm{RB}=\frac{1}{1+2}\cdot 24=8$  8

2 右の図で，辺 AB，AC の中点をそれぞれ E，F とします。直線 BF と CE の交点を G，直線 AG と辺 BC の交点を D とするとき，次の問いに答えなさい。

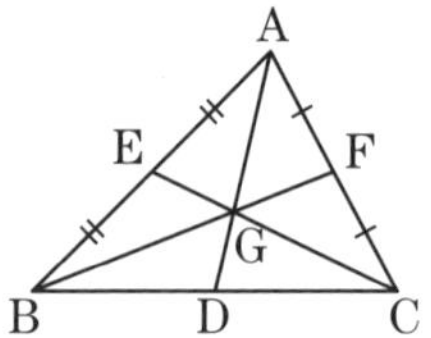

(1) 点 D が辺 BC の中点となることを証明しなさい。

(2) AG：GD＝2：1 となることを証明しなさい。

解き方 (1) 点 D が辺 BC の中点となることを示すには，BD＝DC すなわち，$\frac{\mathrm{BD}}{\mathrm{DC}}=1$ を示せばよい。

答え チェバの定理より，$\frac{\mathrm{BD}}{\mathrm{DC}}\cdot\frac{\mathrm{CF}}{\mathrm{FA}}\cdot\frac{\mathrm{AE}}{\mathrm{EB}}=\frac{\mathrm{BD}}{\mathrm{DC}}\cdot\frac{1}{1}\cdot\frac{1}{1}=1$

これより，$\frac{\mathrm{BD}}{\mathrm{DC}}=1$

よって，BD＝DC であるから，点 D は辺 BC の中点となる。

(2)　AG：GD＝2：1すなわち，$\dfrac{GD}{GA}=\dfrac{1}{2}$を示せばよい。

答え　メネラウスの定理より，$\dfrac{BC}{CD}\cdot\dfrac{DG}{GA}\cdot\dfrac{AE}{EB}=\dfrac{2}{1}\cdot\dfrac{DG}{GA}\cdot\dfrac{1}{1}=1$

これより，$\dfrac{DG}{GA}=\dfrac{1}{2}$

よって，AG：GD＝2：1 ←点Gは△ABCの重心

第2章 図形

3　右の図で，△ABCの内心をIとします。直線AIと辺BCの交点をDとするとき，AI：IDを求めなさい。

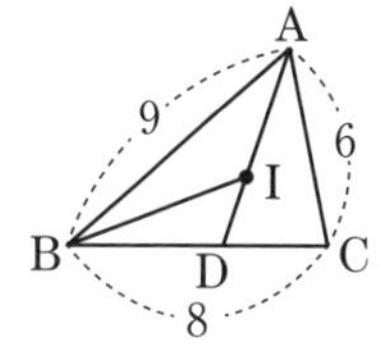

考え方　直線AD，BIはそれぞれ∠A，∠Bの二等分線になります。

解き方　△ABCにおいて，直線ADは∠Aの二等分線であるから

BD：DC＝AB：AC＝3：2

ゆえに，$BD=\dfrac{3}{5}BC=\dfrac{3}{5}\cdot 8=\dfrac{24}{5}$

△BDAにおいて，直線BIは∠Bの二等分線であるから

AI：ID＝BA：BD＝$9:\dfrac{24}{5}$＝15：8　　**答え**　15：8

4　三角形の3辺の長さが，7，$3x$，$x+3$のとき，xの値の範囲を求めなさい。

ポイント　3辺の長さがa，b，cの三角形が存在する条件は
$a+b>c$，$b+c>a$，$c+a>b$

解き方　三角形の3辺の長さの関係より

$7+3x>x+3$より，$x>-2$　…①

$3x+(x+3)>7$より，$x>1$　…②

$(x+3)+7>3x$より，$x<5$　…③

①，②，③より，求めるxの値の範囲は，$1<x<5$　　**答え**　$1<x<5$

発展問題

1 右の図で，辺BCの中点をMとするとき，次の問いに答えなさい。

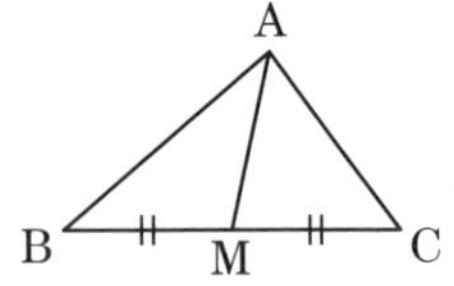

(1) 次の等式が成り立つことを証明しなさい。

$AB^2+AC^2=2(AM^2+BM^2)$

(2) △ABCにおいて，AB=6，AC=4，∠BAC=120°のとき，(1)の等式を用いて中線AMの長さを求めなさい。

考え方 (1)∠AMB=θとおいて，△ABMと△AMCに余弦定理を用います。

解き方 (1) AB^2，AC^2をそれぞれAM，BM，CMを用いて表す。また，点Mは辺BCの中点であることから，BM=CMを使って式変形する。

答え ∠AMB=θとおく。△ABMにおいて，余弦定理より

$AB^2=AM^2+BM^2-2\cdot AM\cdot BM\cdot\cos\theta$

また，BM=CMであるから，△AMCにおいて，余弦定理より

$AC^2=AM^2+CM^2-2\cdot AM\cdot CM\cdot\cos(180°-\theta)$

$=AM^2+BM^2+2\cdot AM\cdot BM\cdot\cos\theta$　　$\cos(180°-\theta)=-\cos\theta$

よって

AB^2+AC^2

$=AM^2+BM^2-2\cdot AM\cdot BM\cdot\cos\theta+AM^2+BM^2+2\cdot AM\cdot BM\cdot\cos\theta$

$=2(AM^2+BM^2)$ ←「中線定理」という

(2) 余弦定理より，$BC^2=6^2+4^2-2\cdot6\cdot4\cdot\left(-\frac{1}{2}\right)=76$

BC>0より，$BC=\sqrt{76}=2\sqrt{19}$

これより，$BM=\frac{1}{2}BC=\sqrt{19}$

$AB^2+AC^2=2(AM^2+BM^2)$に，AB=6，AC=4，$BM=\sqrt{19}$を代入して

$36+16=2(AM^2+19)$

$AM^2=7$

AM>0であるから，$AM=\sqrt{7}$　　**答え** $\sqrt{7}$

練習問題

答え：別冊 p.16 ～ p.18

重要

1 右の図で，辺BCの中点をM，∠AMBの二等分線と辺ABの交点をD，∠AMCの二等分線と辺ACの交点をEとします。AM=12，BC=8のとき，線分DEの長さを求めなさい。

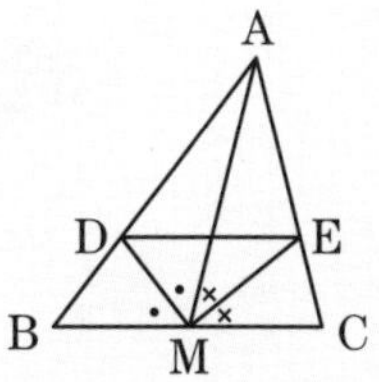

2 右の図で，点P，Qはそれぞれ△ABCの辺AB，ACの延長上にあり，AB：BP=5：7，AC：CQ=2：3です。直線BQとPCの交点をR，直線ARと辺BCの交点をSとするとき，BS：SCを求めなさい。

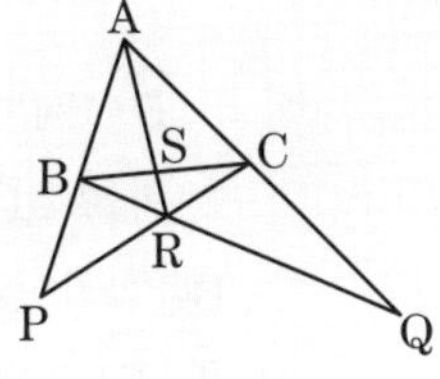

重要

3 OA=3，AB=5，OB=6である△OABがあります。右の図のように，辺BO，AOの延長上にOC=2，OD=6を満たす点C，Dをそれぞれとったところ，CD=4となりました。直線AB，CDの交点をPとして，AP=a，CP=bとおくとき，a，bの値をそれぞれ求めなさい。

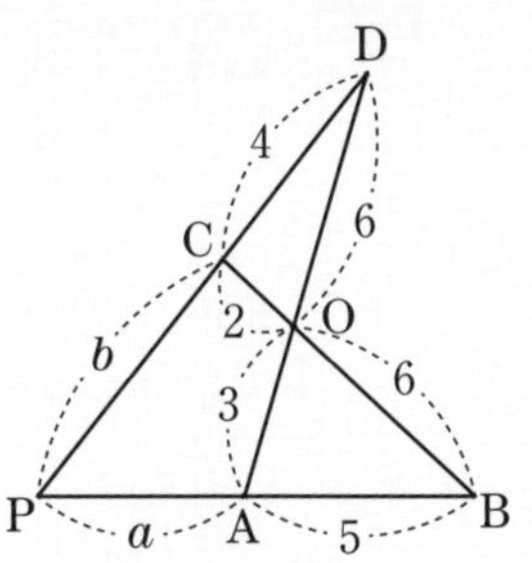

4 下の図において，点Oは△ABCの外心，点Iは△ABCの内心です。$\angle x$の大きさを求めなさい。

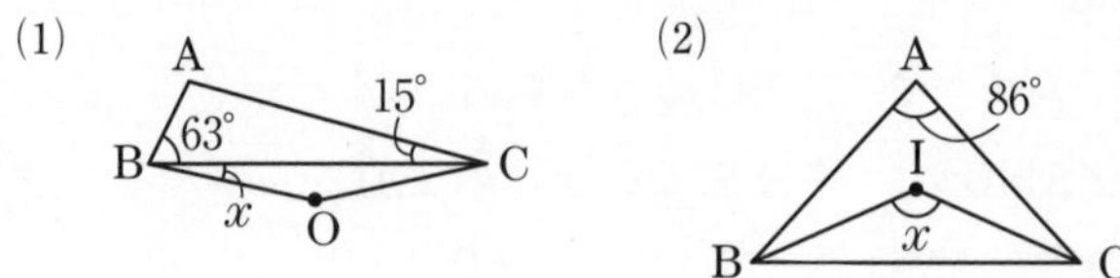

5 右の図で，平行四辺形ABCDの対角線ACとBDの交点をO，辺BCの中点をE，線分AEと対角線BDの交点をGとします。

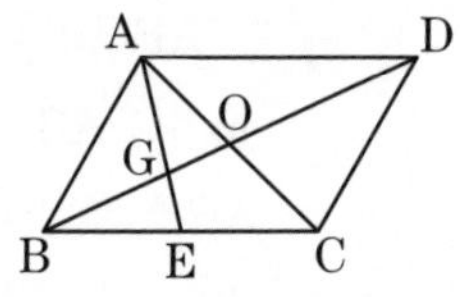

AB=10，BC=14，∠ABC=60°のとき，線分EGの長さを求めなさい。

6 3辺の長さが$a=2$，$b=3$，$c=4$の△ABCは，鋭角三角形，直角三角形，鈍角三角形のどれですか。

2-4 円の性質

1 円に内接する四角形，接弦定理

チェック!

円に内接する四角形の性質…

四角形が円に内接するとき，次の①，②が成り立ちます。

①対角の和は 180°である。

②外角は，それと隣り合う内角の対角に等しい。

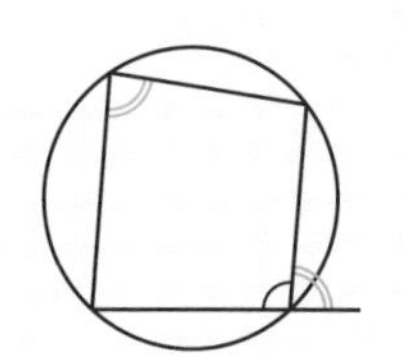

例 1　右の図で，∠DAB=82°だから

∠x=180°−82°=98°

∠y=∠DAB=82°

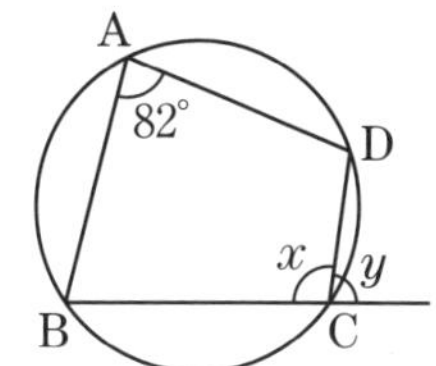

チェック!

四角形が円に内接する条件…

次の①，②のいずれかが成り立つ四角形は，円に内接します。

① 1 組の対角の和が 180°である。

② 1 つの外角が，それと隣り合う内角の対角に等しい。

例 1　右の図で

∠BAD=180°−(15°+32°)=133°

∠BAD+∠BCD=133°+47°=180°

1 組の対角の和が 180°だから，四角形 ABCD は円に内接します。

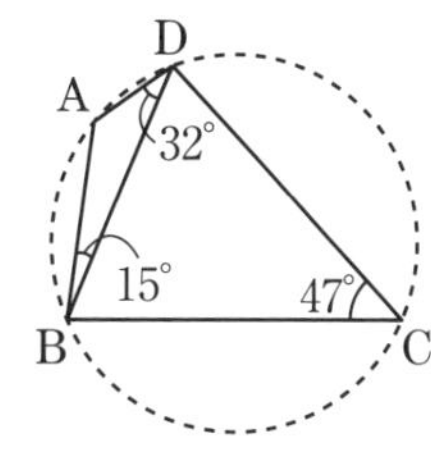

また，∠A の外角は，32°+15°=47°=∠BCD

1 つの外角が，それと隣り合う内角の対角に等しいから，四角形 ABCD は円に内接します。

☑チェック!

接弦定理…

円の弦 AB と点 A における接線がつくる角は，その角の内部にある $\overset{\frown}{AB}$ に対する円周角に等しくなります。

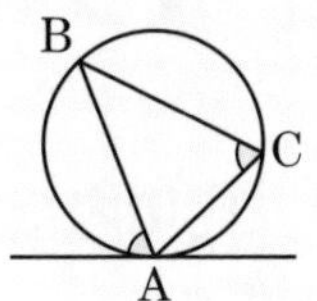

例 1　右の図で，線分 TT′ が点 A における円の接線であるとき，接弦定理より，$\angle BCA = \angle BAT' = 45°$

よって，$\angle x = 180° - (75° + 45°) = 60°$

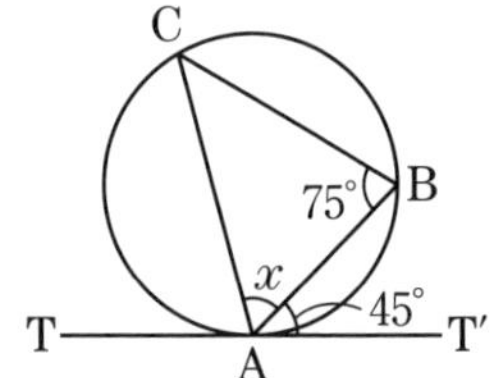

テスト　例 1 の図形において，∠CAT の大きさを求めなさい。　答え　75°

2 方べきの定理

☑チェック!

方べきの定理…

点 P を通る 2 直線と円の交点について，次の①，②が成り立ちます。

①円の 2 つの弦 AB，CD の交点，またはそれらの延長の交点を P とすると

$PA \cdot PB = PC \cdot PD$

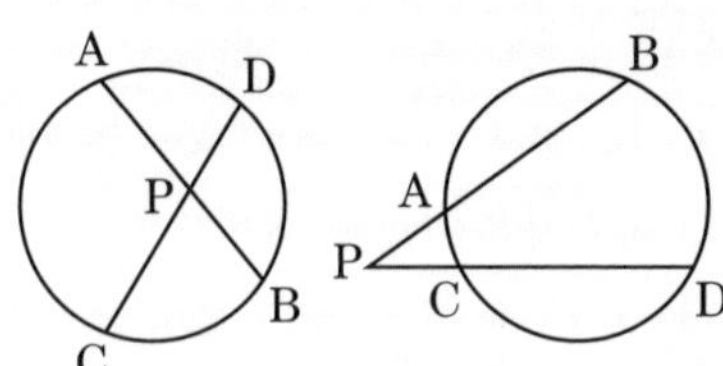

②点 P を通る 2 直線の一方が円と 2 点 A，B で交わり，他方が点 T で接するとき

$PA \cdot PB = PT^2$

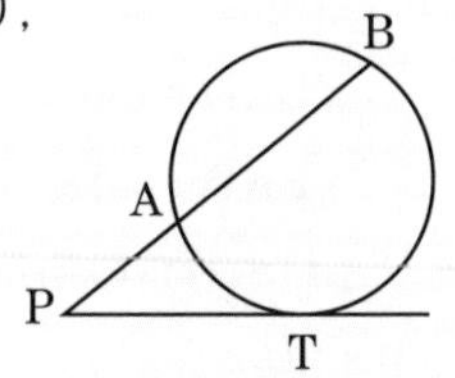

例 1　右の図で，方べきの定理より

$15 \cdot (15 + 17) = 12 \cdot PD$ ←PA・PB＝PC・PD

$PD = 40$

よって，$CD = PD - PC = 40 - 12 = 28$

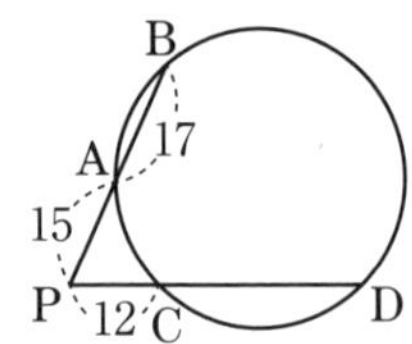

3 2つの円の位置関係

☑チェック！

2つの円の位置関係…

2つの円の位置関係には，次の①～⑤の場合があります。半径がそれぞれ r，r' $(r>r')$ の2つの円の中心間の距離を d とすると，r，r'，d の関係は，2つの円の位置関係によって決まります。また，1つの直線が2つの円に接しているとき，この直線を2つの円の**共通接線**といい，その本数は2つの円の位置関係によって決まります。

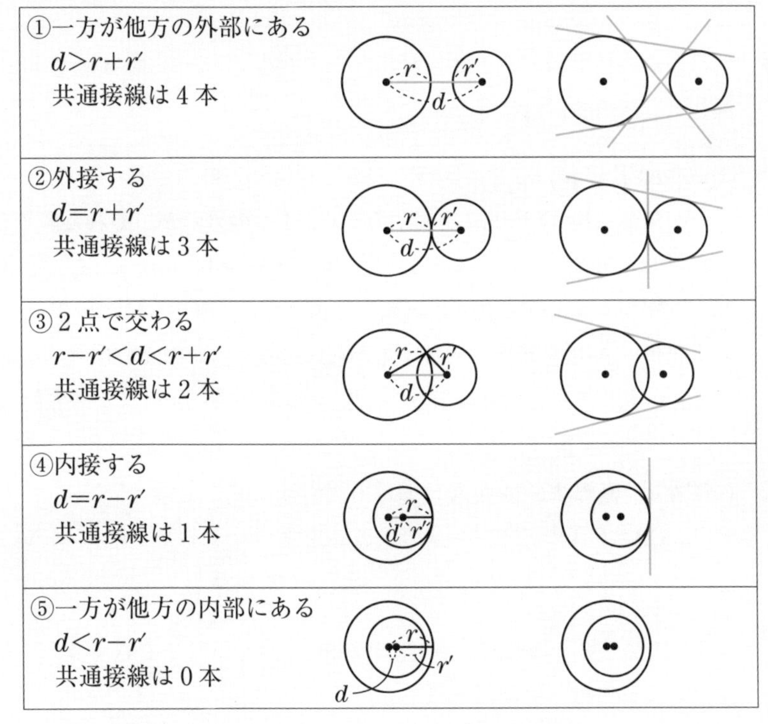

位置関係
①一方が他方の外部にある $d>r+r'$ 共通接線は4本
②外接する $d=r+r'$ 共通接線は3本
③2点で交わる $r-r'<d<r+r'$ 共通接線は2本
④内接する $d=r-r'$ 共通接線は1本
⑤一方が他方の内部にある $d<r-r'$ 共通接線は0本

例1　2つの円O，O′の半径 r，r' がそれぞれ15，8で，2つの円の中心間の距離 d が20のとき，$7<d<23$ すなわち，$r-r'<d<r+r'$ の関係が成り立つから，2つの円は2点で交わります。また，共通接線は2本あります。

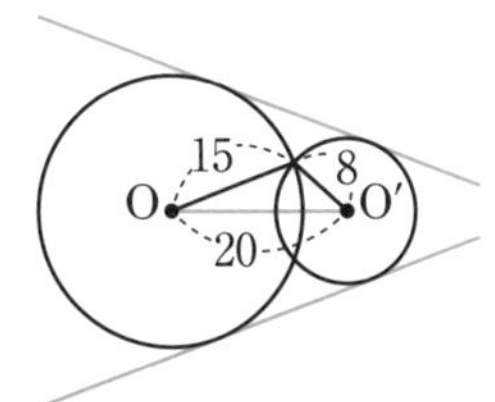

基本問題

重要
1 下の図において，$\angle x$ の大きさを求めなさい。

(1)

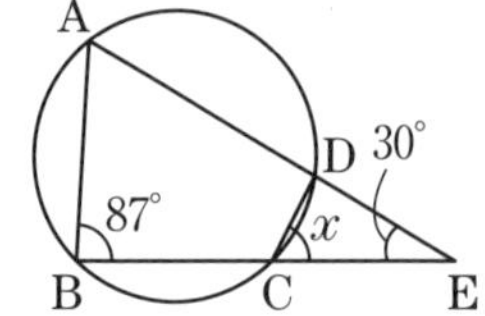

(2)

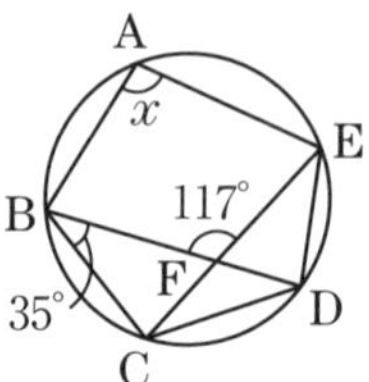

ポイント
四角形が円に内接するとき，対角の和は 180°であり，外角はそれと隣り合う内角の対角に等しいです。

解き方 (1) $\triangle$ABE において，$\angle$BAE$=180^\circ-(87^\circ+30^\circ)=63^\circ$

四角形 ABCD は円に内接するから，1 つの外角が，それと隣り合う内角の対角に等しい。よって，$\angle x=\angle$BAD$=63^\circ$ 答え 63°

(2) $\triangle$BCF において，内角と外角の関係より，$\angle$BCF$=117^\circ-35^\circ=82^\circ$

四角形 ABCE は円に内接するから，その対角の和は 180°であるから

$\angle x=180^\circ-\angle$BCE$=180^\circ-82^\circ=98^\circ$ 答え 98°

重要
2 右の図で，直線 TT′ は点 A における円の接線です。CA＝CB のとき，$\angle x$ の大きさを求めなさい。

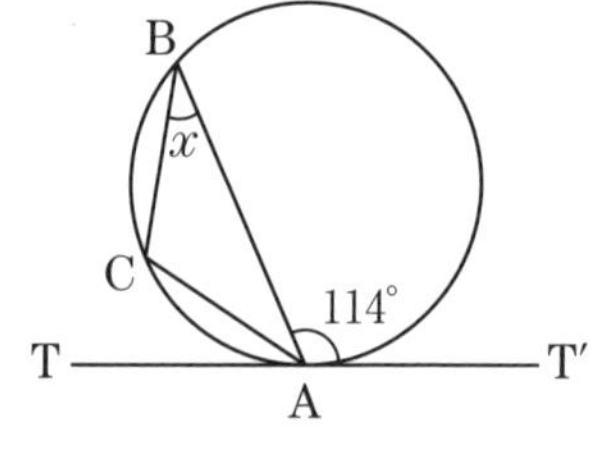

考え方
接線と弦のつくる角がわかっているので，接弦定理を利用します。

解き方 CA＝CB より，$\triangle$ABC は二等辺三角形であるから，$\angle$CAB$=\angle x$

接弦定理より，$\angle$BAT′$=\angle$BCA$=114^\circ$ ←$\angle$BAT′ が鈍角でも成り立つ

よって，$\angle x=(180^\circ-114^\circ)\div2=33^\circ$ ←接弦定理より，$\angle$CAT$=\angle x$ を利用してもよい

答え 33°

重要

3 下の図において，x の値を求めなさい。ただし，点 T は点 P から円に引いた接線の接点とします。

(1)

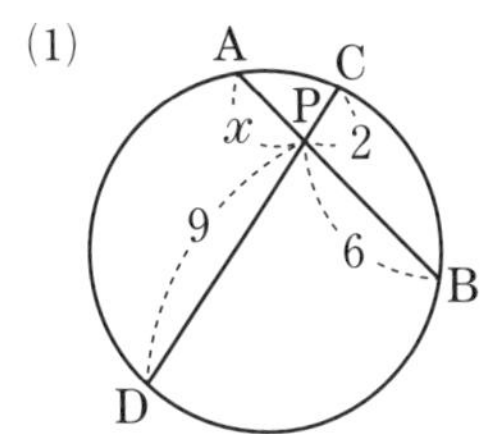

(2)

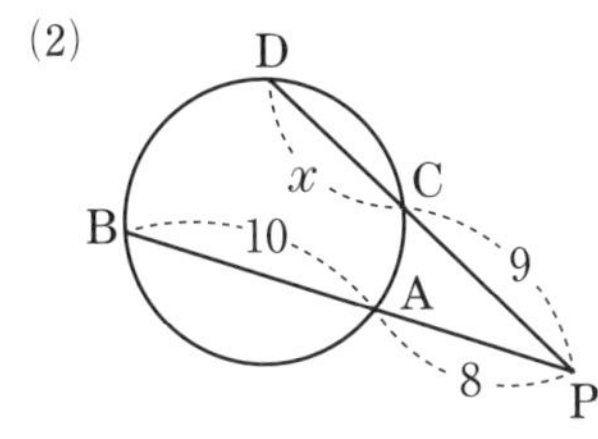

(3)

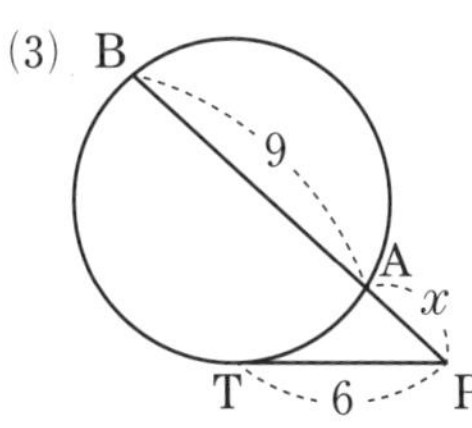

解き方 (1) 方べきの定理より，PA・PB＝PC・PD だから

$x \cdot 6 = 2 \cdot 9$

$x = 3$ 　**答え** 3

(2) 方べきの定理より，PA・PB＝PC・PD だから

$8 \cdot (8+10) = 9 \cdot (x+9)$ 　　$x = 7$ 　**答え** 7

(3) 方べきの定理より，PA・PB＝PT^2 だから

$x \cdot (x+9) = 6^2$

$x^2 + 9x - 36 = 0$

$(x-3)(x+12) = 0$

$x > 0$ より，$x = 3$ 　**答え** 3

4 右の図で，直線 AB は円 O，O′ の共通接線です。線分 AB の長さを求めなさい。

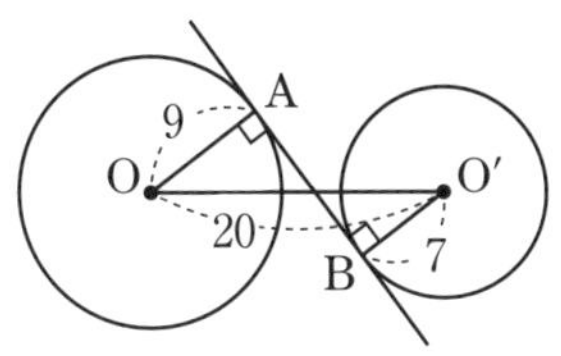

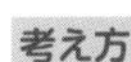

考え方 点 O′ から直線 OA に垂線を引き，直角三角形をつくります。

解き方 右の図のように，点 O′ から直線 OA に垂線 O′H を引くと，四角形 HABO′ は長方形になるから，AH＝BO′，AB＝HO′ となる。

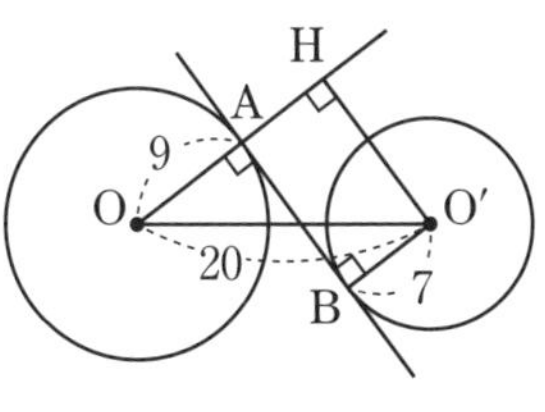

また，△HOO′ は直角三角形だから，三平方の定理より，$\mathrm{HO'}^2 + \mathrm{OH}^2 = \mathrm{OO'}^2$

$\mathrm{HO'}^2 = \mathrm{OO'}^2 - (\mathrm{OA} + \mathrm{AH})^2 = \mathrm{OO'}^2 - (\mathrm{OA} + \mathrm{BO'})^2 = 20^2 - (9+7)^2 = 144$

$\mathrm{HO'} > 0$ より，$\mathrm{HO'} = 12$ 　よって，$\mathrm{AB} = \mathrm{HO'} = 12$ 　**答え** 12

応用問題

1 右の図において，x の値を求めなさい。

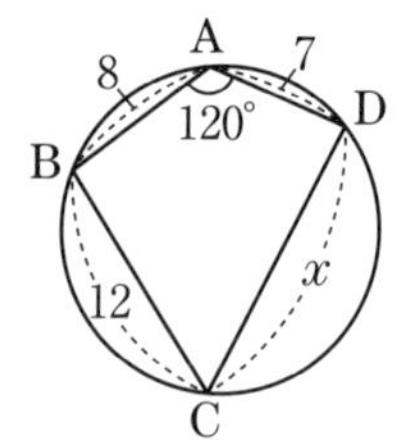

考え方 円に内接する四角形の対角の和が 180°になることを利用して，△ABD と△BCD に余弦定理を用います。

解き方 △ABD において，余弦定理より，$BD^2=8^2+7^2-2\cdot8\cdot7\cdot\left(-\frac{1}{2}\right)=169$

$BD>0$ より，$BD=\sqrt{169}=13$

四角形 ABCD は円に内接するから

$\angle BCD=180°-\angle BAD=180°-120°=60°$

△BCD において，余弦定理より

$13^2=12^2+x^2-2\cdot12\cdot x\cdot\frac{1}{2}$

$x^2-12x-25=0$

$x=6\pm\sqrt{61}$　$x>0$ より，$x=6+\sqrt{61}$

答え $6+\sqrt{61}$

2 右の図で，円 O′ が O に点 P で内接しています。点 P を通る直線 ℓ が円 O，O′ と交わる点をそれぞれ A，B，直線 m が円 O，O′ と交わる点をそれぞれ C，D とするとき，AC∥BD であることを証明しなさい。

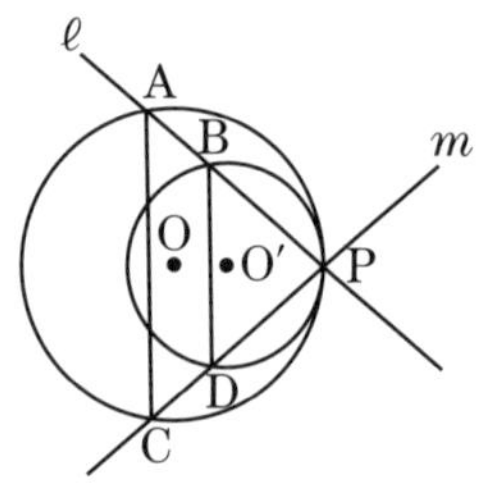

解き方 2つの円の共通接線を引き，接弦定理を用いて大きさの等しい角を見つける。

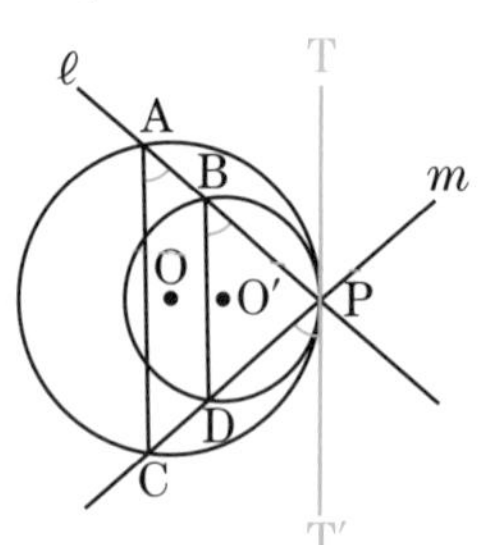

答え 点 P における2円の共通接線 TT′ を引く。円 O，円 O′ において，接弦定理より

∠PAC＝∠CPT′ …①

∠PBD＝∠CPT′ …②

①，②より，∠PAC＝∠PBD

同位角が等しいから，AC∥BD

練習問題

答え：別冊 p.18

重要 **1**　下の図において，$\angle x$ の大きさを求めなさい。

(1)　点Eは直線DAとCBの交点，点Fは直線ABとDCの交点

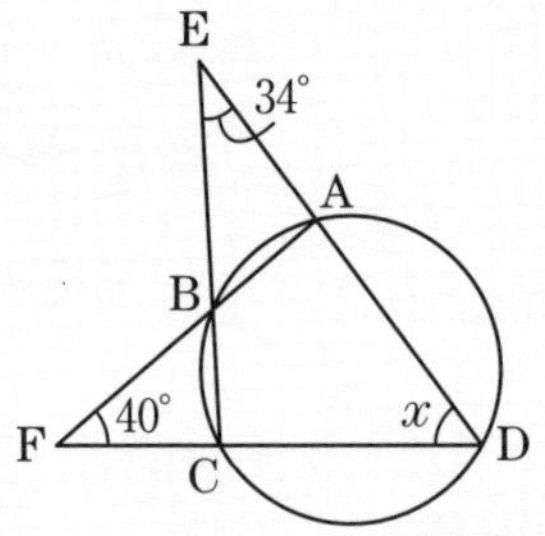

(2)　直線PB，PCは円の接線

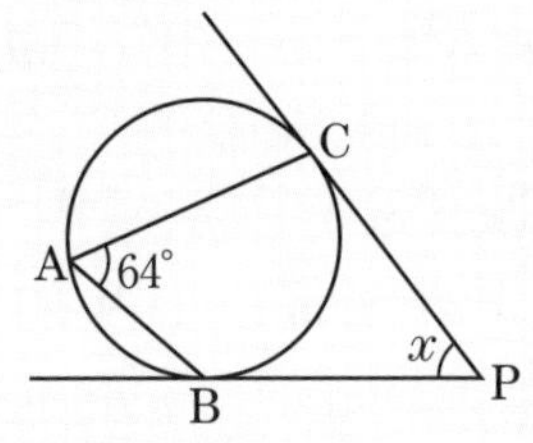

2　右の図で，円Oと円O′は点Tで接しており，直線PTは2つの円の共通接線です。直線POと円Oの交点を点Pに近いほうからA，Bとし，点Pから円O′に引いた直線と円O′の交点を点Pに近いほうからC，Dとします。円Oの半径を求めなさい。

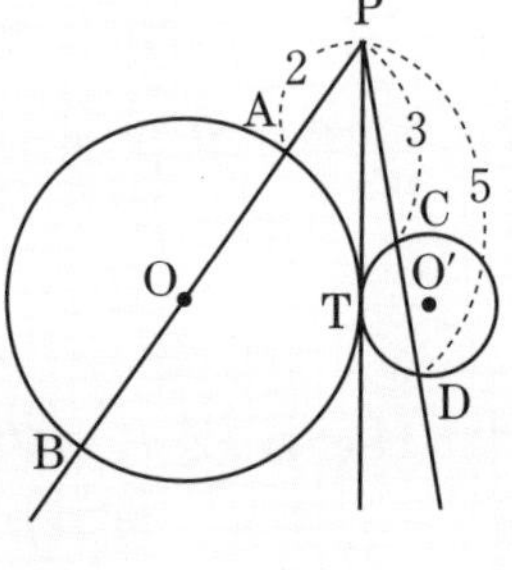

3　2つの円O，O′の半径はそれぞれ6，4です。2つの円の位置関係が次のときの2つの円の中心間の距離 d の範囲を求めなさい。

(1)　2点で交わる。

(2)　一方が他方の内部にある。

第2章 図形

2-5　点と直線

1　内分点・外分点と三角形の重心

☑チェック！

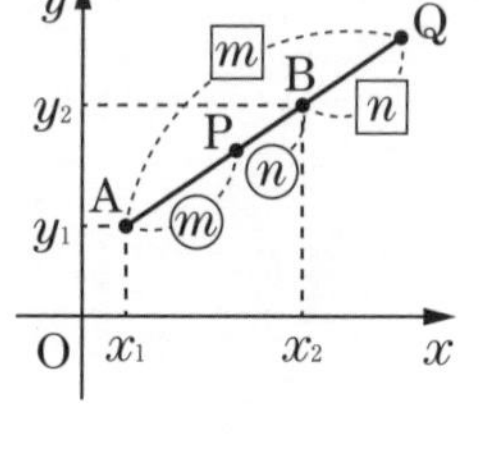

2点間の距離，内分点・外分点の座標…

2点A$(x_1,\ y_1)$，B$(x_2,\ y_2)$について

A，B間の距離は

$\sqrt{(x_2-x_1)^2+(y_2-y_1)^2}$

線分ABを$m:n$に内分する点Pの座標は

$$\mathrm{P}\left(\frac{nx_1+mx_2}{m+n},\ \frac{ny_1+my_2}{m+n}\right)$$

線分ABを$m:n$に外分する点Qの座標は

$$\mathrm{Q}\left(\frac{-nx_1+mx_2}{m-n},\ \frac{-ny_1+my_2}{m-n}\right)$$

とくに，線分ABの中点Mの座標は

$$\mathrm{M}\left(\frac{x_1+x_2}{2},\ \frac{y_1+y_2}{2}\right)$$

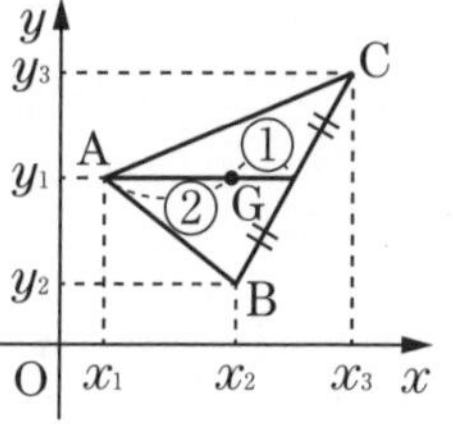

三角形の重心…

3点A$(x_1,\ y_1)$，B$(x_2,\ y_2)$，C$(x_3,\ y_3)$を頂点とする△ABCの重心Gの座標は

$$\mathrm{G}\left(\frac{x_1+x_2+x_3}{3},\ \frac{y_1+y_2+y_3}{3}\right)$$

例1　2点A(1，3)，B(4，−6)において，

線分ABを2：1に内分する点の座標は

$\left(\frac{1\cdot1+2\cdot4}{2+1},\ \frac{1\cdot3+2\cdot(-6)}{2+1}\right)$より，(3，−3)

線分ABを3：2に外分する点の座標は

$\left(\frac{-2\cdot1+3\cdot4}{3-2},\ \frac{-2\cdot3+3\cdot(-6)}{3-2}\right)$より，(10，−24)

例2　3点A(1，2)，B(5，5)，C(−3，−4)を頂点とする△ABCの重心の座標は，$\left(\frac{1+5+(-3)}{3},\ \frac{2+5+(-4)}{3}\right)$より，(1，1)

2 直線の方程式

☑チェック!

直線の方程式…

①点$(x_1,\ y_1)$を通り，傾きがmの直線の方程式は

$y-y_1=m(x-x_1)$

②異なる2点$\mathrm{A}(x_1,\ y_1)$，点$\mathrm{B}(x_2,\ y_2)$を通る直線の方程式は

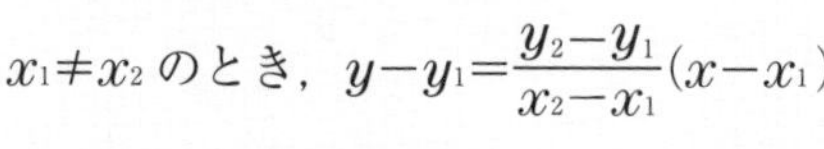

$x_1 \neq x_2$のとき，$y-y_1=\dfrac{y_2-y_1}{x_2-x_1}(x-x_1)$

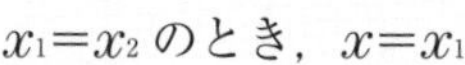

$x_1=x_2$のとき，$x=x_1$

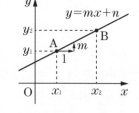

2直線の平行と垂直…

2直線$y=m_1x+n_1$，$y=m_2x+n_2$について

2直線が平行　⇔　$m_1=m_2$

2直線が垂直　⇔　$m_1m_2=-1$

例1　点$(-2,\ 5)$を通り，傾きが-2の直線の方程式は

$y-5=-2\{x-(-2)\}$すなわち，$y=-2x+1$

3 点と直線の距離

☑チェック!

点と直線の距離…

点$\mathrm{A}(x_1,\ y_1)$と直線$ax+by+c=0$の距離dは

$d=\dfrac{|ax_1+by_1+c|}{\sqrt{a^2+b^2}}$

とくに，原点Oと直線$ax+by+c=0$の距離d'は

$d'=\dfrac{|c|}{\sqrt{a^2+b^2}}$

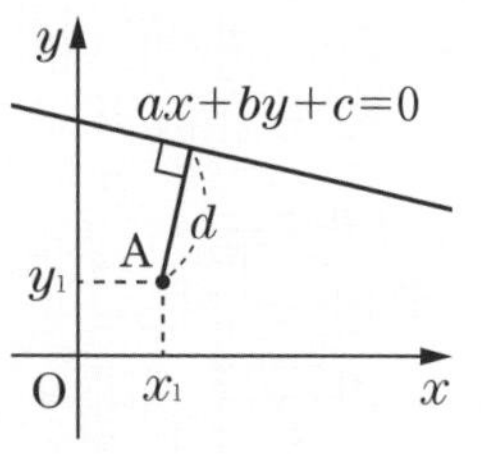

例1　点$(2,\ 5)$と直線$2x+3y-6=0$の距離は，$\dfrac{|2\cdot2+3\cdot5-6|}{\sqrt{2^2+3^2}}=\dfrac{13}{\sqrt{13}}=\sqrt{13}$

テスト　原点$\mathrm{O}(0,\ 0)$と直線$3x-y+10=0$の距離を求めなさい。　答え　$\sqrt{10}$

4 座標の考え方

☑チェック!

空間座標…

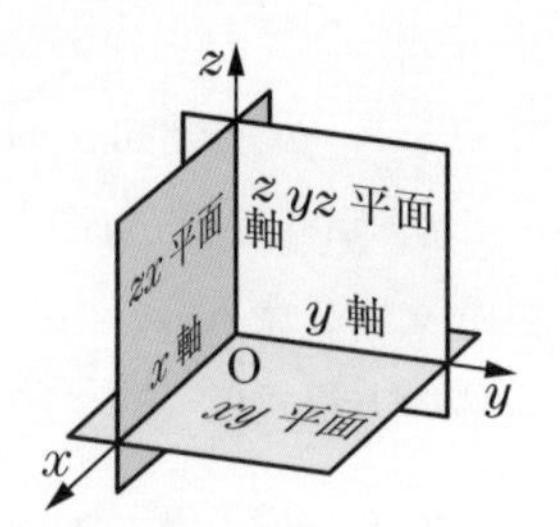

空間に点Oをとり，Oで互いに直交する3本の数直線を右の図のように定め，それぞれ **x 軸**，**y 軸**，**z 軸**といい，まとめて**座標軸**といいます。また，点Oを**原点**といいます。x 軸と y 軸で定まる平面を **xy 平面**，y 軸と z 軸で定まる平面を **yz 平面**，z 軸と x 軸で定まる平面を **zx 平面**といい，まとめて座標平面といいます。

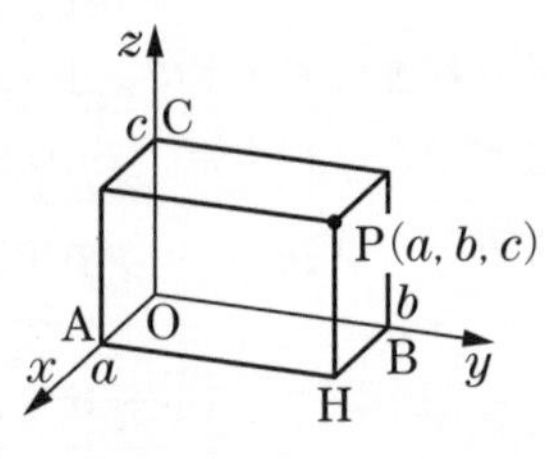

空間内の点Pを通り，各座標軸に垂直な平面が x 軸，y 軸，z 軸と交わる点をそれぞれA，B，Cとし，それらの座標軸上での座標が a，b，c のとき，それらの組 $(a,\ b,\ c)$ を点Pの**座標**といい，**$\mathrm{P}(a,\ b,\ c)$** と表します。a を x 座標，b を y 座標，c を z 座標といいます。このように座標で定められた空間を**座標空間**といいます。

2点間の距離…

座標空間における2点間の距離は，三平方の定理で求められます。原点 $\mathrm{O}(0,\ 0,\ 0)$，点 $\mathrm{P}(x,\ y,\ z)$ 間の距離は

$$\mathrm{OP}=\sqrt{x^2+y^2+z^2}$$

2点 $\mathrm{A}(x_1,\ y_1,\ z_1)$，$\mathrm{B}(x_2,\ y_2,\ z_2)$ 間の距離は

$$\mathrm{AB}=\sqrt{(x_2-x_1)^2+(y_2-y_1)^2+(z_2-z_1)^2}$$

例1　2点 $\mathrm{A}(3,\ 5,\ -4)$，$\mathrm{B}(-1,\ 7,\ 0)$ 間の距離は

$$\mathrm{AB}=\sqrt{(-1-3)^2+(7-5)^2+\{0-(-4)\}^2}=\sqrt{16+4+16}=6$$

テスト　2点 $\mathrm{O}(0,\ 0,\ 0)$，$\mathrm{P}(-10,\ 3,\ -4)$ 間の距離を求めなさい。

答え　$5\sqrt{5}$

基本問題

1 次の点の座標を求めなさい。

(1) 2点A(2, −1), B(7, 9)を結ぶ線分ABを2：3に内分する点

(2) 2点A(5, −1), B(8, −7)を結ぶ線分ABを2：5に外分する点

(3) 3点A(3, 2), B(4, 5), C(8, −1)を頂点とする△ABCの重心

ポイント
(1)内分点 $\left(\dfrac{nx_1+mx_2}{m+n},\ \dfrac{ny_1+my_2}{m+n}\right)$

(2)外分点 $\left(\dfrac{-nx_1+mx_2}{m-n},\ \dfrac{-ny_1+my_2}{m-n}\right)$

(3)重心 $\left(\dfrac{x_1+x_2+x_3}{3},\ \dfrac{y_1+y_2+y_3}{3}\right)$

解き方 (1) $\left(\dfrac{3\cdot2+2\cdot7}{2+3},\ \dfrac{3\cdot(-1)+2\cdot9}{2+3}\right)$より, (4, 3) 答え (4, 3)

(2) $\left(\dfrac{-5\cdot5+2\cdot8}{2-5},\ \dfrac{-5\cdot(-1)+2\cdot(-7)}{2-5}\right)$より, (3, 3) 答え (3, 3)

(3) $\left(\dfrac{3+4+8}{3},\ \dfrac{2+5-1}{3}\right)$より, (5, 2) 答え (5, 2)

重要
2 次の問いに答えなさい。

(1) 2点A(2, 1), 点B(4, −1)を通る直線の方程式を求めなさい。

(2) 原点O(0, 0)と直線 $4x-3y+10=0$ の距離を求めなさい。

ポイント
(1)異なる2点A(x_1, y_1), B(x_2, y_2)を通る直線の方程式は

$$y-y_1=\frac{y_2-y_1}{x_2-x_1}(x-x_1)$$

(2)点(x_1, y_1)と直線 $ax+by+c=0$ の距離 d は, $d=\dfrac{|ax_1+by_1+c|}{\sqrt{a^2+b^2}}$

解き方 (1) $y-1=\dfrac{-1-1}{4-2}(x-2)$

$y=-x+3$ 答え $y=-x+3$

(2) $\dfrac{|10|}{\sqrt{4^2+(-3)^2}}=\dfrac{10}{\sqrt{25}}=2$ 答え 2

第2章 図形

応用問題

重要 1　2点A，Bについて，線分ABを1：2に内分する点の座標が(5，1)，線分ABを5：2に外分する点の座標が(13，13)であるとき，2点A，Bの座標を求めなさい。

考え方　2点A，Bの座標をA(a_1，a_2)，B(b_1，b_2)とおいて，内分点，外分点の公式からa_1，b_1，および，a_2，b_2についての連立方程式を導きます。

解き方　2点A，Bの座標をA(a_1，a_2)，B(b_1，b_2)とおく。

線分ABを1：2に内分する点(5，1)の座標は

$\left(\dfrac{2a_1+b_1}{1+2},\ \dfrac{2a_2+b_2}{1+2}\right)$より，$\left(\dfrac{2a_1+b_1}{3},\ \dfrac{2a_2+b_2}{3}\right)$　…①

線分ABを5：2に外分する点(13，13)の座標は

$\left(\dfrac{-2a_1+5b_1}{5-2},\ \dfrac{-2a_2+5b_2}{5-2}\right)$より，$\left(\dfrac{-2a_1+5b_1}{3},\ \dfrac{-2a_2+5b_2}{3}\right)$　…②

①，②より，$\begin{cases}2a_1+b_1=15\\-2a_1+5b_1=39\end{cases}$　および$\begin{cases}2a_2+b_2=3\\-2a_2+5b_2=39\end{cases}$　が成り立つ。

これらを解いて，$a_1=3$，$b_1=9$，$a_2=-2$，$b_2=7$

よって，A(3，−2)，B(9，7)　　**答え**　A(3，−2)，B(9，7)

重要 2　3点O(0，0)，A(7，4)，B(9，6)を頂点とする△OABの面積を求めなさい。

考え方　△OABについて，ABを底辺とすると，点Oと直線ABの距離が高さとなります。

解き方　2点A，B間の距離は，$AB=\sqrt{(9-7)^2+(6-4)^2}=\sqrt{8}=2\sqrt{2}$

直線ABの方程式は，$y-4=\dfrac{6-4}{9-7}(x-7)$より，$x-y-3=0$

原点Oと直線ABの距離dは，$d=\dfrac{|-3|}{\sqrt{1^2+(-1)^2}}=\dfrac{3}{\sqrt{2}}$

よって，△OABの面積は，$\dfrac{1}{2}\cdot AB\cdot d=\dfrac{1}{2}\cdot 2\sqrt{2}\cdot\dfrac{3}{\sqrt{2}}=3$　　**答え**　3

練習問題

答え：別冊 p.19 ～ p.20

重要

1　2点A(2，−5)，B(8，7)から等距離にあって，かつ直線 $y=x-1$ 上にある点の座標を求めなさい。

2　座標平面上の2点A(2，0)，B(8，6)について，次の問いに答えなさい。

(1)　線分ABを5：1に内分する点の座標を求めなさい。

(2)　線分ABを2：3に外分する点の座標を求めなさい。

3　座標平面上の3点A(x_1, y_1)，B(x_2, y_2)，C(x_3, y_3)を頂点とする△ABCの重心をGとします。△ABCの3辺AB，BC，CAを2：1に内分する点をそれぞれD，E，Fとするとき，△DEFの重心は点Gと一致することを証明しなさい。

4　傾きが3で，座標平面上の点P(1，2)との距離が2である直線の方程式を求めなさい。

5　座標空間内の2点A(8，−5，1)，B(10，−2，−6)間の距離を求めなさい。

2-6 円

1 円の方程式

☑チェック!

円の方程式…

点C(a, b)を中心とする半径rの円の方程式は

$(x-a)^2+(y-b)^2=r^2$

これを展開して整理すると

$x^2+y^2+\ell x+my+n=0$ (ℓ, m, nは定数)

とくに，原点Oを中心とする半径rの円の方程式は

$x^2+y^2=r^2$

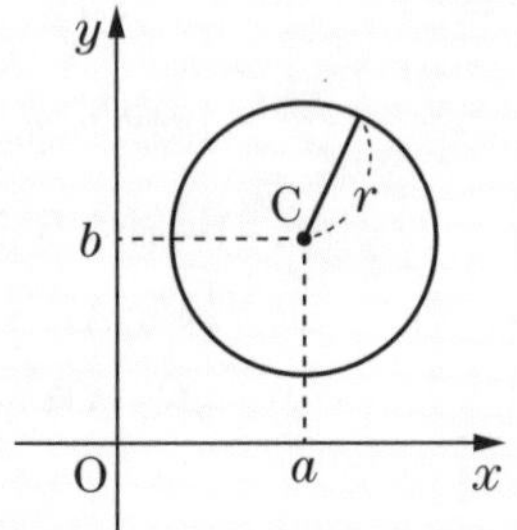

円の方程式の求め方…

①円の中心の座標と半径がわかっているとき

$(x-a)^2+(y-b)^2=r^2$に，円の中心のx座標，y座標の値をそれぞれa，bに，半径をrに代入します。

②円周上の3点の座標がわかっているとき

$x^2+y^2+\ell x+my+n=0$に，3点のx座標，y座標の値をそれぞれ代入して，ℓ，m，nに関する連立方程式を導き，それを解きます。

方程式$(x-a)^2+(y-b)^2=k$の表す図形…

方程式$(x-a)^2+(y-b)^2=k$の表す図形は，kの値の範囲で変わります。

$k>0$のとき，中心(a, b)，半径$\sqrt{k}$の円を表します。

$k=0$のとき，1点(a, b)を表します。

$k<0$のとき，表す図形はありません。

例1　点$(2, -5)$を中心とする半径5の円の方程式は

$(x-2)^2+(y+5)^2=5^2$ すなわち，$(x-2)^2+(y+5)^2=25$

例２　方程式 $x^2+y^2+6x+2y-17=0$ で表される図形は

$(x^2+6x)+(y^2+2y)-17=0$

$(x+3)^2-3^2+(y+1)^2-1-17=0$

$(x+3)^2+(y+1)^2=(3\sqrt{3})^2$　← $(x-a)^2+(y-b)^2=r^2$

よって，点$(-3,\ -1)$を中心とする半径 $3\sqrt{3}$ の円です。

例３　3 点$(1,\ 6)$，$(-2,\ 3)$，$(8,\ -1)$を通る円の方程式を求めます。

3 点の x 座標，y 座標の値をそれぞれ $x^2+y^2+\ell x+my+n=0$ に代入して

$$\begin{cases}1+36+\ell+6m+n=37+\ell+6m+n=0\\4+9-2\ell+3m+n=13-2\ell+3m+n=0\\64+1+8\ell-m+n=65+8\ell-m+n=0\end{cases}$$

この連立 3 元 1 次方程式を解いて，$\ell=-6$，$m=-2$，$n=-19$

よって，$x^2+y^2-6x-2y-19=0$

2 円と直線の共有点

チェック！

円と直線の共有点…

円と直線の共有点の座標は，円の方程式と直線の方程式の共通解$(x,\ y)$です。

円と直線の共有点の個数…

円と直線の共有点の個数について考えるのに，次の 2 つの方法があります。

①円の方程式と直線の方程式から y を消去して得られる，x の 2 次方程式の判別式 D と 0 の大小関係について考える方法

②円の中心と直線の距離 d と円の半径 r の大小関係について考える方法

① D と 0 の大小関係	$D>0$	$D=0$	$D<0$
② d と r の大小関係	$d<r$	$d=r$	$d>r$
円と直線の位置関係	異なる 2 点で交わる	接する	共有点をもたない
共有点の個数	2 個	1 個	0 個

例１　円 $x^2+y^2=1$ と直線 $y=x+k$ が異なる２点で交わるような定数 k の値の範囲を，判別式 D を用いて求めます。

円の方程式と直線の方程式から y を消去して得られる x の２次方程式は

$2x^2+2kx+k^2-1=0$

この２次方程式の判別式を D とすると，$D>0$ となればよいので

$\frac{D}{4}=k^2-2(k^2-1)=-k^2+2>0$ すなわち，$k^2<2$ ←$k^2=2$ のとき $k=\pm\sqrt{2}$ だから，$|k|<\sqrt{2}$ である k の範囲を求める

よって，求める k の値の範囲は，$-\sqrt{2}<k<\sqrt{2}$

例２　円 $x^2+y^2=1$ と直線 $y=x+k$ が異なる２点で交わるような定数 k の値の範囲を，円の中心と直線の距離と円の半径 r の大小関係を用いて求めます。

円の中心$(0,\ 0)$と直線 $x-y+k=0$ の距離が半径１より小さければよいので

$\frac{|k|}{\sqrt{1^2+(-1)^2}}=\frac{|k|}{\sqrt{2}}<1$ ←直線 $ax+by+c=0$ と点$(x_1,\ y_1)$との距離は $\frac{|ax_1+by_1+c|}{\sqrt{a^2+b^2}}$

$|k|<\sqrt{2}$

よって，求める k の値の範囲は，$-\sqrt{2}<k<\sqrt{2}$

3　円の接線

チェック！

円の接線の方程式…

円 $x^2+y^2=r^2$ 上の点$(x_1,\ y_1)$における接線の方程式は

$x_1x+y_1y=r^2$

円 $(x-a)^2+(y-b)^2=r^2$ 上の点$(x_1,\ y_1)$における接線の方程式は

$(x_1-a)(x-a)+(y_1-b)(y-b)=r^2$

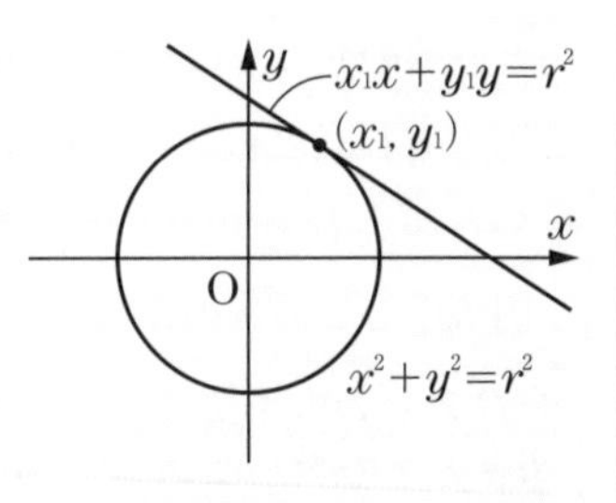

例１　円 $x^2+y^2=13$ 上の点$(2,\ 3)$における接線の方程式は

$2\cdot x+3\cdot y=13$ すなわち，$2x+3y=13$

テスト　円 $(x-2)^2+(y+1)^2=5$ 上の点$(1,\ 1)$における接線の方程式を求めなさい。

答え　$x-2y=-1$

基本問題

1 次の条件を満たす円の方程式を求めなさい。

(1) 点$(2,\ -1)$を中心とし，半径が5である。

(2) 点$(4,\ 1)$を中心とし，直線$2x-y+3=0$に接する。

ポイント 中心が点$(a,\ b)$，半径がrの円の方程式は，$(x-a)^2+(y-b)^2=r^2$

解き方 (1) $(x-a)^2+(y-b)^2=r^2$に$a=2$，$b=-1$，$r=5$を代入して

$(x-2)^2+\{y-(-1)\}^2=5^2$　よって，$(x-2)^2+(y+1)^2=25$

答え $(x-2)^2+(y+1)^2=25$

(2) 円の中心$(4,\ 1)$と直線$2x-y+3=0$の距離

dは，$d=\dfrac{|2\cdot4-1\cdot1+3|}{\sqrt{2^2+(-1)^2}}=\dfrac{10}{\sqrt{5}}=2\sqrt{5}$

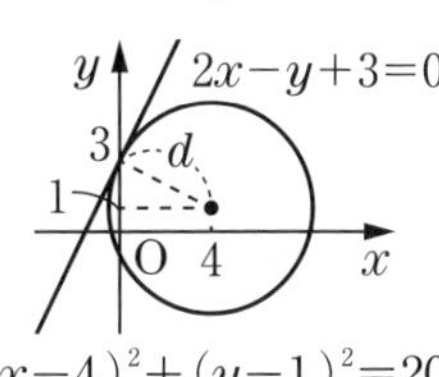

これが円の半径になるから，求める方程式は

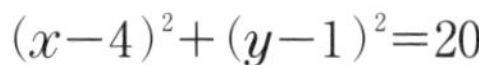

$(x-4)^2+(y-1)^2=20$

答え $(x-4)^2+(y-1)^2=20$

2 円$x^2+y^2=85$について，次の問いに答えなさい。

(1) 直線$y=-\dfrac{1}{4}x+\dfrac{17}{2}$との共有点の座標を求めなさい。

(2) 円周上の点$(7,\ -6)$における接線の方程式を求めなさい。

ポイント (2)円$x^2+y^2=r^2$上の点$(x_1,\ y_1)$における接線の方程式は，$x_1x+y_1y=r^2$

解き方 (1) 共有点の座標は，円$x^2+y^2=85$　…①と直線$y=-\dfrac{1}{4}x+\dfrac{17}{2}$　…②

の連立方程式の解である。②を①に代入してyを消去すると

$x^2+\left(-\dfrac{1}{4}x+\dfrac{17}{2}\right)^2=85$

$x^2-4x-12=0$

$(x+2)(x-6)=0$

②より，$x=-2$のとき$y=9$，$x=6$のとき$y=7$

よって，$(-2,\ 9)$，$(6,\ 7)$

答え $(-2,\ 9)$，$(6,\ 7)$

(2) 円$x^2+y^2=85$上の点$(7,\ -6)$における接線の方程式は

$7\cdot x+(-6)\cdot y=85$すなわち，$7x-6y=85$

答え $7x-6y=85$

応用問題

重要 **1** 次の方程式が円を表すように，定数 k の値の範囲を定めなさい。

$x^2+y^2-4x-2y+5k=0$

ポイント 方程式 $(x-a)^2+(y-b)^2=k$ の表す図形は，$k>0$ のとき，中心 $(a,\ b)$，半径 $\sqrt{k}$ の円

解き方 (左辺) $=x^2+y^2-4x-2y+5k=(x-2)^2+(y-1)^2-4-1+5k$

よって，与えられた方程式は，$(x-2)^2+(y-1)^2=-5k+5$

ここで，この方程式が円の方程式を表す条件は，$-5k+5>0$

これを解いて，$k<1$ **答え** $k<1$

2 円 $x^2+y^2=25$ と直線 $y=\dfrac{1}{2}x+\dfrac{5}{2}$ の2つの交点を，x 座標の小さいほうから順にP，Qとします。このとき，点P，Qのそれぞれにおける円の接線の交点Rの座標を求めなさい。

解き方 交点P，Qの座標は，円 $x^2+y^2=25$ …①と直線 $y=\dfrac{1}{2}x+\dfrac{5}{2}$ …②の連立方程式の解である。②を①に代入して y を消去すると

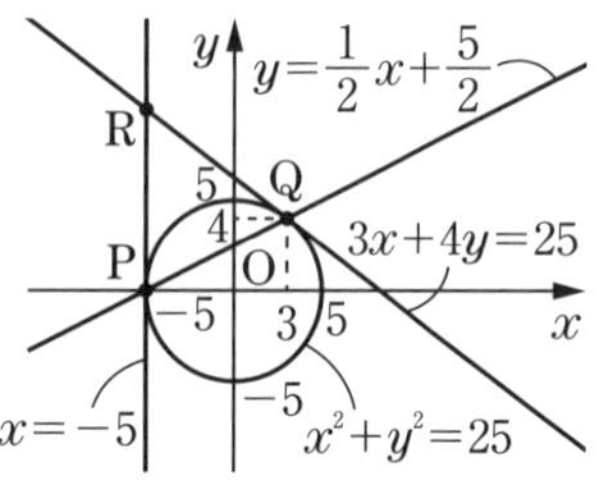

$x^2+\left(\dfrac{1}{2}x+\dfrac{5}{2}\right)^2=25$

$x^2+2x-15=0$

$(x+5)(x-3)=0$

②より，$x=-5$ のとき $y=0$，$x=3$ のとき $y=4$ であるから，P$(-5,\ 0)$，Q$(3,\ 4)$

点P$(-5,\ 0)$における円の接線の方程式は，$x=-5$ …③

点Q$(3,\ 4)$における円の接線の方程式は，$3x+4y=25$ …④

③を④に代入して，$-15+4y=25$ すなわち，$y=10$

よって，交点Rの座標は，$(-5,\ 10)$ **答え** $(-5,\ 10)$

練習問題

答え：別冊 p.20 ～ p.22

重要
1 xy 平面上の円が次の条件を満たすとき，その方程式を求めなさい。

(1) 点$(-2,\ 1)$を中心とし，点$(6,\ -5)$を通る。

(2) 2点 $\mathrm{A}(2,\ 3)$，$\mathrm{B}(8,\ -1)$が直径の両端である。

2 xy 平面上の円 $x^2+y^2=14$ と直線 $3x+y-12=0$ の共有点の個数を求めなさい。

重要
3 xy 平面上の直線 $5x-y+k=0$ が円 $x^2+y^2=13$ と共有点をもたないように，定数 k の値の範囲を定めなさい。

重要
4 Oを原点とする xy 平面上の点$(3,\ 7)$から円 $x^2+y^2=29$ へ引いた2つの接線の接点をA，Bとするとき，△ABOの面積を求めなさい。

5 xy 平面上の点$(5,\ 5)$から円$(x-1)^2+(y-3)^2=10$へ引いた接線の方程式を求めなさい。

2-7 軌跡と領域

☑チェック!

軌跡…与えられた条件を満たす点全体が表す図形

軌跡の求め方…

・点Pの軌跡を求めるとき，点Pの座標を$(x,\ y)$として，与えられた条件をx，yの関係式で表し，それがどのような図形を表すか調べます。

・その図形上の任意の点Pが，与えられた条件を満たすかどうかを確かめます。

例1　2点A$(-1,\ 5)$，B$(5,\ 3)$から等距離にある点Pの軌跡は，P$(x,\ y)$とすると，$\mathrm{AP}^2=\mathrm{BP}^2$より，$\{x-(-1)\}^2+(y-5)^2=(x-5)^2+(y-3)^2$

　よって，求める軌跡は，直線$y=3x-2$

☑チェック!

領域…不等式を満たす点$(x,\ y)$全体の集合

直線を境界線とする領域…

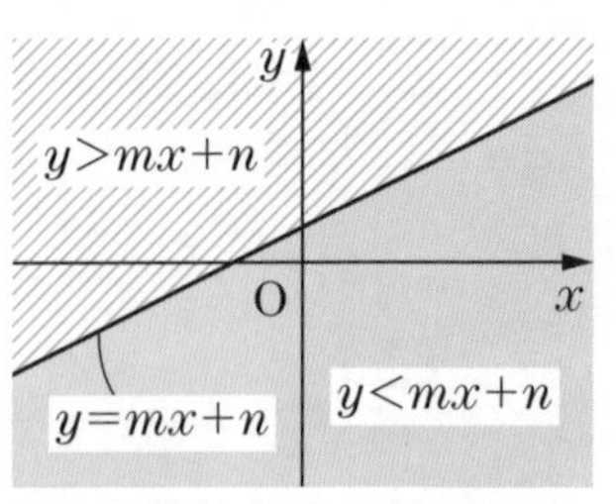

①不等式$y>mx+n$で表される領域は，直線$y=mx+n$の上側

②不等式$y<mx+n$で表される領域は，直線$y=mx+n$の下側

$y \geqq mx+n$や$y \leqq mx+n$で表される領域は，境界線を含む。

円を境界線とする領域…

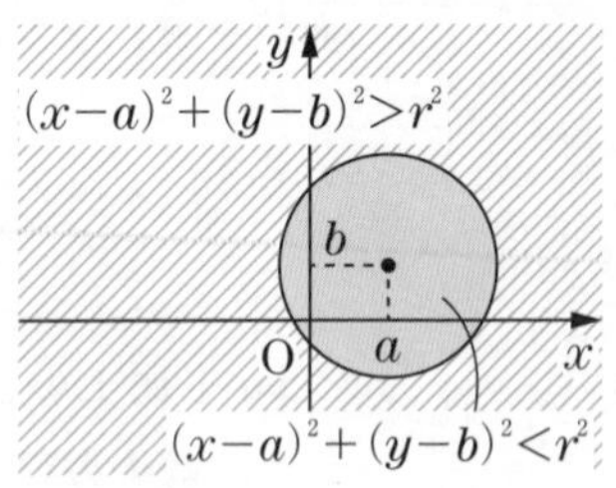

①不等式$(x-a)^2+(y-b)^2<r^2$で表される領域は，円$(x-a)^2+(y-b)^2=r^2$の内部

②不等式$(x-a)^2+(y-b)^2>r^2$で表される領域は，円$(x-a)^2+(y-b)^2=r^2$の外部

$(x-a)^2+(y-b)^2 \leqq r^2$や

$(x-a)^2+(y-b)^2 \geqq r^2$で表される領域は，境界線を含む。

基本問題

1 2点A$(-5,\ 0)$，B$(2,\ 0)$について，PA：PB=4：3を満たす点Pの軌跡を求めなさい。

考え方 P$(x,\ y)$として，PA，PBをそれぞれx，yを用いて表し，PA：PB=4：3の式からx，yの関係式を求めます。

解き方 点P$(x,\ y)$とすると，$\mathrm{PA}=\sqrt{(x+5)^2+y^2}$，$\mathrm{PB}=\sqrt{(x-2)^2+y^2}$

PA：PB=4：3より，3PA=4PBだから

$$3\sqrt{(x+5)^2+y^2}=4\sqrt{(x-2)^2+y^2}$$

両辺を2乗して

$$9\{(x+5)^2+y^2\}=16\{(x-2)^2+y^2\}$$

$$7x^2-154x+7y^2-161=0$$

$$x^2-22x+y^2-23=0$$

$$(x-11)^2-121+y^2-23=0$$

$$(x-11)^2+y^2=12^2$$

よって，求める軌跡は，点$(11,\ 0)$を中心とする半径12の円である。

答え 点$(11,\ 0)$を中心とする半径12の円

2 次の図の斜線部分は，どのような不等式の表す領域か答えなさい。

(1) 境界線を含む

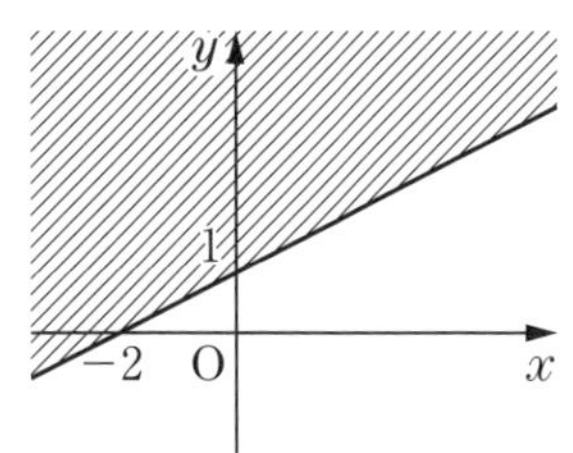

(2) 境界線を含まない

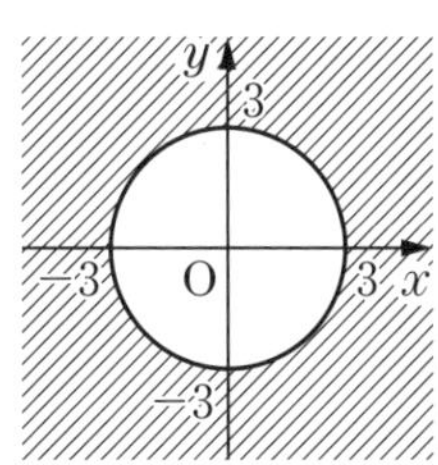

解き方 (1) 与えられた領域は2点$(0,\ 1)$，$(-2,\ 0)$を通る直線の上側であり，境界線を含むので，$y \geqq \frac{1}{2}x+1$

答え $y \geqq \frac{1}{2}x+1$

(2) 与えられた領域は原点を中心とする半径3の円の外部であり，境界線を含まないので，$x^2+y^2>9$

答え $x^2+y^2>9$

応用問題

重要 **1** 点Aの座標を(8，6)とします。点Pが円 $x^2+y^2=12$ の周上を動くとき，線分APの中点Mの軌跡を求めなさい。

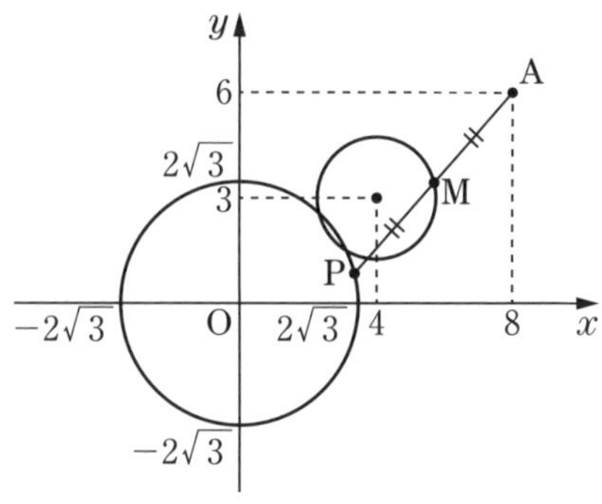

解き方 M$(x，y)$とすると，点Mは点A(8，6)と点P$(X，Y)$を結ぶ線分の中点だから

$x=\dfrac{8+X}{2}$，$y=\dfrac{6+Y}{2}$ より

$X=2x-8$，$Y=2y-6$

点Pは円 $X^2+Y^2=12$ 上の点だから，X，Y を代入して

$(2x-8)^2+(2y-6)^2=12$ すなわち，$(x-4)^2+(y-3)^2=3$

よって，求める軌跡は，点(4，3)を中心とする半径 $\sqrt{3}$ の円である。

答え 点(4，3)を中心とする半径 $\sqrt{3}$ の円

重要 **2** $y \leqq -\dfrac{1}{2}x+6$，$y \leqq -3x+11$，$x \geqq 0$，$y \geqq 0$ で表される領域において，$3x+2y$ の最大値と最小値，およびそのときの x，y の値を求めなさい。

考え方 $3x+2y=k$ とおいて，領域と共有点をもつ範囲で直線 $3x+2y=k$ を動かし，どの点を通るときに k が最大・最小となるかを考えます。

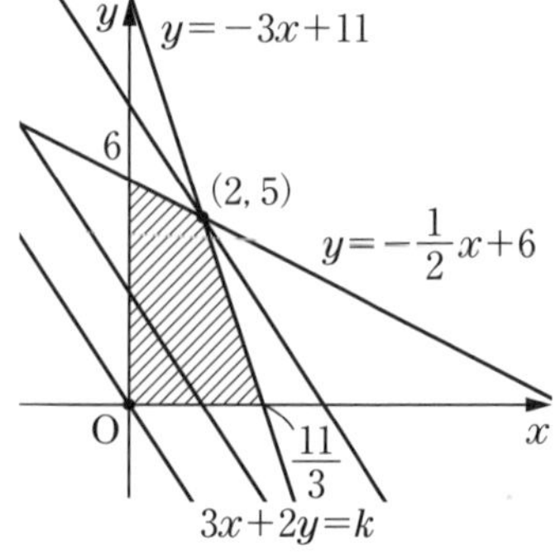

解き方 $3x+2y=k$ とおく。右のグラフより，直線 $3x+2y=k$ が2直線 $y=-\dfrac{1}{2}x+6$，$y=-3x+11$ の交点(2，5)を通るとき k は最大となり，$k=3\cdot2+2\cdot5=16$

また，直線 $3x+2y=k$ が原点を通るとき k は最小となり，$k=3\cdot0+2\cdot0=0$

よって，$x=2$，$y=5$ のとき最大値16，$x=0$，$y=0$ のとき最小値0をとる。

答え $x=2$，$y=5$ のとき最大値16，$x=0$，$y=0$ のとき最小値0

発展問題

1 ある工場では2種類の製品A，Bを生産しています。製品Aを1個作るのに，材料Pは30g，材料Qは40g必要です。製品Bを1個作るのに，材料Pは60g，材料Qは100g必要です。また，製品Aの1個あたりの利益は90円で，製品Bの1個あたりの利益は200円です。材料Pが15kg，材料Qが22kgあるとき，利益を最大にするには製品A，Bをそれぞれ何個作ればよいですか。また，そのときの利益を求めなさい。

考え方 製品Aをx個，製品Bをy個作るときの利益を(x，yの式)$=k$で表し，条件を満たすx，yの領域において，kの最大値を求めます。

解き方 製品Aをx個，製品Bをy個作るとすると，$x \geqq 0$ …①，$y \geqq 0$ …②である。また，材料Pは$30x+60y$(g)，材料Qは$40x+100y$(g)必要となり，材料Pは15000g，材料Qは22000gしかないので

$30x+60y \leqq 15000$ …③，$40x+100y \leqq 22000$ …④

①～④を満たす領域をDとする。利益は$90x+200y$(円)なので，$90x+200y=k$とおき，領域Dにおいてkが最大となるx，yの値を求めればよい。

右のグラフより，直線$90x+200y=k$が2直線$30x+60y=15000$，$40x+100y=22000$の交点$(300，100)$を通るとき，kは最大値

$k=90 \cdot 300+200 \cdot 100$
$=47000$

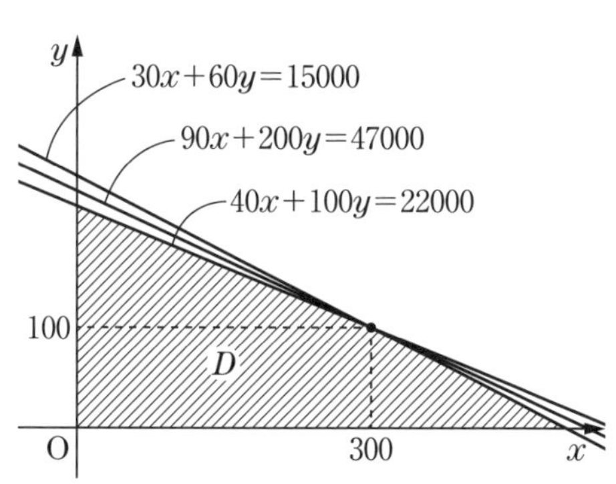

をとる。よって，求める個数は，製品Aが300個，製品Bが100個であり，利益は47000円である。

答え 製品A…300個　製品B…100個　利益…47000円

練習問題

答え：別冊 p.22 ～ p.24

1 直線ℓ：$y=2x$ 上の点 $\mathrm{P}(p,\ 2p)$ と x 軸上の点 $\mathrm{A}(3,\ 0)$，および原点 $\mathrm{O}(0,\ 0)$ を頂点とする△AOP の重心を G とします。点 P が直線ℓ上の x 座標が正である部分を動くとき，点 G の軌跡を求めなさい。

重要

2 k を任意の実数として，x 軸上の点 $\mathrm{P}(2,\ 0)$ と直線 $y=kx$ に関して対称な点を Q とします。k がすべての実数の範囲で変化するとき，点 Q の軌跡を求めなさい。

3 次の不等式の表す領域を図示しなさい。

(1) $3x-4y+12>0$　　(2) $(x-4)^2+(y-5)^2\leqq 9$

4 xy 平面において，$2x-3y\leqq 0$，$3x-2y\geqq 0$ で表される領域内を，半径 1 の円が動きます。この円の中心が原点にもっとも近づいたときの，円の中心の座標を求めなさい。

第3章 関数

3-1 2次関数

1 2次関数のグラフ

☑チェック!

2次関数 $y=a(x-p)^2+q$ のグラフ…

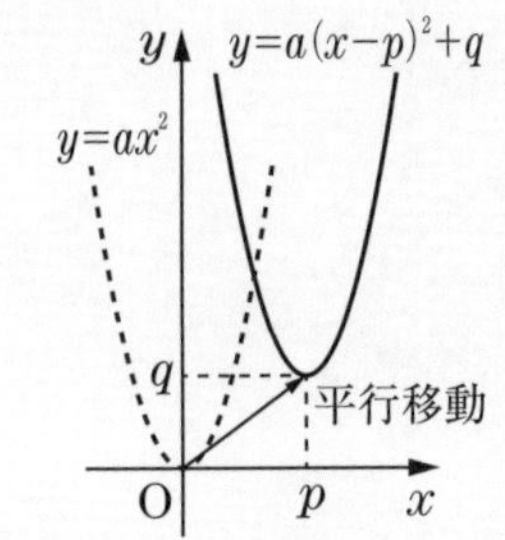

$y=ax^2$ のグラフを，x 軸方向に p，y 軸方向に q だけ平行移動した**放物線**で，次のような特徴があります。

①$a>0$ のとき**下に凸**，$a<0$ のとき**上に凸**です。

②軸は直線 $x=p$，頂点は点(p, q)です。

2次式 ax^2+bx+c を $a(x-p)^2+q$ の形に変形することを，**平方完成**といいます。

2次関数 $y=ax^2+bx+c$ のグラフ…

$y=ax^2$ のグラフを平行移動した放物線で，次のような特徴があります。

①$a>0$ のとき下に凸，$a<0$ のとき上に凸です。

②軸は直線 $x=-\dfrac{b}{2a}$，頂点は点$\left(-\dfrac{b}{2a}, -\dfrac{b^2-4ac}{4a}\right)$です。

例1　$y=-x^2$ のグラフを，x 軸方向に-2，y 軸方向に5だけ平行移動したグラフは，放物線 $y=-(x+2)^2+5$ です。頂点の座標は$(-2, 5)$，軸は直線 $x=-2$ です。

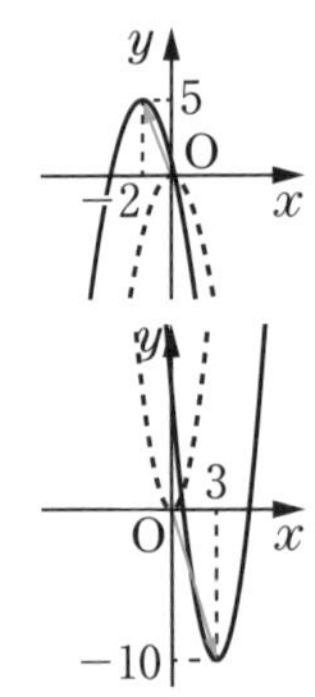

例2　放物線 $y=2x^2-12x+8$ は

$y=2x^2-12x+8=2(x-3)^2-10$

より，$y=2x^2$ のグラフを，x 軸方向に3，y 軸方向に-10だけ平行移動したグラフです。頂点の座標は$(3, -10)$，軸は直線 $x=3$ です。

テスト　放物線 $y=x^2+4x-3$ の頂点の座標と軸を求めなさい。

答え　頂点の座標…$(-2, -7)$　軸…直線 $x=-2$

2　2次関数の決定

☑チェック!

2次関数の式の求め方…

①グラフの頂点$(p,\ q)$または軸$x=p$がわかっているとき

$y=a(x-p)^2+q$の式を利用します。

②グラフ上の3点の座標がわかっているとき

$y=ax^2+bx+c$の式を利用します。

例1　頂点の座標が$(1,\ 5)$で，点$(2,\ 8)$を通る放物線の式を求めます。

$y=a(x-p)^2+q$に$p=1$，$q=5$を代入して，$y=a(x-1)^2+5$　…①

$x=2$，$y=8$を①に代入して，$8=a(2-1)^2+5$　これを解いて，$a=3$

よって，$y=3(x-1)^2+5$

例2　軸が直線$x=-2$で，2点$(-1,\ -6)$，$(-2,\ -10)$を通る放物線の式を求めます。$y=a(x-p)^2+q$に$p=-2$を代入して，$y=a(x+2)^2+q$　…①

$x=-1$，$y=-6$を①に代入して，$-6=a(-1+2)^2+q$より

$a+q=-6$　…②

$x=-2$，$y=-10$を①に代入して，$-10=a(-2+2)^2+q$より

$q=-10$　…③

②，③より，$a=4$，$q=-10$

よって，$y=4(x+2)^2-10$

例3　3点$(-1,\ 3)$，$(2,\ -15)$，$(-2,\ 13)$を通る放物線の式を求めます。

3点のx座標とy座標の値をそれぞれ$y=ax^2+bx+c$に代入して

$$\begin{cases} 3=a-b+c \\ -15=4a+2b+c \\ 13=4a-2b+c \end{cases}$$

この連立3元1次方程式を解いて，$a=1$，$b=-7$，$c=-5$

よって，$y=x^2-7x-5$

テスト　頂点の座標が$\left(\dfrac{3}{2},\ \dfrac{5}{4}\right)$で，点$(3,\ -1)$を通る放物線の式を求めなさい。

答え　$y=-\left(x-\dfrac{3}{2}\right)^2+\dfrac{5}{4}$

3 2次関数の最大・最小

チェック！

定義域に制限がない場合…

2次関数 $y=a(x-p)^2+q$ の最大値，最小値について，定義域に制限がない場合，次のことが成り立ちます。

① $a>0$ のとき，$x=p$ で最小値 q をとります。最大値はありません。

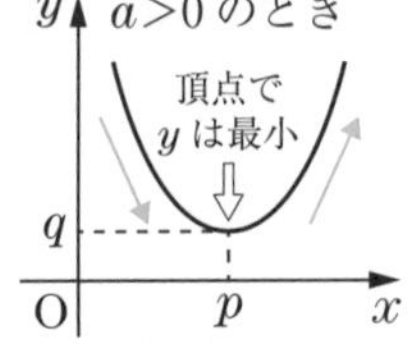

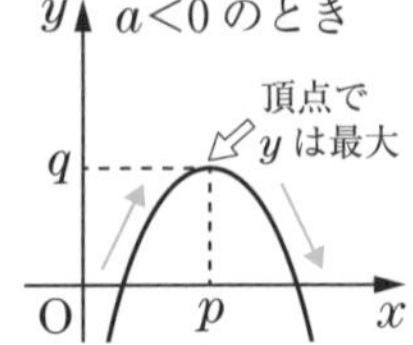

② $a<0$ のとき，$x=p$ で最大値 q をとります。最小値はありません。

定義域に制限がある場合…

2次関数 $y=a(x-p)^2+q$ の最大値，最小値について，定義域に制限がある場合は，頂点の y 座標と，定義域の両端の y 座標に着目します。

例1　2次関数 $y=-2(x-4)^2+5$ は，グラフが上に凸で，頂点の座標が(4，5)なので，$x=4$ のとき最大値5をとります。最小値はありません。

例2　2次関数 $y=(x+1)^2+2$ $(-2\leqq x\leqq 1)$ は，グラフが下に凸で，軸が直線 $x=-1$，頂点の座標が(−1，2)です。また，$x=1$ のとき $y=(1+1)^2+2=6$ なので，右のグラフより，$x=1$ のとき最大値6，$x=-1$ のとき最小値2をとります。

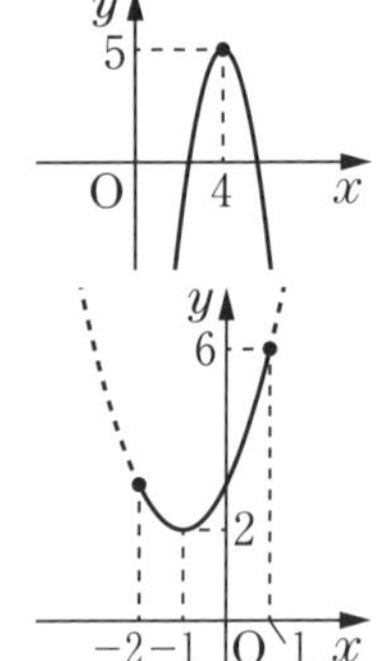

例3　2次関数 $y=-(x-2)^2+3$ $(-1\leqq x\leqq 3)$ は，グラフが上に凸で，軸が直線 $x=2$，頂点の座標が(2，3)です。また，$x=-1$ のとき $y=-(-1-2)^2+3=-6$ なので，右のグラフより，$x=2$ のとき最大値3，$x=-1$ のとき最小値−6をとります。

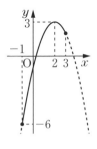

テスト　2次関数 $y=3x^2-12x+4$ の最小値を求めなさい。

答え　$x=2$ のとき最小値−8

4　2次不等式

☑チェック!

2次関数のグラフと2次不等式…

2次関数 $y=ax^2+bx+c$ のグラフと x 軸との共有点の x 座標は，$y=0$ とした2次方程式 $ax^2+bx+c=0$ の実数解です。2次方程式 $ax^2+bx+c=0$ の判別式 $D=b^2-4ac$ の符号によって，2次関数のグラフと x 軸との位置関係や2次不等式の解について，$a>0$ のとき，次のことが成り立ちます。

	$D>0$	$D=0$	$D<0$
$ax^2+bx+c=0$ の実数解	異なる2つの実数解 α，$\beta\ (\alpha<\beta)$	ただ1つの実数解（重解）α	なし
グラフと x 軸との位置関係	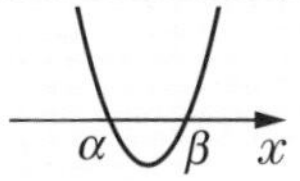 α　β　x 異なる2点で交わる	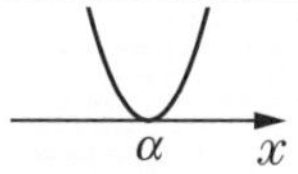 α　x 1点で接する	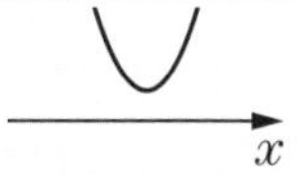 x 共有点をもたない
共有点の個数	2個	1個	0個
$ax^2+bx+c>0$ の解	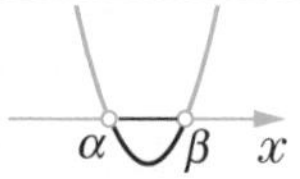 α　β　x $x<\alpha$，$\beta<x$	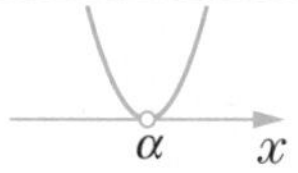 α　x α 以外のすべての実数	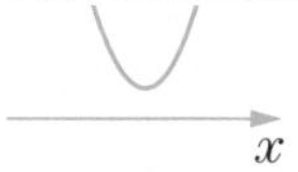 x すべての実数
$ax^2+bx+c\geqq 0$ の解	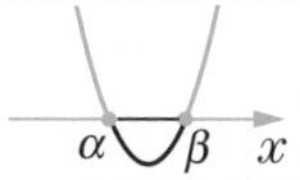 α　β　x $x\leqq\alpha$，$\beta\leqq x$	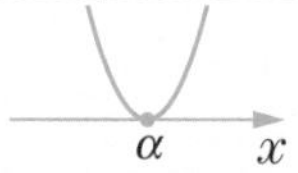 α　x すべての実数	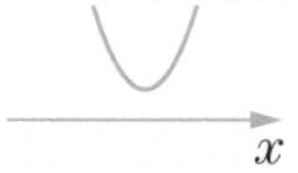 x すべての実数
$ax^2+bx+c<0$ の解	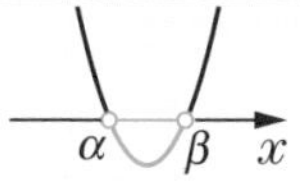 α　β　x $\alpha<x<\beta$	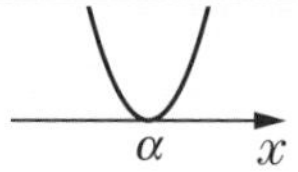 α　x なし	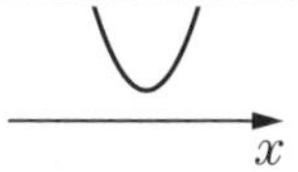 x なし
$ax^2+bx+c\leqq 0$ の解	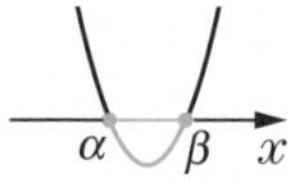 α　β　x $\alpha\leqq x\leqq\beta$	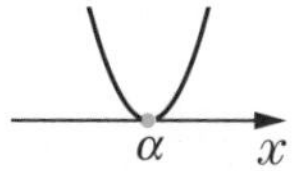 α　x $x=\alpha$	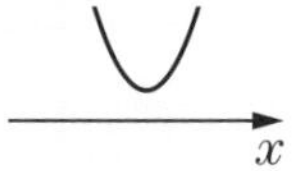 x なし

例1　2次方程式 $x^2-x-6=0$ は，異なる2つの実数解 $x=-2$，3をもつので，2次不等式 $x^2-x-6\geqq 0$ の解は，$x\leqq -2$，$3\leqq x$ です。

テスト　2次不等式 $x^2-2x+1\leqq 0$ を解きなさい。　答え　$x=1$

基本問題

1 次の問いに答えなさい。

(1) 放物線 $y=5(x-7)^2-4$ の頂点の座標と軸を求めなさい。

(2) 放物線 $y=-3x^2-6x+24$ の頂点の座標と軸を求めなさい。

ポイント　放物線 $y=a(x-p)^2+q$ の頂点の座標は $(p,\ q)$，軸は直線 $x=p$

解き方 (1) 頂点の座標は $(7,\ -4)$，軸は直線 $x=7$ である。← $p=7$，$q=-4$

答え 頂点の座標…$(7,\ -4)$　軸…直線 $x=7$

(2) $y=-3x^2-6x+24=-3(x^2+2x)+24=-3(x+1)^2+27$ ←平方完成

よって，頂点の座標は $(-1,\ 27)$，軸は直線 $x=-1$ である。

答え 頂点の座標…$(-1,\ 27)$　軸…直線 $x=-1$

2 次の問いに答えなさい。

(1) 頂点の座標が $(3,\ -7)$ で，点 $(1,\ 5)$ を通る放物線の式を求めなさい。

(2) 3点 $(-2,\ 0)$，$(4,\ 0)$，$(1,\ 18)$ を通る放物線の式を求めなさい。

考え方　与えられた条件によって，$y=a(x-p)^2+q$ と $y=ax^2+bx+c$ の形の式を使い分けて求めます。

解き方 (1) 求める放物線の式を $y=a(x-3)^2-7$ とおく。点 $(1,\ 5)$ を通るから，$x=1$，$y=5$ を代入して，$5=a(1-3)^2-7$

これを解いて，$a=3$

よって，$y=3(x-3)^2-7$　**答え** $y=3(x-3)^2-7$

(2) 求める放物線の式を $y=ax^2+bx+c$ とおく。3点の x 座標と y 座標の値をそれぞれ代入して

$$\begin{cases} 0=4a-2b+c \\ 0=16a+4b+c \\ 18=a+b+c \end{cases}$$

2点 $(-2,\ 0)$，$(4,\ 0)$ はグラフと x 軸との交点なので，求める放物線の式を $y=a(x+2)(x-4)$ としてもよい

この連立3元1次方程式を解いて，$a=-2$，$b=4$，$c=16$

よって，$y=-2x^2+4x+16$　**答え** $y=-2x^2+4x+16$

重要 **3** 2次関数 $y=-x^2+4x+5$ について，y の最大値を求めなさい。

考え方 式を $y=a(x-p)^2+q$ の形に平方完成します。

解き方 $y=-x^2+4x+5=-(x^2-4x)+5=-(x-2)^2+9$

この2次関数のグラフは上に凸で，頂点の座標は$(2,\ 9)$である。

よって y は，$x=2$ のとき最大値9をとる。

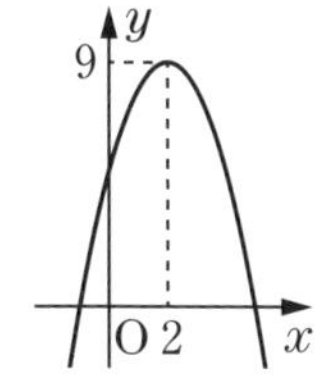

答え $x=2$ のとき最大値9

重要 **4** 2次関数 $y=-(x-1)^2+2$ について，$-2\leqq x\leqq 0$ における y の最大値と最小値をそれぞれ求めなさい。

考え方 放物線の軸と定義域の位置関係を，グラフをかいて調べます。頂点の y 座標と，定義域の両端の y 座標に着目します。

解き方 2次関数 $y=-(x-1)^2+2$ のグラフは上に凸で，軸は直線 $x=1$，頂点の座標は$(1,\ 2)$である。また，$x=0$ のとき $y=1$，$x=-2$ のとき $y=-7$ だから，右のグラフより，y は $x=0$ のとき最大値1，$x=-2$ のとき最小値-7 をとる。

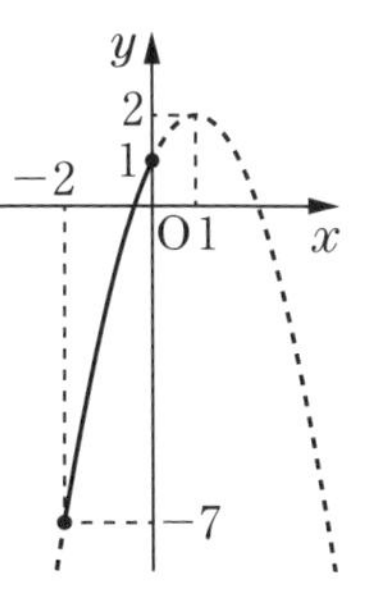

答え $x=0$ のとき最大値1，$x=-2$ のとき最小値-7

重要 **5** 次の不等式を解きなさい。

(1) $3x^2+5x-2\leqq 0$　　(2) $2x^2-3x-20>0$

解き方 (1) $3x^2+5x-2\leqq 0$

$(3x-1)(x+2)\leqq 0$

$-2\leqq x\leqq \dfrac{1}{3}$

答え $-2\leqq x\leqq \dfrac{1}{3}$

(2) $2x^2-3x-20>0$

$(2x+5)(x-4)>0$

$x<-\dfrac{5}{2},\ 4<x$

答え $x<-\dfrac{5}{2},\ 4<x$

応用問題

1 aを正の定数とします。2次関数$f(x)=-x^2+4x-1$について，$0\leqq x\leqq a$における$f(x)$の最大値と最小値をそれぞれ求めなさい。

考え方 放物線の軸と定義域の位置関係を，aの値によって場合分けします。

解き方 $f(x)=-x^2+4x-1=-(x-2)^2+3$

この2次関数のグラフは上に凸で，頂点の座標は$(2,\ 3)$である。下のグラフのように，aの値が2より小さいか2以上かで最大値をとる位置が変化する。

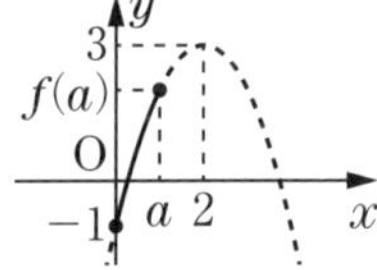

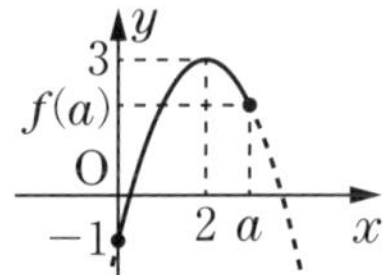

よって最大値は，$0<a<2$のとき$f(a)=-a^2+4a-1$，$a\geqq 2$のとき$f(2)=3$となる。

また，下のグラフのように，aの値が4以下か4より大きいかで最小値をとる位置が変化する。

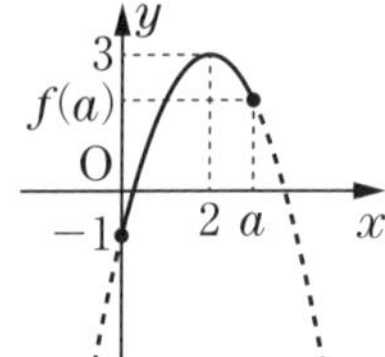

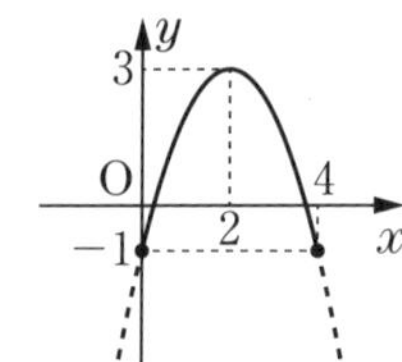

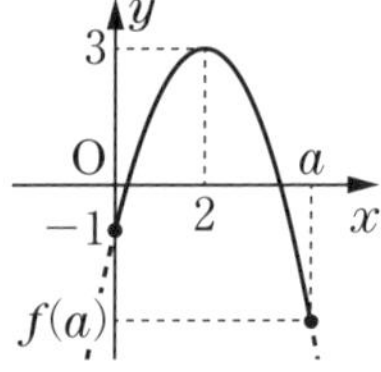

よって最小値は，$0<a<4$のとき$f(0)=-1$，$a=4$のとき$f(0)=f(4)=-1$，$a>4$のとき$f(a)=-a^2+4a-1$となる。

答え $0<a<2$のとき，$x=a$で最大値$-a^2+4a-1$，$x=0$で最小値-1

$2\leqq a<4$のとき，$x=2$で最大値3，$x=0$で最小値-1

$a=4$のとき，$x=2$で最大値3，$x=0$，4で最小値-1

$4<a$のとき，$x=2$で最大値3，$x=a$で最小値$-a^2+4a-1$

重要

2　a を定数とします。2次関数 $f(x)=x^2-2ax-2a^2-6a$ について，次の問いに答えなさい。

(1)　$f(x)$ の最小値を a を用いて表しなさい。

(2)　$f(x)$ の最小値が -9 のとき，定数 a の値を求めなさい。

(3)　(1)で求めた $f(x)$ の最小値を $m(a)$ とするとき，$m(a)$ の最大値を求めなさい。

考え方　(3) $m(a)$ は a に関する2次関数になるので，平方完成して最大値を求めます。

解き方　(1)　$f(x)=x^2-2ax-2a^2-6a=(x-a)^2-3a^2-6a$

この2次関数のグラフは下に凸で，頂点の座標は $(a,\ -3a^2-6a)$ である。よって $f(x)$ は，$x=a$ のとき最小値 $-3a^2-6a$ をとる。

答え　$x=a$ のとき最小値 $-3a^2-6a$

(2)　(1)より

$-3a^2-6a=-9$

$a^2+2a-3=0$

$(a-1)(a+3)=0$

$a=1,\ -3$

答え　$a=1,\ -3$

(3)　(1)より，$m(a)=-3a^2-6a=-3(a+1)^2+3$

この a に関する2次関数のグラフは上に凸で，頂点の座標は $(-1,\ 3)$ である。よって $m(a)$ は，$a=-1$ のとき最大値3をとる。

$f(x)$ は，a の値によって右のグラフのように変化する。$f(x)$ の最小値 $m(a)=-3a^2-6a$ は，右のグラフの各 a の値に対する頂点の y 座標を表している。

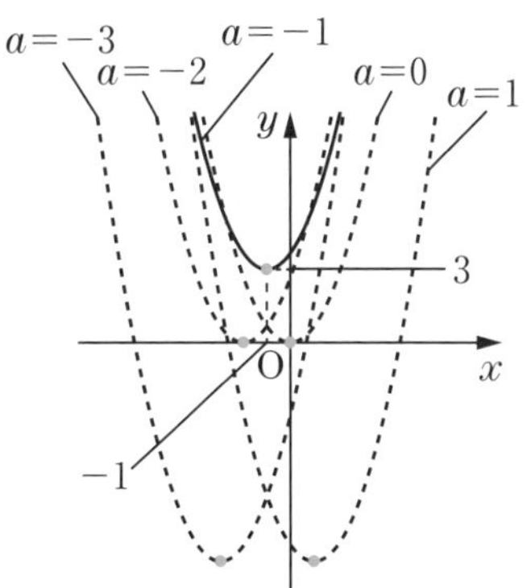

答え　$a=-1$ のとき最大値3

第3章　関数

重要 **3** k を定数として，次の問いに答えなさい。

(1) 2 次関数 $y=-x^2-kx+2k-5$ のグラフが x 軸と共有点をもつように，k の値の範囲を定めなさい。

(2) 2 次関数 $y=x^2-2x+k^2-2k+1$ のグラフと x 軸の共有点の個数を求めなさい。

ポイント $y=0$ としたときの 2 次方程式の判別式を D とすると，2 次関数のグラフと x 軸の共有点の個数は
$D>0 \Leftrightarrow$ 2 個，$D=0 \Leftrightarrow$ 1 個，$D<0 \Leftrightarrow$ 0 個

解き方 (1) 2 次方程式 $-x^2-kx+2k-5=0$ の判別式を D とする。与えられた 2 次関数のグラフが x 軸と共有点をもつのは，$D \geqq 0$ のときであるから

$$D=k^2-4\cdot(-1)\cdot(2k-5)$$
$$=k^2+8k-20$$
$$=(k+10)(k-2) \geqq 0$$
←共有点が 1 個のときと 2 個のときを考える

よって，$k \leqq -10$，$2 \leqq k$　**答え** $k \leqq -10$，$2 \leqq k$

(2) 2 次方程式 $x^2-2x+k^2-2k+1=0$ の判別式を D とすると

$$\frac{D}{4}=1-(k^2-2k+1)=-k^2+2k$$

$y=(x-1)^2+k^2-2k$ より，放物線の頂点の y 座標 k^2-2k と 0 との大小関係を考えてもよい

(i) $\frac{D}{4}>0$ のとき，$-k^2+2k>0$

$k(k-2)<0$　よって，$0<k<2$

(ii) $\frac{D}{4}=0$ のとき，$-k^2+2k=0$

$k(k-2)=0$　よって，$k=0$，2

(iii) $\frac{D}{4}<0$ のとき，$-k^2+2k<0$

$k(k-2)>0$　よって，$k<0$，$2<k$

(i)，(ii)，(iii)より，共有点の個数は，$0<k<2$ のとき 2 個，$k=0$，2 のとき 1 個，$k<0$，$2<k$ のとき 0 個である。

答え $0<k<2$ のとき 2 個，$k=0$，2 のとき 1 個，$k<0$，$2<k$ のとき 0 個

発展問題

1 k を定数とします。2次関数 $y=x^2-2kx-k+2$ のグラフが次のようになるとき，k の値の範囲を定めなさい。

(1) x 軸の正の部分と異なる2点で交わる。

(2) x 軸の正の部分と負の部分の2点で交わる。

考え方 (1) $y=f(x)$ のグラフは，$f(x)=0$ の判別式を D として次の3つの条件が同時に成り立てば，x 軸の正の部分と異なる2点で交わります。

(i) $D>0$ (ii) 軸が $x>0$ の範囲にある (iii) $f(0)>0$

解き方 (1) 与えられた2次関数のグラフについて，次の(i)～(iii)の3つの条件が同時に成り立てばよい。

(i) x 軸と異なる2点で交わる。

(ii) 軸が $x>0$ の範囲にある。

(iii) y 軸との交点の y 座標が正である。

(i)より，2次方程式 $x^2-2kx-k+2=0$ の判別式を D とすると

$\dfrac{D}{4}=k^2-(-k+2)=k^2+k-2=(k+2)(k-1)>0$

$k<-2,\ 1<k$ …①

(ii)より，与えられた2次関数の式を変形して

$y=x^2-2kx-k+2=(x-k)^2-k^2-k+2$

これより，軸は直線 $x=k$ なので，$k>0$ …②

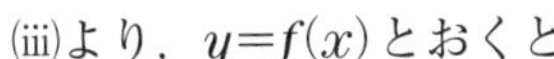

(iii)より，$y=f(x)$ とおくと

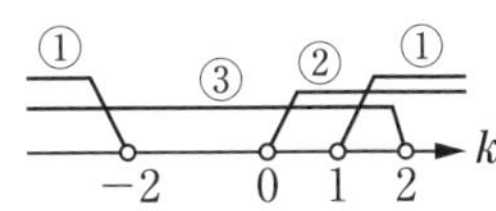

$f(0)=-k+2>0$

$k<2$ …③

①，②，③の共通範囲を求めて，$1<k<2$

答え $1<k<2$

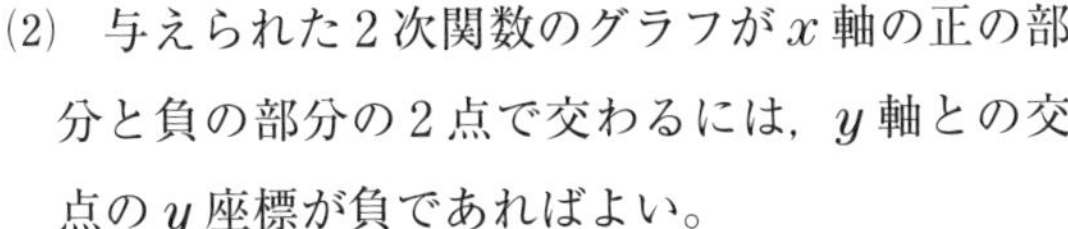

(2) 与えられた2次関数のグラフが x 軸の正の部分と負の部分の2点で交わるには，y 軸との交点の y 座標が負であればよい。

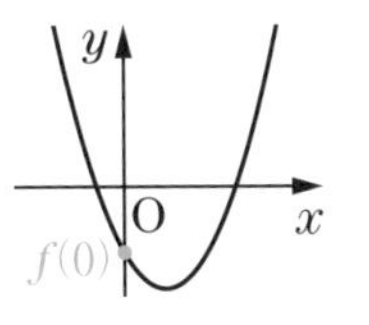

$f(0)=-k+2<0$ ←(1)のように，判別式や軸の条件は調べなくてよい

よって，$2<k$

答え $2<k$

練習問題

答え：別冊 p.24 ～ p.26

1 次の条件を満たす放物線をグラフにもつ2次関数を求めなさい。

(1) 頂点の座標が$(-2, -10)$で，点$(-1, -6)$を通る。

(2) 軸が直線$x=4$で，2点$(3, 15)$，$(7, -1)$を通る。

(3) 3点$(-2, 5)$，$(-1, -3)$，$(3, 25)$を通る。

重要
2 aを定数とします。2次関数$y=x^2-2ax+3$の$1 \leqq x \leqq 3$における最大値と，そのときのxの値を求めなさい。

重要
3 kを定数とします。放物線$y=x^2-4x+3k^2-k$について，次の問いに答えなさい。

(1) x軸と共有点をもたないように，kの値の範囲を定めなさい。

(2) この放物線と直線$y=-6x+1$が共有点をもつように，kの値の範囲を定めなさい。

4 kを定数とします。2次関数$y=x^2+2kx-2k+3$のグラフが，$-2<x<1$の範囲でx軸と異なる2点で交わるように，kの値の範囲を定めなさい。

重要
5 周囲が30mで，横の長さが縦の長さ以上の長方形の花壇を作ります。面積が50m^{2}以上になるように，縦の長さの範囲を定めなさい。

3-2 三角関数

1 一般角と三角関数

☑ チェック!

一般角…

平面において，点 O を中心に回転する半直線 OP を動径，動径の最初の位置にある半直線 OX を始線といいます。時計の針の回転と逆向きを正の向き，同じ向きを負の向きといいます。また，動径が 360° 以上回転する場合も考えることにします。このように回転の向きや回転の数まで考えた角の表し方を一般角といいます。一般角 θ は，動径の表す角の 1 つを α とすると，次のように表すことができます。

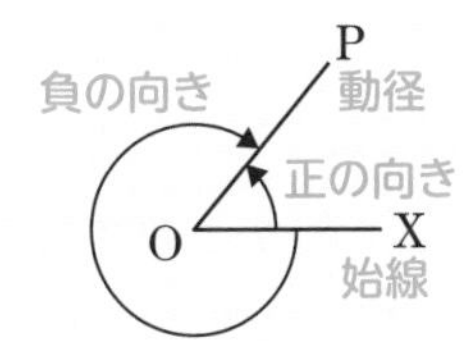

$\theta=\alpha+360^\circ\times n$（$n$ は整数）

弧度法…

これまで用いてきた，直角の $\frac{1}{90}$ である 1 度を単位とする角の大きさの表し方を度数法といいます。半径 1 の円において，長さが 1 の弧に対する中心角の大きさを 1 弧度（1 ラジアン）といい，これを単位とする角の大きさの表し方を弧度法といいます。半径 1 の円周の長さは 2π より，$360^\circ=2\pi$ ラジアンすなわち，$180^\circ=\pi$ ラジアンが成り立ちます。角の大きさを弧度法で表す場合は通常，単位を省略します。弧度法での一般角 θ は，動径の表す角の 1 つを α とすると，次のように表すことができます。

$\theta=\alpha+2n\pi$（n は整数）

例 1　45°，−30°，400° を弧度法，$\frac{\pi}{2}$，$-\frac{2}{3}\pi$，$\frac{15}{4}\pi$ を度数法でそれぞれ表すと，

$180^\circ=\pi$ ラジアンなので

$$45^\circ=\frac{45}{180}\pi=\frac{\pi}{4},\quad -30^\circ=-\frac{30}{180}\pi=-\frac{\pi}{6},\quad 400^\circ=\frac{400}{180}\pi=\frac{20}{9}\pi$$

$$\frac{\pi}{2}=\frac{180^\circ}{2}=90^\circ,\quad -\frac{2}{3}\pi=-\frac{2\times180^\circ}{3}=-120^\circ,\quad \frac{15}{4}\pi=\frac{15\times180^\circ}{4}=675^\circ$$

☑チェック！

三角関数の定義…

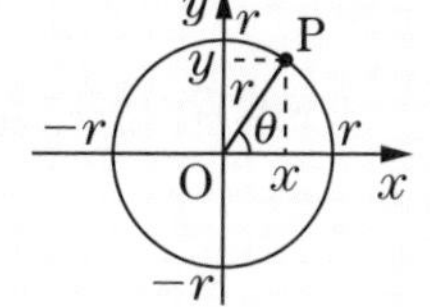

原点Oを中心とする半径rの円周上の点を$P(x, y)$，始線をx軸の正の部分，動径をOPとするとき

$\sin\theta=\dfrac{y}{r}$，$\cos\theta=\dfrac{x}{r}$，$\tan\theta=\dfrac{y}{x}$

$\left(\theta=\dfrac{\pi}{2}\text{や}\dfrac{3}{2}\pi\right.$ など$x=0$である角に対して$\tan\theta$は定義されない$\left.\right)$

とくに，半径が1である円（**単位円**）のとき

$\sin\theta=y$，$\cos\theta=x$，$\tan\theta=\dfrac{y}{x}$

$\sin\theta$，$\cos\theta$，$\tan\theta$はいずれもθの関数です。これらをまとめて三角関数といいます。

$\sin\theta$，$\cos\theta$，$\tan\theta$の符号…

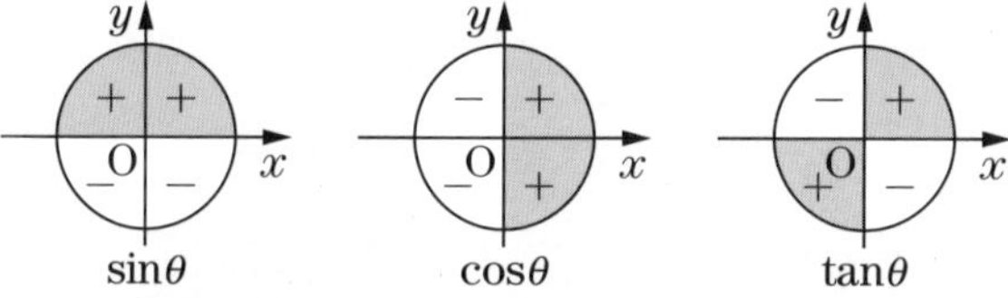

三角関数の値の範囲…

θがすべての実数値をとるとき

$-1\leqq\sin\theta\leqq1$，$-1\leqq\cos\theta\leqq1$，$\tan\theta$の値の範囲は実数全体

三角関数の相互関係… $\tan\theta=\dfrac{\sin\theta}{\cos\theta}$，$\sin^2\theta+\cos^2\theta=1$，$1+\tan^2\theta=\dfrac{1}{\cos^2\theta}$

例1　方程式$\cos\theta=\dfrac{\sqrt{3}}{2}$ $(0\leqq\theta<2\pi)$について，単位円と直線$x=\dfrac{\sqrt{3}}{2}$との交点と原点を結ぶ線分と，x軸の正の向きとのなす角は$\dfrac{\pi}{6}$，$\dfrac{11}{6}\pi$である。

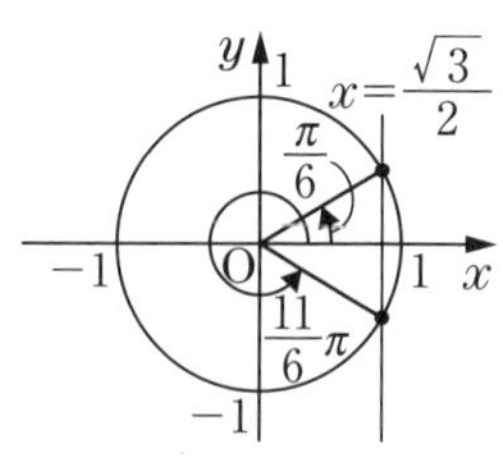

よって，方程式の解は，$\theta=\dfrac{\pi}{6}$，$\dfrac{11}{6}\pi$

θの範囲に制限がないとき，方程式の解は

$\theta=\dfrac{\pi}{6}+2n\pi$，$\dfrac{11}{6}\pi+2n\pi$（$n$は整数）

2 加法定理

チェック!

加法定理…

$\sin(\alpha\pm\beta)=\sin\alpha\cos\beta\pm\cos\alpha\sin\beta$（複号同順）

$\cos(\alpha\pm\beta)=\cos\alpha\cos\beta\mp\sin\alpha\sin\beta$（複号同順）

$\tan(\alpha\pm\beta)=\dfrac{\tan\alpha\pm\tan\beta}{1\mp\tan\alpha\tan\beta}$（複号同順）

2倍角の公式…

$\sin2\theta=2\sin\theta\cos\theta$

$\cos2\theta=\cos^2\theta-\sin^2\theta=2\cos^2\theta-1=1-2\sin^2\theta$

半角の公式…

$\sin^2\dfrac{\theta}{2}=\dfrac{1-\cos\theta}{2}$，$\cos^2\dfrac{\theta}{2}=\dfrac{1+\cos\theta}{2}$

$\dfrac{\theta}{2}$を θ におきかえると，$\sin^2\theta=\dfrac{1-\cos2\theta}{2}$，$\cos^2\theta=\dfrac{1+\cos2\theta}{2}$

三角関数の合成…

$a\sin\theta+b\cos\theta=\sqrt{a^2+b^2}\sin(\theta+\alpha)$

ただし，$\cos\alpha=\dfrac{a}{\sqrt{a^2+b^2}}$，$\sin\alpha=\dfrac{b}{\sqrt{a^2+b^2}}$

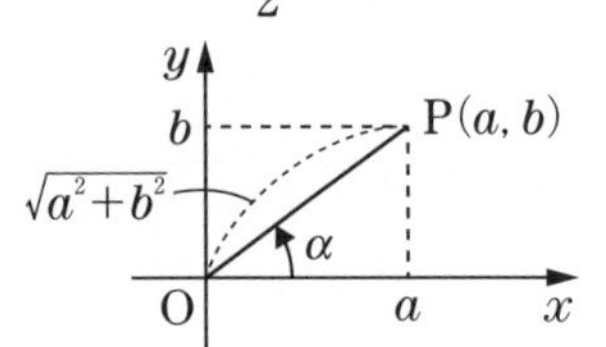

例 1　$\sin\theta=\dfrac{3}{5}$のとき，$\cos2\theta=1-2\sin^2\theta=1-2\cdot\left(\dfrac{3}{5}\right)^2=\dfrac{7}{25}$

例 2　$0<\theta<\pi$ で $\cos\theta=\dfrac{12}{13}$のとき，$\sin^2\dfrac{\theta}{2}=\dfrac{1-\cos\theta}{2}=\dfrac{1-\dfrac{12}{13}}{2}=\dfrac{1}{26}$

$\sin\dfrac{\theta}{2}>0$ より，$\sin\dfrac{\theta}{2}=\dfrac{1}{\sqrt{26}}$

例 3　$\sqrt{3}\sin\theta+\cos\theta$ を変形すると，$\sqrt{(\sqrt{3})^2+1^2}=2$ より

$\sqrt{3}\sin\theta+\cos\theta$

$=2\left(\sin\theta\cdot\dfrac{\sqrt{3}}{2}+\cos\theta\cdot\dfrac{1}{2}\right)$

$=2\left(\sin\theta\cos\dfrac{\pi}{6}+\cos\theta\sin\dfrac{\pi}{6}\right)$　← $\sin\alpha\cos\beta+\cos\alpha\sin\beta=\sin(\alpha+\beta)$

$=2\sin\left(\theta+\dfrac{\pi}{6}\right)$

基本問題

1 次の方程式を解きなさい。

(1) $\cos\theta=-\dfrac{1}{2}(0\leqq\theta<2\pi)$　　(2) $2\sin\theta-\sqrt{3}=0$

解き方 (1) $0\leqq\theta<2\pi$ のとき，単位円と直線 $x=-\dfrac{1}{2}$ との交点と原点を結ぶ線分と，x 軸の正の向きとのなす角は，$\theta=\dfrac{2}{3}\pi$，$\dfrac{4}{3}\pi$　**答え**　$\theta=\dfrac{2}{3}\pi$，$\dfrac{4}{3}\pi$

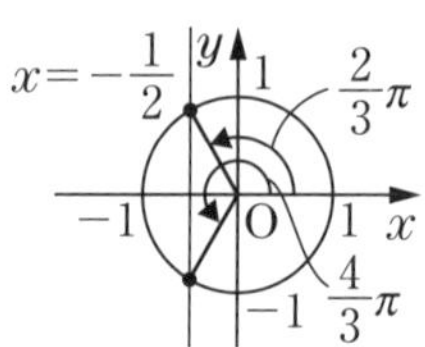

(2) $2\sin\theta-\sqrt{3}=0$ より，$\sin\theta=\dfrac{\sqrt{3}}{2}$

$0\leqq\theta<2\pi$ のとき，単位円と直線 $y=\dfrac{\sqrt{3}}{2}$ との交点と原点を結ぶ線分と，x 軸の正の向きとのなす角は，$\dfrac{\pi}{3}$，$\dfrac{2}{3}\pi$ であり，θ の範囲に制限がないため，解は

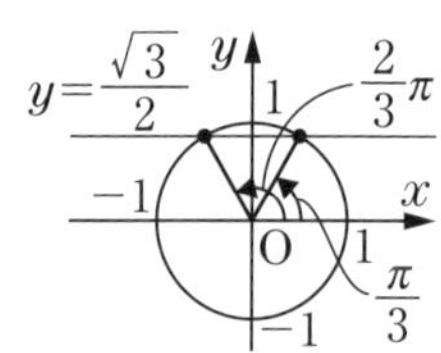

$\theta=\dfrac{\pi}{3}+2n\pi$，$\theta=\dfrac{2}{3}\pi+2n\pi$（$n$ は整数）

答え　$\theta=\dfrac{\pi}{3}+2n\pi$，$\dfrac{2}{3}\pi+2n\pi$（$n$ は整数）

重要

2 次の値を求めなさい。

(1) $\cos75^\circ$　　(2) $\sin165^\circ$

考え方　$75^\circ=45^\circ+30^\circ$，$165^\circ=120^\circ+45^\circ$ として，加法定理を利用します。

解き方 (1) $\cos75^\circ=\cos(45^\circ+30^\circ)=\cos45^\circ\cos30^\circ-\sin45^\circ\sin30^\circ$

$$=\frac{1}{\sqrt{2}}\cdot\frac{\sqrt{3}}{2}-\frac{1}{\sqrt{2}}\cdot\frac{1}{2}=\frac{\sqrt{3}-1}{2\sqrt{2}}=\frac{\sqrt{6}-\sqrt{2}}{4}$$

答え　$\dfrac{\sqrt{6}-\sqrt{2}}{4}$

(2) $\sin165^\circ=\sin(120^\circ+45^\circ)=\sin120^\circ\cos45^\circ+\cos120^\circ\sin45^\circ$

$$=\frac{\sqrt{3}}{2}\cdot\frac{1}{\sqrt{2}}+\left(-\frac{1}{2}\right)\cdot\frac{1}{\sqrt{2}}=\frac{\sqrt{3}-1}{2\sqrt{2}}=\frac{\sqrt{6}-\sqrt{2}}{4}$$

答え　$\dfrac{\sqrt{6}-\sqrt{2}}{4}$

重要

3 $\cos\theta=\dfrac{4}{5}$のとき，$\sin2\theta$，$\cos2\theta$，$\cos\dfrac{\theta}{2}$の値を求めなさい。ただし，$0\leqq\theta\leqq\pi$とします。

ポイント　$\sin2\theta=2\sin\theta\cos\theta$，$\cos2\theta=\cos^2\theta-\sin^2\theta=2\cos^2\theta-1=1-2\sin^2\theta$

解き方　$\cos\theta=\dfrac{4}{5}$より，$\sin^2\theta=1-\cos^2\theta=1-\left(\dfrac{4}{5}\right)^2=\dfrac{9}{25}$

$0\leqq\theta\leqq\pi$より，$\sin\theta\geqq0$だから，$\sin\theta=\dfrac{3}{5}$

$$\sin2\theta=2\sin\theta\cos\theta=2\cdot\frac{3}{5}\cdot\frac{4}{5}=\frac{24}{25}$$

$$\cos2\theta=2\cos^2\theta-1=2\cdot\left(\frac{4}{5}\right)^2-1=\frac{7}{25}$$

← $\sin\theta=\dfrac{3}{5}$を$\cos^2\theta-\sin^2\theta$，$1-2\sin^2\theta$に代入してもよい

$$\cos^2\frac{\theta}{2}=\frac{1+\cos\theta}{2}=\frac{1+\frac{4}{5}}{2}=\frac{9}{10}$$

$\cos\dfrac{\theta}{2}\geqq0$より，$\cos\dfrac{\theta}{2}=\dfrac{3}{\sqrt{10}}$

答え　$\sin2\theta=\dfrac{24}{25}$，$\cos2\theta=\dfrac{7}{25}$，$\cos\dfrac{\theta}{2}=\dfrac{3}{\sqrt{10}}$

4 次の式を$r\sin(\theta+\alpha)$の形に変形しなさい。ただし，$r>0$，$-\pi<\alpha<\pi$とします。

(1)　$\sin\theta+\cos\theta$　　(2)　$\sqrt{3}\sin\theta-\cos\theta$

解き方　(1)　$\sqrt{1^2+1^2}=\sqrt{2}$より

$$\begin{aligned}\sin\theta+\cos\theta&=\sqrt{2}\left(\sin\theta\cdot\frac{1}{\sqrt{2}}+\cos\theta\cdot\frac{1}{\sqrt{2}}\right)\\&=\sqrt{2}\left(\sin\theta\cos\frac{\pi}{4}+\cos\theta\sin\frac{\pi}{4}\right)\\&=\sqrt{2}\sin\left(\theta+\frac{\pi}{4}\right)\end{aligned}$$

答え　$\sqrt{2}\sin\left(\theta+\dfrac{\pi}{4}\right)$

(2)　$\sqrt{(\sqrt{3})^2+(-1^2)}=2$より

$$\begin{aligned}\sqrt{3}\sin\theta-\cos\theta&=2\left\{\sin\theta\cdot\frac{\sqrt{3}}{2}+\cos\theta\cdot\left(-\frac{1}{2}\right)\right\}\\&=2\left\{\sin\theta\cos\left(-\frac{\pi}{6}\right)+\cos\theta\sin\left(-\frac{\pi}{6}\right)\right\}\\&=2\sin\left(\theta-\frac{\pi}{6}\right)\end{aligned}$$

答え　$2\sin\left(\theta-\dfrac{\pi}{6}\right)$

応用問題

1 次の等式①，②を利用して，等式③を導きなさい。

$\sin(\alpha-\beta)=\sin\alpha\cos\beta-\cos\alpha\sin\beta$ …①

$\cos(\alpha-\beta)=\cos\alpha\cos\beta+\sin\alpha\sin\beta$ …②

$\tan(\alpha-\beta)=\dfrac{\tan\alpha-\tan\beta}{1+\tan\alpha\tan\beta}$ …③

解き方 $\tan\theta=\dfrac{\sin\theta}{\cos\theta}$を利用して，$\tan(\alpha-\beta)$を式変形する。

答え

$$\tan(\alpha-\beta)=\frac{\sin(\alpha-\beta)}{\cos(\alpha-\beta)}=\frac{\sin\alpha\cos\beta-\cos\alpha\sin\beta}{\cos\alpha\cos\beta+\sin\alpha\sin\beta}$$

$$=\frac{\dfrac{\sin\alpha\cos\beta}{\cos\alpha\cos\beta}-\dfrac{\cos\alpha\sin\beta}{\cos\alpha\cos\beta}}{\dfrac{\cos\alpha\cos\beta}{\cos\alpha\cos\beta}+\dfrac{\sin\alpha\sin\beta}{\cos\alpha\cos\beta}}$$

分母と分子を $\cos\alpha\cos\beta$ で割る

$$=\frac{\dfrac{\sin\alpha}{\cos\alpha}-\dfrac{\sin\beta}{\cos\beta}}{1+\dfrac{\sin\alpha}{\cos\alpha}\cdot\dfrac{\sin\beta}{\cos\beta}}=\frac{\tan\alpha-\tan\beta}{1+\tan\alpha\tan\beta}$$

よって，等式③が成り立つ。

2 次の方程式を解きなさい。ただし，$0\leqq\theta<2\pi$ とします。

$\sin2\theta-\cos\theta=0$

考え方 2倍角の公式を使って左辺を変形し，因数分解します。

解き方 $\sin2\theta=2\sin\theta\cos\theta$ より

$2\sin\theta\cos\theta-\cos\theta=0$

$\cos\theta(2\sin\theta-1)=0$

これより，$\cos\theta=0$ または $\sin\theta=\dfrac{1}{2}$

$0\leqq\theta<2\pi$ であるから，$\cos\theta=0$ のとき，$\theta=\dfrac{\pi}{2}$，$\dfrac{3}{2}\pi$

$\sin\theta=\dfrac{1}{2}$のとき，$\theta=\dfrac{\pi}{6}$，$\dfrac{5}{6}\pi$

よって，$\theta=\dfrac{\pi}{6}$，$\dfrac{\pi}{2}$，$\dfrac{5}{6}\pi$，$\dfrac{3}{2}\pi$

答え $\theta=\dfrac{\pi}{6}$，$\dfrac{\pi}{2}$，$\dfrac{5}{6}\pi$，$\dfrac{3}{2}\pi$

3 次の方程式を解きなさい。ただし，$0 \leqq \theta < 2\pi$ とします。

$\sin\theta - \sqrt{3}\cos\theta = 1$

考え方 $\sin\theta - \sqrt{3}\cos\theta$ を $r\sin(\theta+\alpha)$ の形に変形します。

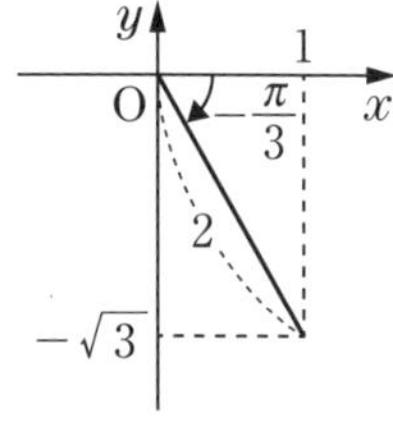

解き方 $\sqrt{1^2+(-\sqrt{3})^2}=2$ より

$\sin\theta - \sqrt{3}\cos\theta = 2\sin\left(\theta - \frac{\pi}{3}\right)$

よって，与えられた方程式は，$\sin\left(\theta - \frac{\pi}{3}\right) = \frac{1}{2}$

$0 \leqq \theta < 2\pi$ より，$-\frac{\pi}{3} \leqq \theta - \frac{\pi}{3} < \frac{5}{3}\pi$

このとき，求める θ の値は

$\theta - \frac{\pi}{3} = \frac{\pi}{6}, \frac{5}{6}\pi$ すなわち，$\theta = \frac{\pi}{2}, \frac{7}{6}\pi$

答え $\theta = \frac{\pi}{2}, \frac{7}{6}\pi$

重要

4 関数 $y=2\sin\theta+\sqrt{5}\cos\theta$ の最大値と最小値を求めなさい。ただし，$0 \leqq \theta < 2\pi$ とします。

考え方 $y=2\sin\theta+\sqrt{5}\cos\theta=r\sin(\theta+\alpha)$ と変形すると，$-r \leqq y \leqq r$ となります。

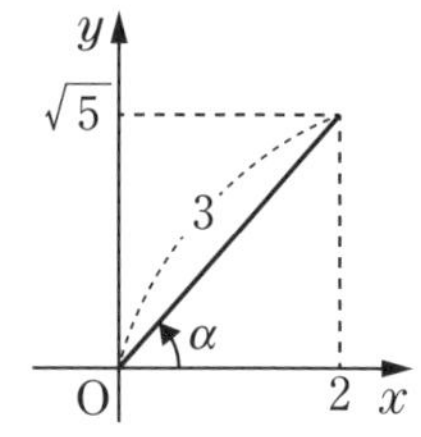

解き方 $\sqrt{2^2+(\sqrt{5})^2}=3$ より

$y=2\sin\theta+\sqrt{5}\cos\theta=3\sin(\theta+\alpha)$

ただし，α は $\cos\alpha=\frac{2}{3}$，$\sin\alpha=\frac{\sqrt{5}}{3}$ を満たす角である。

$0 \leqq \theta < 2\pi$ より，$\alpha \leqq \theta+\alpha < 2\pi+\alpha$ だから，

$-1 \leqq \sin(\theta+\alpha) \leqq 1$ より

$-3 \leqq 3\sin(\theta+\alpha) \leqq 3$ すなわち，$-3 \leqq y \leqq 3$

よって y は，最大値 3，最小値 −3 をとる。

答え 最大値 3，最小値 −3

発展問題

1 関数 $y=2(\sin\theta+\cos\theta)-\sin 2\theta+1$ について，次の問いに答えなさい。ただし，$0\leqq\theta<2\pi$ とします。

(1) $t=\sin\theta+\cos\theta$ とおいて，y を t の関数で表しなさい。

(2) t のとり得る値の範囲を求めなさい。

(3) y の最大値と最小値，およびそのときの θ の値をそれぞれ求めなさい。

考え方 y を t の関数で表し，t のとり得る値の範囲で y が最大，最小となるときの t の値を求めます。

解き方 (1) $t^2=(\sin\theta+\cos\theta)^2=\sin^2\theta+2\sin\theta\cos\theta+\cos^2\theta=1+\sin 2\theta$

よって，$\sin 2\theta=t^2-1$ を与式に代入して

$y=2t-(t^2-1)+1=-t^2+2t+2$ **答え** $y=-t^2+2t+2$

(2) $t=\sin\theta+\cos\theta=\sqrt{2}\sin\left(\theta+\dfrac{\pi}{4}\right)$

$0\leqq\theta<2\pi$ すなわち $\dfrac{\pi}{4}\leqq\theta+\dfrac{\pi}{4}<\dfrac{9}{4}\pi$ のとき，$-1\leqq\sin\left(\theta+\dfrac{\pi}{4}\right)\leqq 1$

であるから，$-\sqrt{2}\leqq\sqrt{2}\sin\left(\theta+\dfrac{\pi}{4}\right)\leqq\sqrt{2}$

よって，$-\sqrt{2}\leqq t\leqq\sqrt{2}$ **答え** $-\sqrt{2}\leqq t\leqq\sqrt{2}$

(3) $y=-t^2+2t+2=-(t-1)^2+3$ $(-\sqrt{2}\leqq t\leqq\sqrt{2})$

$t=1$ のとき，最大値 3

$t=-\sqrt{2}$ のとき，最小値 $-2\sqrt{2}$

$t=1$ のとき，$\sin\left(\theta+\dfrac{\pi}{4}\right)=\dfrac{1}{\sqrt{2}}$ より

$\theta+\dfrac{\pi}{4}=\dfrac{\pi}{4}$，$\dfrac{3}{4}\pi$ すなわち，$\theta=0$，$\dfrac{\pi}{2}$

$t=-\sqrt{2}$ のとき，$\sin\left(\theta+\dfrac{\pi}{4}\right)=-1$ より

$\theta+\dfrac{\pi}{4}=\dfrac{3}{2}\pi$ すなわち，$\theta=\dfrac{5}{4}\pi$

よって y は，$\theta=0$，$\dfrac{\pi}{2}$ のとき最大値 3，$\theta=\dfrac{5}{4}\pi$ のとき最小値 $-2\sqrt{2}$ をとる。

答え $\theta=0$，$\dfrac{\pi}{2}$ のとき最大値 3，$\theta=\dfrac{5}{4}\pi$ のとき最小値 $-2\sqrt{2}$

練習問題

答え：別冊 p.26 ～ p.27

重要

1 次の値を求めなさい。

(1) $\sin\frac{5}{3}\pi$　　(2) $\tan\left(-\frac{\pi}{4}\right)$

2 次の方程式を解きなさい。ただし，$0 \leqq \theta < 2\pi$ とします。

(1) $\sqrt{3}\tan\theta + 1 = 0$　　(2) $2\sin\left(\theta - \frac{\pi}{4}\right) - 1 = 0$

重要

3 次の値を求めなさい。

(1) $\cos 105^\circ$　　(2) $\tan 15^\circ$

重要

4 $0 < \theta < \pi$ とします。$\cos\theta = \frac{2}{3}$ のとき，$\cos 2\theta$，$\sin\frac{\theta}{2}$ の値を求めなさい。

重要

5 $3\sin\theta - \sqrt{3}\cos\theta$ の最大値と最小値，およびそのときの θ の値をそれぞれ求めなさい。ただし，$0 \leqq \theta < 2\pi$ とします。

3-3 指数関数

1 指数法則

チェック!

n 乗根…

正の整数 n に対して，n 乗すると a になる数を a の n 乗根といいます。a が正の数のとき，a の n 乗根で正であるものがただ1つ存在し，これを $\sqrt[n]{a}$ で表します。$\sqrt[2]{a}$ はこれまで通り $\sqrt{a}$ で表します。2 乗根(平方根)，3 乗根(立方根)，4 乗根，…をまとめて累乗根といいます。

累乗根の性質… $a>0$，$b>0$，m，n，p が正の整数のとき

$$(\sqrt[n]{a})^n=a,\ \sqrt[n]{0}=0,\ \sqrt[n]{a}>0$$

$$\sqrt[n]{a}\sqrt[n]{b}=\sqrt[n]{ab},\ \frac{\sqrt[n]{a}}{\sqrt[n]{b}}=\sqrt[n]{\frac{a}{b}},\ (\sqrt[n]{a})^m=\sqrt[n]{a^m}$$

$$\sqrt[m]{\sqrt[n]{a}}=\sqrt[mn]{a},\ \sqrt[np]{a^{mp}}=\sqrt[n]{a^m}$$

指数の拡張…指数が 0 や負の数，分数の場合について，次のように定義します。

$a\neq0$，n が正の整数のとき，$a^0=1$，$a^{-n}=\dfrac{1}{a^n}$

$a>0$，m が整数，n が正の整数のとき，$a^{\frac{m}{n}}=\sqrt[n]{a^m}$

指数法則… $a>0$，$b>0$，p，q が有理数のとき

$$a^pa^q=a^{p+q},\ (a^p)^q=a^{pq},\ (ab)^p=a^pb^p,\ \frac{a^p}{a^q}=a^{p-q},\ \left(\frac{a}{b}\right)^p=\frac{a^p}{b^p}$$

実数の指数… x が無理数のとき，$a>0$ においては x に限りなく近い有理数 p を考えることにより a^x を定義することができます。つまり，すべての実数 x について a^x を定義することができ，指数法則が成り立ちます。

例 1　$5^{-2}=\dfrac{1}{5^2}=\dfrac{1}{25}$ ← $a^{-n}=\dfrac{1}{a^n}$

例 2　$9^{\frac{1}{4}}=\sqrt[4]{9}=\sqrt[4]{3^2}=\sqrt[2]{3}=\sqrt{3}$ ← $a^{\frac{m}{n}}=\sqrt[n]{a^m}$，$\sqrt[np]{a^{mp}}=\sqrt[n]{a^m}$

例 3　$\sqrt[3]{4}\times\sqrt[9]{8}\div\sqrt{2}=\sqrt[3]{2^2}\times\sqrt[9]{2^3}\div\sqrt{2}=2^{\frac{2}{3}}\times2^{\frac{1}{3}}\div2^{\frac{1}{2}}=2^{\frac{2}{3}+\frac{1}{3}-\frac{1}{2}}=2^{\frac{1}{2}}=\sqrt{2}$

2 指数関数

チェック！

指数関数…

$a>0$，$a\neq 1$ のとき，関数 $y=a^x$ を **a を底とする指数関数**といいます。

指数関数のグラフ…

指数関数 $y=a^x$ のグラフは，a の値にかかわらず点$(0,\ 1)$を通り，x 軸(直線 $y=0$)は**漸近線**(グラフが限りなく近づく一定の直線)となります。また，$a>1$ のとき，グラフは右上がりの曲線，$0<a<1$ のとき，グラフは右下がりの曲線となります。

$a>1$ のとき

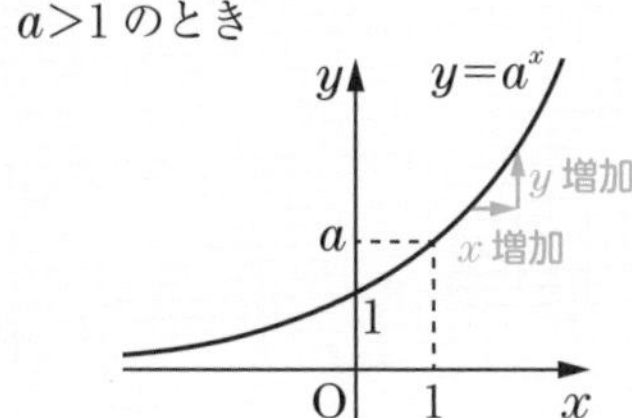

$0<a<1$ のとき

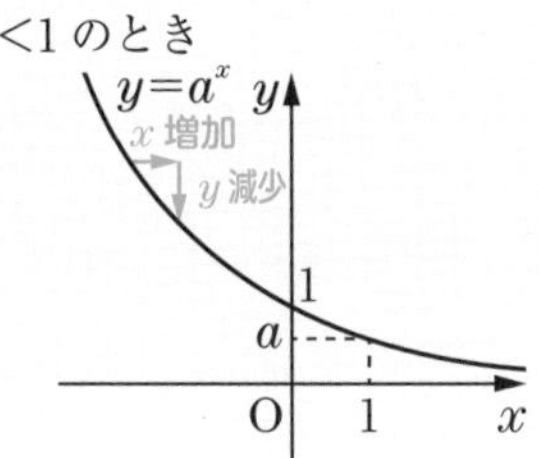

指数関数の性質…

指数関数 $y=a^x$ について，定義域は実数全体，値域は正の実数全体$(y>0)$です。

① $a>1$ のとき，x の値が増加すると y の値も増加するので

$$p<q \iff a^p<a^q$$

② $0<a<1$ のとき，x の値が増加すると y の値は減少するので

$$p<q \iff a^p>a^q$$

例 1　0.3^2，0.3^{-1}，1 の大小関係について

$1=0.3^0$ で，底 0.3 は 1 より小さいので，$0.3^2<0.3^0<0.3^{-1}$

すなわち，$0.3^2<1<0.3^{-1}$ ←$0<a<1$ のとき，$p<q \iff a^p>a^q$

テスト 次の数の大小関係を，不等号を用いて表しなさい。

(1)　5^{-5}，5^{-4}　　(2)　$\left(\frac{1}{2}\right)^5$，$\left(\frac{1}{2}\right)^4$

答え (1)　$5^{-5}<5^{-4}$　(2)　$\left(\frac{1}{2}\right)^5<\left(\frac{1}{2}\right)^4$

基本問題

1 次の計算をしなさい。

(1) $\sqrt[4]{16^3}$　　(2) $\left(\dfrac{27}{8}\right)^{\frac{2}{3}}$

(3) $\sqrt[5]{16}\times\sqrt[5]{64}$　　(4) $\left(3^{\frac{3}{2}}-3^{-\frac{1}{2}}\right)^2$

ポイント　$a>0$，m が整数，n が正の整数のとき，$a^{\frac{m}{n}}=\sqrt[n]{a^m}$

解き方 (1) $\sqrt[4]{16^3}=\sqrt[4]{(2^4)^3}=\sqrt[4]{2^{4\times3}}=2^{\frac{12}{4}}=2^3=8$

$(a^p)^q=a^{pq}$

答え　8

(2) $\left(\dfrac{27}{8}\right)^{\frac{2}{3}}=\left(\dfrac{3^3}{2^3}\right)^{\frac{2}{3}}=\left\{\left(\dfrac{3}{2}\right)^3\right\}^{\frac{2}{3}}=\left(\dfrac{3}{2}\right)^2=\dfrac{9}{4}$

$\dfrac{a^p}{b^p}=\left(\dfrac{a}{b}\right)^p$

答え　$\dfrac{9}{4}$

(3) $\sqrt[5]{16}\times\sqrt[5]{64}=\sqrt[5]{2^4}\times\sqrt[5]{2^6}=2^{\frac{4}{5}}\times2^{\frac{6}{5}}=2^{\frac{4}{5}+\frac{6}{5}}=2^{\frac{10}{5}}=4$

$a^pa^q=a^{p+q}$

答え　4

(4) $\left(3^{\frac{3}{2}}-3^{-\frac{1}{2}}\right)^2=\left(3^{\frac{3}{2}}\right)^2-2\times3^{\frac{3}{2}}\times3^{-\frac{1}{2}}+\left(3^{-\frac{1}{2}}\right)^2$

$=3^3-2\times3^1+3^{-1}=27-6+\dfrac{1}{3}=\dfrac{64}{3}$

$a^{-n}=\dfrac{1}{a^n}$

答え　$\dfrac{64}{3}$

2 次の数の大小関係を，不等号を用いて表しなさい。

(1) $\sqrt[4]{8}$，$\sqrt[3]{2}$　　(2) 0.9^3，1，0.9^{-1}

ポイント
$a>1$ のとき，$p<q \Leftrightarrow a^p<a^q$
$0<a<1$ のとき，$p<q \Leftrightarrow a^p>a^q$

解き方 (1) $\sqrt[4]{8}=\sqrt[4]{2^3}=2^{\frac{3}{4}}$，$\sqrt[3]{2}=2^{\frac{1}{3}}$で，底2は1より大きいので

$2^{\frac{3}{4}}>2^{\frac{1}{3}}$すなわち，$\sqrt[3]{2}<\sqrt[4]{8}$

答え　$\sqrt[3]{2}<\sqrt[4]{8}$

(2) $1=0.9^0$ で，底0.9は1より小さいので

$0.9^3<0.9^0<0.9^{-1}$ すなわち，$0.9^3<1<0.9^{-1}$

答え　$0.9^3<1<0.9^{-1}$

重要 3

次の方程式を解きなさい。

(1) $4^{2x-1}=8^{x+1}$　　(2) $9^x+2\cdot 3^x-15=0$

考え方

(1) 底を揃えて，$a>0$，$a\neq 1$ のとき，$a^p=a^q \Leftrightarrow p=q$ であることを利用します。

(2) $3^x=t$ として，t の2次方程式に帰着させます。$t>0$ であることに注意します。

解き方 (1)

$4^{2x-1}=8^{x+1}$

$(2^2)^{2x-1}=(2^3)^{x+1}$

$2^{2(2x-1)}=2^{3(x+1)}$

よって

$2(2x-1)=3(x+1)$

$4x-3x=3+2$

$x=5$　 答え　$x=5$

(2)

$9^x+2\cdot 3^x-15=0$

$(3^2)^x+2\cdot 3^x-15=0$

$(3^x)^2+2\cdot 3^x-15=0$

$3^x=t$ とすると，$t>0$

$t^2+2t-15=0$

$(t-3)(t+5)=0$

$t=-5,\ 3$

$t>0$ より，$t=3$ だから，$3^x=3$

よって，$x=1$　 答え　$x=1$

重要 4

次の不等式を解きなさい。

(1) $125^{x-4}>25^{-3(x-1)}$　　(2) $0.25^{3x}\leqq\left(\dfrac{1}{8}\right)^{1-x}$

考え方

底を揃えて，$a>1$ のとき，$p<q \Leftrightarrow a^p<a^q$，

$0<a<1$ のとき，$p<q \Leftrightarrow a^p>a^q$ であることを利用します。

解き方 (1)

(左辺)$=125^{x-4}=(5^3)^{x-4}=5^{3x-12}$

(右辺)$=25^{-3(x-1)}=(5^2)^{-3(x-1)}=5^{-6(x-1)}$

底5は1より大きいので，$3x-12>-6(x-1)$ より，$x>2$

答え　$x>2$

(2) (左辺)$=\left(\dfrac{1}{2^2}\right)^{3x}=\left(\dfrac{1}{2}\right)^{6x}$　(右辺)$=\left(\dfrac{1}{2^3}\right)^{1-x}=\left(\dfrac{1}{2}\right)^{3(1-x)}$

底$\dfrac{1}{2}$は1より小さいので，$6x\geqq 3(1-x)$ より，$x\geqq\dfrac{1}{3}$　答え　$x\geqq\dfrac{1}{3}$

応用問題

1 次の不等式を解きなさい。

(1) $4^x-2^{x+1}<2^{x+3}-16$　　(2) $4\cdot3^{2x+1}+5\cdot3^x-3\geqq0$

考え方
(1) $2^x=t$ として，t の2次不等式に帰着させます。$t>0$ であることに注意します。

解き方
(1) $4^x-2^{x+1}<2^{x+3}-16$

$(2^2)^x-2\cdot2^x-8\cdot2^x+16<0$

$(2^x)^2-10\cdot2^x+16<0$

$2^x=t$ とすると，$t>0$

$t^2-10t+16<0$

$(t-2)(t-8)<0$

$2<t<8$

$2^1<2^x<2^3$

底2は1より大きいので

$1<x<3$　　**答え** $1<x<3$

(2) $4\cdot3^{2x+1}+5\cdot3^x-3\geqq0$

$12\cdot(3^x)^2+5\cdot3^x-3\geqq0$

$3^x=t$ とすると，$t>0$

$12t^2+5t-3\geqq0$

$(3t-1)(4t+3)\geqq0$

$t\leqq-\frac{3}{4}$，$\frac{1}{3}\leqq t$

$t>0$ より，$t\geqq\frac{1}{3}$

よって，$3^x\geqq3^{-1}$

底3は1より大きいので

$x\geqq-1$　　**答え** $x\geqq-1$

重要
2 関数 $y=2\cdot4^{x+1}-2^{x+2}$ の最小値とそのときの x の値を求めなさい。

考え方
$2^x=t$ として，t の2次関数に帰着させます。$t>0$ であることに注意します。

解き方
$y=2\cdot4^{x+1}-2^{x+2}=2\cdot2^{2x+2}-2^2\cdot2^x=8\cdot(2^x)^2-4\cdot2^x$

$2^x=t$ とすると，$t>0$

$y=8t^2-4t=8\left(t-\frac{1}{4}\right)^2-\frac{1}{2}$

$t=\frac{1}{4}$ は $t>0$ を満たすから，$t=\frac{1}{4}$ のとき y は最小値 $-\frac{1}{2}$ をとる。

$t=\frac{1}{4}$ のとき，$2^x=2^{-2}$ すなわち，$x=-2$

答え $x=-2$ のとき最小値 $-\frac{1}{2}$

発展問題

1 関数 $y=2(9^x+9^{-x})-2(3^x+3^{-x})+7$ について，$3^x+3^{-x}=t$ とするとき，次の問いに答えなさい。

(1) y を t の関数で表しなさい。

(2) t のとり得る値の範囲を求めなさい。

(3) y の最小値とそのときの x の値を求めなさい。

考え方

(1) $9^x+9^{-x}=(3^x)^2+(3^{-x})^2$ であるから，$a^2+b^2=(a+b)^2-2ab$ を利用します。

(2)相加平均と相乗平均の大小関係 $a+b \geqq 2\sqrt{ab}$ を用います。

(3)(1)より，y は t に関する 2 次関数になるので，(2)で求めた範囲での最小値を求めます。

解き方 (1) $3^x+3^{-x}=t$ より

$9^x+9^{-x}=(3^x)^2+(3^{-x})^2=(3^x+3^{-x})^2-2\cdot3^x\cdot3^{-x}=t^2-2$

よって，$y=2(t^2-2)-2t+7=2t^2-2t+3$　**答え**　$y=2t^2-2t+3$

(2) $3^x>0$，$3^{-x}>0$ であるから，相加平均と相乗平均の大小関係より

$t=3^x+3^{-x} \geqq 2\sqrt{3^x\cdot3^{-x}}=2$

等号が成り立つ条件は，$3^x=3^{-x}$ すなわち，$x=-x$ であるから，$x=0$ である。

よって，t の値の範囲は，$t\geqq2$ である。　**答え**　$t\geqq2$

(3) $y=2t^2-2t+3=2\left(t-\dfrac{1}{2}\right)^2+\dfrac{5}{2}$

$t\geqq2$ において，$t=2$ のとき，最小値 7 をとる。

$t=2$ のとき，(2)より，$x=0$

よって y は，$x=0$ のとき最小値 7 をとる。

答え　$x=0$ のとき最小値 7

練習問題

答え：別冊 p.28 ～ p.29

1 次の計算をしなさい。

(1) $64^{\frac{4}{3}}$　　(2) $\left(\frac{81}{16}\right)^{\frac{3}{4}}$

(3) $(\sqrt[5]{243})^2$　　(4) $\sqrt[4]{11^2}$

(5) $\sqrt[8]{(5^2)^3}\div\sqrt[4]{5}$　　(6) $\left(3^{\frac{5}{2}}\times4^{-\frac{1}{2}}\right)^{\frac{2}{3}}\div3^{\frac{2}{3}}\times2^{\frac{2}{3}}$

重要
2 次の方程式，不等式を解きなさい。

(1) $5^{2x}-3\cdot5^x-10=0$　　(2) $2^{-3x+1}-\left(\frac{1}{4}\right)^{x-2}>0$

3 $7^x+7^{-x}=7$ のとき，49^x+49^{-x} の値を求めなさい。

4 $t=\frac{3^x+3^{-x}}{2}$ $(x\geqq0)$のとき，$t+\sqrt{t^2-1}$ を計算しなさい。

重要
5 関数 $y=9^x-2\cdot3^{x+1}+5$ $(0\leqq x\leqq2)$について，$3^x=t$ とするとき，次の問いに答えなさい。

(1) y を t の関数で表しなさい。

(2) tのとり得る値の範囲を求めなさい。

(3) y の最大値，最小値と，そのときの x の値を求めなさい。

3-4 対数関数

1 対数の定義とその性質

チェック!

対数…

$a>0$，$a\neq1$，$M>0$ のとき，$a^p=M$ となる実数 p がただ1つ存在します。このとき，p を $\log_a M$ で表し，a を底とする M の対数といい，M をこの対数の真数といいます。すなわち，$a^p=M \Leftrightarrow p=\log_a M$ が成り立ちます。

常用対数…底が 10 の対数

対数の性質… $a>0$，$a\neq1$，$M>0$，$N>0$，k を実数とするとき

$$\log_a a=1，\ \log_a 1=0$$

$$\log_a MN=\log_a M+\log_a N，\ \log_a \frac{M}{N}=\log_a M-\log_a N$$

$$\log_a M^k=k\log_a M$$

底の変換公式… $a>0$，$a\neq1$，$b>0$，$c>0$，$c\neq1$ のとき

$$\log_a b=\frac{\log_c b}{\log_c a} \quad とくに，\log_a c=\frac{1}{\log_c a}$$

例 1　$25=5^2$ より，$\log_5 25=2$ ←$M=a^p \Leftrightarrow \log_a M=p$

例 2　$\log_3 \frac{1}{9}=\log_3 9^{-1}=\log_3 (3^2)^{-1}=\log_3 3^{-2}=-2\log_3 3=-2$

$\log_a M^k=k\log_a M$，$\log_a a=1$

例 3　$\log_2 12+\log_2 24-\log_2 9=\log_2 \frac{12\cdot24}{9}=\log_2 32=\log_2 2^5=5$

$\log_a M+\log_a N=\log_a MN$，$\log_a M-\log_a N=\log_a \frac{M}{N}$

例 4　$\log_9 27=\frac{\log_3 27}{\log_3 9}=\frac{\log_3 3^3}{\log_3 3^2}=\frac{3}{2}$ ←$\log_a b=\frac{\log_c b}{\log_c a}$

テスト　次の問いに答えなさい。

(1)　$\log_{\frac{1}{2}} \frac{1}{8}$ の値を求めなさい。

(2)　$\log_3 45-\log_3 10+\log_3 2$ の計算をしなさい。

答え　(1)　3　(2)　2

2 対数関数

☑チェック!

対数関数…$a>0$，$a\neq1$ のとき，正の実数 x についての関数 $y=\log_a x$ を，a を底とする対数関数といいます。

対数関数のグラフ…

対数関数 $y=\log_a x$ のグラフは，a の値にかかわらず点$(1,\ 0)$を通り，y 軸(直線 $x=0$)は漸近線となります。また，$a>1$ のとき，グラフは右上がりの曲線，$0<a<1$ のとき，グラフは右下がりの曲線となります。

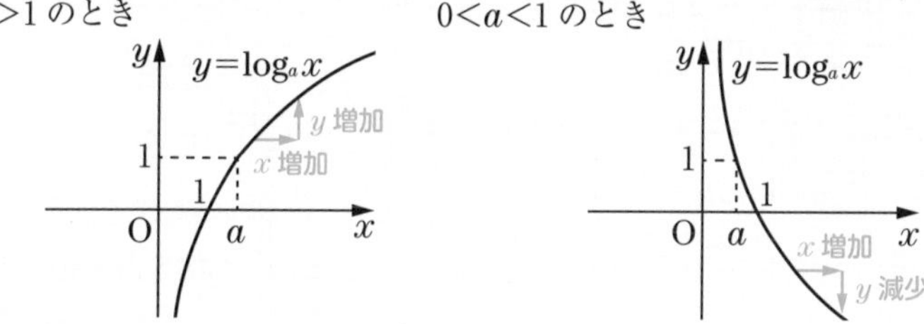

対数関数の性質…

対数関数 $y=\log_a x$ について，定義域は正の実数全体($x>0$)，値域は実数全体です。

① $a>1$ のとき，x の値が増加すると y の値も増加するので

$0<p<q \Leftrightarrow \log_a p<\log_a q$

② $0<a<1$ のとき，x の値が増加すると y の値は減少するので

$0<p<q \Leftrightarrow \log_a p>\log_a q$

例１　$\log_2 3$ と１の大小関係について

$1=\log_2 2$ で，底２は１より大きいので，$\log_2 3>\log_2 2$

すなわち，$\log_2 3>1$ ←$a>1$ のとき，$0<p<q \Leftrightarrow \log_a p<\log_a q$

テスト　次の数の大小関係を，不等号を用いて表しなさい。

(1)　$\log_5 9$，$\log_5 10$　　(2)　$\log_{\frac{1}{10}} 5$，$\log_{\frac{1}{10}} 4$

答え　(1)　$\log_5 9<\log_5 10$　(2)　$\log_{\frac{1}{10}} 5<\log_{\frac{1}{10}} 4$

基本問題

次の計算をしなさい。

(1) $\log_6 10+\log_6 3-\log_6 5$　(2) $\log_2 81\cdot\log_3 2$　(3) $\log_3 125(\log_5 3+\log_5 9)$

ポイント　底の変換公式　$\log_a b=\dfrac{\log_c b}{\log_c a}$

解き方 (1) $\log_6 10+\log_6 3-\log_6 5=\log_6\dfrac{10\cdot 3}{5}=\log_6 6=1$　答え　1

(2) $\log_2 81\cdot\log_3 2=\dfrac{\log_3 81}{\log_3 2}\cdot\log_3 2=\log_3 81=\log_3 3^4=4$　答え　4

(3) $\log_3 125(\log_5 3+\log_5 9)=\dfrac{\log_5 125}{\log_5 3}\cdot\log_5(3\cdot 9)=\dfrac{\log_5 125}{\log_5 3}\cdot 3\log_5 3$

$=3\log_5 5^3=3\cdot 3=9$　答え　9

次の数の大小関係を，不等号を用いて表しなさい。

(1) $\log_4 9$，$3\log_4 2$　(2) $\log_{\frac{1}{2}}\dfrac{1}{5}$，$\log_{\frac{1}{2}}\dfrac{1}{6}$，2

ポイント
$a>1$ のとき，$0<p<q \Leftrightarrow \log_a p<\log_a q$
$0<a<1$ のとき，$0<p<q \Leftrightarrow \log_a p>\log_a q$

解き方 (1) $3\log_4 2=\log_4 2^3=\log_4 8$ で，底 4 は 1 より大きいので

$\log_4 8<\log_4 9$ すなわち，$3\log_4 2<\log_4 9$　答え　$3\log_4 2<\log_4 9$

(2) $2=2\log_{\frac{1}{2}}\dfrac{1}{2}=\log_{\frac{1}{2}}\left(\dfrac{1}{2}\right)^2=\log_{\frac{1}{2}}\dfrac{1}{4}$で，底$\dfrac{1}{2}$は 1 より小さいので

$\log_{\frac{1}{2}}\dfrac{1}{4}<\log_{\frac{1}{2}}\dfrac{1}{5}<\log_{\frac{1}{2}}\dfrac{1}{6}$すなわち，$2<\log_{\frac{1}{2}}\dfrac{1}{5}<\log_{\frac{1}{2}}\dfrac{1}{6}$

答え　$2<\log_{\frac{1}{2}}\dfrac{1}{5}<\log_{\frac{1}{2}}\dfrac{1}{6}$

次の方程式を解きなさい。

(1) $\log_5(x+10)=2$　(2) $\log_4(x^2-9)=2$

(3) $3-\log_2(x-4)=\log_2(x+3)$　(4) $(\log_3 x)^2-\log_3 x-12=0$

ポイント　対数 $\log_a M$ の真数について，$M>0$

第3章 関数

解き方 (1)　真数は正より，$x+10>0$ だから，$x>-10$　…①

対数の定義より，$x+10=5^2$

これを解いて，$x=15$　これは①を満たす。　**答え**　$x=15$

(2)　真数は正より，$x^2-9>0$ だから，$x<-3$，$3<x$　…①

対数の定義より，$x^2-9=4^2$

これを解いて，$x=\pm5$　これはどちらも①を満たす。

答え　$x=\pm5$

(3)　真数は正より，$x-4>0$ かつ $x+3>0$ だから，$x>4$　…①

$\log_2(x+3)+\log_2(x-4)=3$ より，$\log_2(x+3)(x-4)=3$

対数の定義より，$(x+3)(x-4)=2^3$

これを解いて，$x=-4$，5　①より，$x=5$　**答え**　$x=5$

(4)　真数は正より，$x>0$　…①

$\log_3 x=t$ とすると，$t^2-t-12=0$　これを解いて，$t=-3$，4

$t=-3$ のとき，$\log_3 x=-3$ すなわち，$x=3^{-3}=\dfrac{1}{27}$

$t=4$ のとき，$\log_3 x=4$ すなわち，$x=3^4=81$

よって，$x=\dfrac{1}{27}$，81　これはどちらも①を満たす。

答え　$x=\dfrac{1}{27}$，81

4　次の不等式を解きなさい。

(1)　$\log_8(x+2)\geqq2\log_8 x$　　(2)　$\log_7(x-2)+\log_7(x+4)>1$

解き方 (1)　真数は正より，$x+2>0$ かつ $x>0$ だから，$x>0$　…①

また，$2\log_8 x=\log_8 x^2$ より，与えられた不等式は

$\log_8(x+2)\geqq\log_8 x^2$

底 8 は 1 より大きいので，$x+2\geqq x^2$

これを解いて，$-1\leqq x\leqq2$　①より，$0<x\leqq2$　**答え**　$0<x\leqq2$

(2)　真数は正より，$x-2>0$ かつ $x+4>0$ だから，$x>2$　…①

また，$1=\log_7 7$ より，与えられた不等式は，$\log_7(x-2)(x+4)>\log_7 7$

底 7 は 1 より大きいので，$(x-2)(x+4)>7$

これを解いて，$x<-5$，$3<x$　①より，$3<x$　**答え**　$3<x$

応用問題

重要 **1** 2^{50} は何桁の整数ですか。ただし，$\log_{10}2=0.3010$ とします。

考え方 2^{50} が n 桁の整数のとき，$10^{n-1} \leqq 2^{50} < 10^n$ が成り立ちます。

解き方 2^{50} の常用対数をとって，$\log_{10}2^{50}=50\log_{10}2=50\cdot0.3010=15.05$

よって，$15<\log_{10}2^{50}<16$ すなわち，$\log_{10}10^{15}<\log_{10}2^{50}<\log_{10}10^{16}$

底 10 は 1 より大きいので，$10^{15}<2^{50}<10^{16}$

以上より，2^{50} は 16 桁の整数である。　答え　16 桁

重要 **2** 18^n が 11 桁の整数となるような正の整数 n の値を求めなさい。ただし，$\log_{10}2=0.3010$，$\log_{10}3=0.4771$ とします。

考え方 整数 n のとり得る範囲を，常用対数を用いて表します。

解き方 18^n が 11 桁の整数のとき，$10^{10} \leqq 18^n < 10^{11}$

それぞれの常用対数をとると，底 10 は 1 より大きいから

$10 \leqq n\log_{10}18 < 11$

$\log_{10}18=\log_{10}(2\cdot3^2)=\log_{10}2+2\log_{10}3=0.3010+2\cdot0.4771=1.2552$

これより，$10 \leqq 1.2552n < 11$

$$\frac{10}{1.2552}=7.96\cdots \leqq n < \frac{11}{1.2552}=8.76\cdots$$

よって，求める整数は，$n=8$　答え　$n=8$

重要 **3** 関数 $y=(\log_3 x)^2-\log_3 x^4-5$ の最小値とそのときの x の値を求めなさい。

考え方 $\log_3 x=t$ として，t の 2 次関数に帰着させます。

解き方 $\log_3 x=t$ とすると，与えられた関数の式は，$y=t^2-4t-5=(t-2)^2-9$

よって，$t=2$ すなわち，$x=3^2=9$ のとき，y は最小値 -9 をとる。

答え　$x=9$ のとき最小値 -9

発展問題

1 次の問いに答えなさい。ただし，$\log_{10}2=0.3010$，$\log_{10}7=0.8451$，$\log_{10}13=1.1139$ とします。

(1) $\log_{10}49$，$\log_{10}50$，$\log_{10}52$ の値をそれぞれ小数第 4 位まで求めなさい。

(2) $\dfrac{52}{51}<\dfrac{51}{50}<\dfrac{50}{49}$ の大小関係を利用して，$\log_{10}51$ の値を小数第 3 位まで求めなさい。

考え方

(2) 2 つの不等式 $\dfrac{52}{51}<\dfrac{51}{50}$，$\dfrac{51}{50}<\dfrac{50}{49}$ に分け，$\log_{10}49$，$\log_{10}50$，$\log_{10}52$ の値を用いて，$\log_{10}51$ についての不等式をつくります。

解き方 (1) $\log_{10}49=\log_{10}7^2=2\log_{10}7=2\cdot0.8451=1.6902$

$\log_{10}50=\log_{10}\dfrac{10^2}{2}=2-\log_{10}2=2-0.3010=1.6990$

$\log_{10}52=2\log_{10}2+\log_{10}13=2\cdot0.3010+1.1139=1.7159$

答え $\log_{10}49=1.6902$，$\log_{10}50=1.6990$，$\log_{10}52=1.7159$

(2) $\dfrac{52}{51}<\dfrac{51}{50}$ より

$\log_{10}\dfrac{52}{51}<\log_{10}\dfrac{51}{50}$

$\log_{10}52-\log_{10}51<\log_{10}51-\log_{10}50$

$\log_{10}51>\dfrac{1}{2}(\log_{10}52+\log_{10}50)=\dfrac{1}{2}(1.7159+1.6990)=1.70745$ …①

$\dfrac{51}{50}<\dfrac{50}{49}$ より

$\log_{10}\dfrac{51}{50}<\log_{10}\dfrac{50}{49}$

$\log_{10}51-\log_{10}50<\log_{10}50-\log_{10}49$

よって，$\log_{10}51<2\log_{10}50-\log_{10}49=2\cdot1.6990-1.6902=1.7078$ …②

①，②より，$1.70745<\log_{10}51<1.7078$

以上より，$\log_{10}51$ の値を小数第 3 位まで求めると，1.707 である。

答え 1.707

練習問題

答え：別冊 p.29 ～ p.31

重要 1 次の計算をしなさい。

(1) $\log_3 4 \cdot \log_2 6 \cdot \log_6 3$　　(2) $(1+\log_3 4)(1-\log_{12} 4)$

2 次の方程式，不等式を解きなさい。

(1) $\log_{\frac{1}{2}}(3x-7)=-3$　　(2) $(\log_3 x+2)(\log_3 x-2)=5$

(3) $\log_{0.2}(x+3)>0$　　(4) $\log_4(x+1)+\log_4(x-2)\leqq 1$

3 a，b，c がいずれも 1 でない正の数であるとき，次の等式が成り立つことを証明しなさい。

$$\log_a b=\frac{\log_c b}{\log_c a}$$

4 3 つの数 6^9，2^{23}，5^{10} の大小関係を，不等号を用いて表しなさい。ただし，$\log_{10}2=0.3010$，$\log_{10}3=0.4771$ とします。

重要 5 $\left(\frac{1}{3}\right)^{33}$ を小数で表すと，小数第何位にはじめて 0 でない数字が現れますか。ただし，$\log_{10}3=0.4771$ とします。

重要 6 関数 $y=\log_2(7-x)+\log_2(x+1)$ の最大値とそのときの x の値を求めなさい。

重要 7 光の透過率が 75 % のビニールシートがあります。透過する光の量がもとの 25 % 以下になるのは，このビニールシートを最少で何枚重ねたときですか。ただし，$\log_{10}2=0.3010$，$\log_{10}3=0.4771$ とします。

3-5 微分係数と導関数

1 微分係数と導関数

☑チェック！

極限値…関数$f(x)$において，xがaと異なる値をとりながらaに限りなく近づくとき，$f(x)$がある一定の値αに限りなく近づく場合，$\lim_{x \to a} f(x)=\alpha$と表し，$\alpha$を極限値といいます。

微分係数…関数$f(x)$において，

極限値$\lim_{h \to 0}\dfrac{f(a+h)-f(a)}{h}=\lim_{x \to a}\dfrac{f(x)-f(a)}{x-a}$を，$f(x)$の$x=a$における微分係数（変化率）といい，$f'(a)$で表します。

導関数…関数$f(x)$において，微分係数$f'(a)$のaをxにおきかえて得られる関数$f'(x)$を，$f(x)$の導関数といいます。$y=f(x)$の導関数を表す記号は，$f'(x)$のほかに，y'，$\dfrac{dy}{dx}$，$\dfrac{d}{dx}f(x)$などがあります。

$f(x)$の導関数を求めることを，$f(x)$を微分するといいます。

x^nの導関数…nを正の整数とすると，$(x^n)'=nx^{n-1}$

定数関数の導関数…cを定数とすると，$(c)'=0$

導関数の性質…$\{kf(x)\}'=kf'(x)$（kは定数）

$\{f(x)\pm g(x)\}'=f'(x)\pm g'(x)$（複号同順）

例１　関数$f(x)=x^2$について，定義にしたがって導関数を求めると

$$f'(x)=\lim_{h \to 0}\frac{f(x+h)-f(x)}{h}=\lim_{h \to 0}\frac{(x+h)^2-x^2}{h}=\lim_{h \to 0}\frac{2hx+h^2}{h}=\lim_{h \to 0}(2x+h)=2x$$

関数$f(x)=x^2$の$x=1$における微分係数は，$f'(1)=2\cdot1=2$

例２　関数$f(x)=3x^3-x+5$を微分すると

$$f'(x)=(3x^3-x+5)'=3(x^3)'-(x)'+(5)'=3\cdot3x^2-1+0=9x^2-1$$

テスト　関数$f(x)=-x^3+x$の導関数$f'(x)$と微分係数$f'(-1)$を求めなさい。

答え　$f'(x)=-3x^2+1$　$f'(-1)=-2$

2 接線の方程式

☑チェック!

接線の方程式…

関数$f(x)$の微分係数$f'(a)$は，曲線$y=f(x)$上の点$(a，f(a))$における接線の傾きを表します。よって，曲線$y=f(x)$上の点$(a，f(a))$における接線の方程式は

$$y-f(a)=f'(a)(x-a)$$

例 1　曲線$y=f(a)=x^2+x$上の点$(2，6)$における接線の傾きは，$f'(x)=2x+1$より，$f'(2)=2\cdot2+1=5$

よって，接線の方程式は，$y-6=5(x-2)$

すなわち，$y=5x-4$

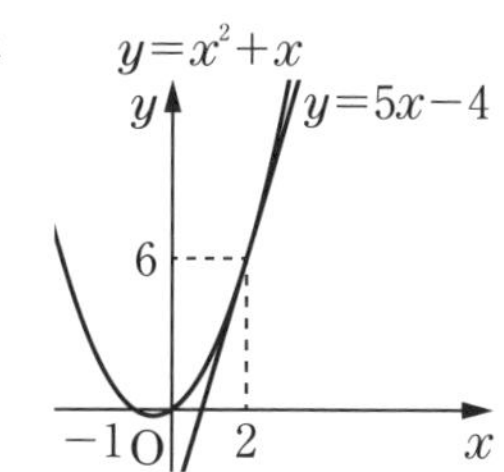

テスト　曲線$y=x^3+x$上の点$(-1，-2)$における接線の方程式を求めなさい。

答え　$y=4x+2$

3 関数の増減

☑チェック!

関数の増減…

ある区間でつねに$f'(x)>0$ならば，関数$f(x)$はその区間で増加します。

ある区間でつねに$f'(x)<0$ならば，関数$f(x)$はその区間で減少します。

例 1　関数$y=x^3-6x^2-4$を微分すると，$y'=3x^2-12x=3x(x-4)$

$y'=0$とすると，$x=0，4$

よって，yの増減表は下のようになり，$x\leqq0$，$4\leqq x$の区間で増加し，$0\leqq x\leqq4$の区間で減少します。これより，グラフは右の図のようになります。

x	$\cdots$	0	$\cdots$	4	$\cdots$
y'	$+$	0	$-$	0	$+$
y	↗	-4	↘	-36	↗

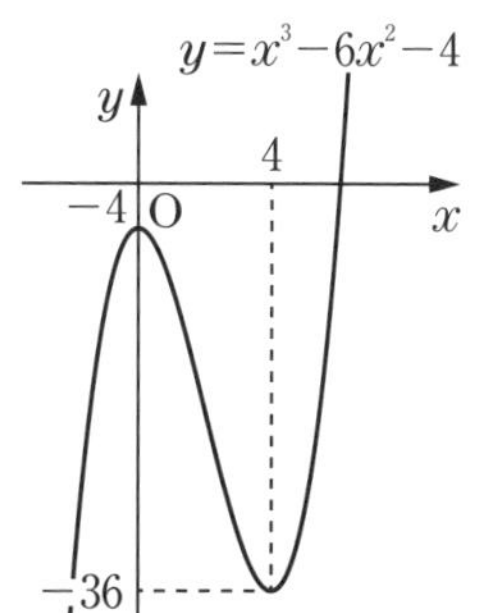

4 極大・極小

チェック!

極値…関数$f(x)$が$x=a$を境目として増加から減少に移るとき，すなわち$f'(x)$の符号が正から負に変わるとき，$f(x)$は$x=a$で**極大**であるといい，$f(a)$を**極大値**といいます。また，関数$f(x)$が$x=b$を境目として減少から増加に移るとき，すなわち$f'(x)$の符号が負から正に変わるとき，$f(x)$は$x=b$で**極小**であるといい，$f(b)$を**極小値**といいます。極大値と極小値をまとめて極値といいます。関数$f(x)$が$x=a$で極値をとるとき，$f'(a)=0$が成り立ちます。

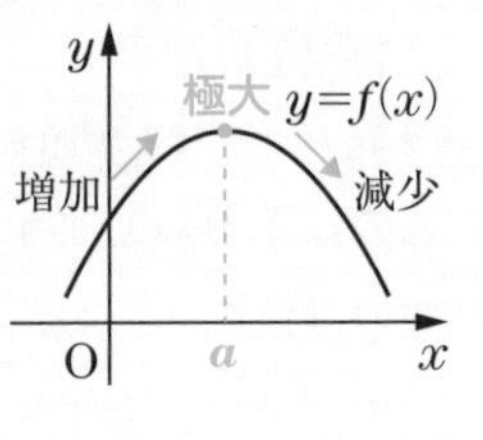

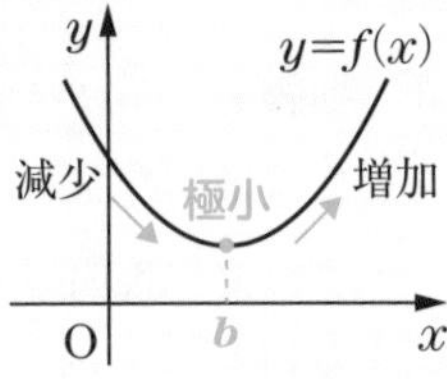

例 1　関数$f(x)=x^3-6x$の導関数は，$f'(x)=3x^2-6=3(x+\sqrt{2})(x-\sqrt{2})$

$f'(x)=0$とすると，$x=-\sqrt{2}$，$\sqrt{2}$

よって，$f(x)$の増減表は下のようになり，$y=f(x)$のグラフは右の図のようになります。

x	$\cdots$	$-\sqrt{2}$	$\cdots$	$\sqrt{2}$	$\cdots$
$f'(x)$	$+$	0	$-$	0	$+$
$f(x)$	↗	$4\sqrt{2}$	↘	$-4\sqrt{2}$	↗

したがって，$f(x)$は

$x=-\sqrt{2}$のとき極大値$f(-\sqrt{2})=4\sqrt{2}$，

$x=\sqrt{2}$のとき極小値$f(\sqrt{2})=-4\sqrt{2}$をとります。

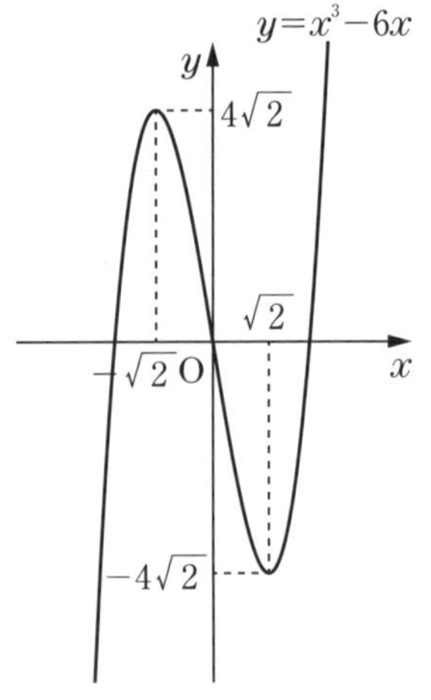

テスト　関数$f(x)=x^2+6x+9$の増減を調べ，極値があれば極値を求めなさい。

答え　$x=-3$のとき極小値0

基本問題

重要 **1** 関数$f(x)=x^3+3x^2+2x+4$について，次の問いに答えなさい。

(1) 導関数$f'(x)$を求めなさい。　　(2) 微分係数$f'(-2)$を求めなさい。

nを正の整数とすると，$(x^n)'=nx^{n-1}$，kを定数とすると，$(k)'=0$

解き方 (1) $f'(x)=(x^3)'+3(x^2)'+2(x)'+(4)'=3x^2+3\cdot 2x+2\cdot 1+0$

$=3x^2+6x+2$　　**答え** $f'(x)=3x^2+6x+2$

(2) (1)より，$f'(-2)=3\cdot(-2)^2+6\cdot(-2)+2=2$　　**答え** $f'(-2)=2$

重要 **2** 曲線$y=4x^3-3x^2+8x-6$上の点$(1,\ 3)$における接線の方程式を求めなさい。

ポイント 曲線$y=f(x)$上の点$(a,\ f(a))$における接線の方程式

$y-f(a)=f'(a)(x-a)$

解き方 $f(x)=4x^3-3x^2+8x-6$とおくと

$f'(x)=4\cdot 3x^2-3\cdot 2x+8=12x^2-6x+8$

求める接線の傾きは，$f'(1)=12\cdot 1^2-6\cdot 1+8=14$だから，接線の方程式は

$y-3=14(x-1)$すなわち，$y=14x-11$　　**答え** $y=14x-11$

重要 **3** 関数$f(x)=x^3-27x+6$の増減を調べ，極値があれば極値を求めなさい。

考え方 導関数を求め，増減表をかいて極値を調べます。

解き方 $f'(x)=3x^2-27=3(x+3)(x-3)$

$f'(x)=0$とすると，$x=-3,\ 3$

よって，$f(x)$の増減表は右のようになる。したがって，$f(x)$は，$x=-3$のとき極大値60，$x=3$のとき極小値-48をとる。

x	$\cdots$	-3	$\cdots$	3	$\cdots$
$f'(x)$	$+$	0	$-$	0	$+$
$f(x)$	↗	60	↘	-48	↗

答え $x=-3$のとき極大値60，$x=3$のとき極小値-48

4 関数$f(x)=-x^3-3x^2+45x$について，$-8\leqq x\leqq 8$における最大値と最小値を求めなさい。

考え方 定義域における増減を調べます。

解き方 $f'(x)=-3x^2-6x+45=-3(x+5)(x-3)$

$f'(x)=0$とすると，$x=-5$，3

よって，$f(x)$の$-8\leqq x\leqq 8$での増減表は下のようになり，$y=f(x)$のグラフは右の図のようになる。

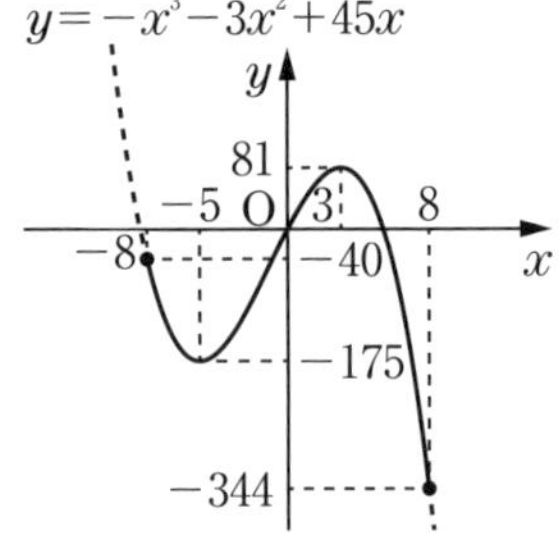

x	-8	$\cdots$	-5	$\cdots$	3	$\cdots$	8
$f'(x)$		$-$	0	$+$	0	$-$	
$f(x)$	-40	↘	-175	↗	81	↘	-344

したがって，$f(x)$は，$x=3$のとき最大値81，$x=8$のとき最小値-344をとる。

答え $x=3$のとき最大値81，$x=8$のとき最小値-344

5 3次方程式$x^3-3x^2-9x+5=0$の実数解の個数を求めなさい。

考え方 方程式$f(x)=0$の実数解の個数は，関数$y=f(x)$のグラフとx軸との共有点の個数と一致します。

解き方 $f(x)=x^3-3x^2-9x+5$とおくと，$f'(x)=3x^2-6x-9=3(x+1)(x-3)$

$f'(x)=0$とすると，$x=-1$，3

よって，$f(x)$の増減表は下のようになり，$y=f(x)$のグラフは右の図のようになる。

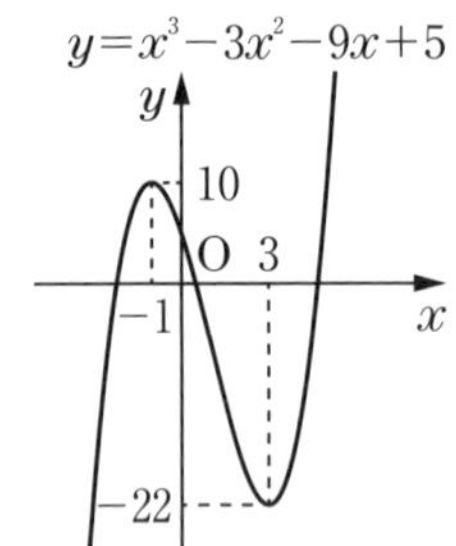

x	$\cdots$	-1	$\cdots$	3	$\cdots$
$f'(x)$	$+$	0	$-$	0	$+$
$f(x)$	↗	10	↘	-22	↗

これより，$y=f(x)$のグラフは，x軸と異なる3点で交わる。したがって，与えられた3次方程式の実数解の個数は3個である。

答え 3個

応用問題

重要 **1** 次の接線の方程式を求めなさい。

(1) 曲線 $y=x^3-x^2-x+5$ について，傾きが 4 である接線

(2) 点$(-2,\ 12)$から曲線 $y=-x^3+8x^2-10x+24$ に引いた接線

考え方 接点の座標を$(a,\ f(a))$とおいて，接線の傾きや方程式を a を用いて表し，与えられた条件を満たすように a の値を定めます。

解き方 (1) $f(x)=x^3-x^2-x+5$ とおくと

$f'(x)=3x^2-2x-1$

接点の座標を$(a,\ f(a))$とすると，この点における接線の傾きは，

$f'(a)=3a^2-2a-1=4$ より，$a=-1,\ \dfrac{5}{3}$

よって，求める接線の方程式は

$y=4x+8,\ y=4x-\dfrac{40}{27}$

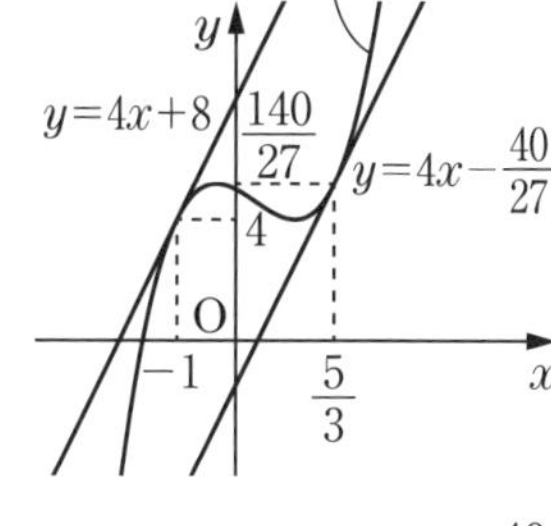

答え $y=4x+8,\ y=4x-\dfrac{40}{27}$

(2) $f(x)=-x^3+8x^2-10x+24$ とおくと

$f'(x)=-3x^2+16x-10$

接点の座標を$(a,\ f(a))$とすると，この点における接線の傾きは

$f'(a)=-3a^2+16a-10$

だから，接線の方程式は

$y-(-a^3+8a^2-10a+24)$

$=(-3a^2+16a-10)(x-a)$

すなわち，$y=(-3a^2+16a-10)x+2a^3-8a^2+24$ …①

また，この接線は点$(-2,\ 12)$を通ることから

$12=(-3a^2+16a-10)\cdot(-2)+2a^3-8a^2+24$

これを解いて，$a=-4,\ 1,\ 4$

①より，$a=-4$ のとき $y=-122x-232$，$a=1$ のとき $y=3x+18$，$a=4$ のとき $y=6x+24$

答え $y=-122x-232,\ y=3x+18,\ y=6x+24$

重要 **2** a，b を定数とします。関数 $f(x)=2x^3+ax^2-bx+6$ が $x=-3$ および $x=1$ で極値をとるように，a，b の値を定めなさい。また，極大値と極小値を求めなさい。

考え方 関数 $f(x)$ が $x=a$ で極値をとるならば，$f'(a)=0$ であることを利用します。ただし，$f'(a)=0$ であっても，$f(x)$ は $x=a$ で極値をとるとは限りません。

解き方 $f'(x)=6x^2+2ax-b$

$x=-3$ および $x=1$ で極値をとるので，$f'(-3)=0$，$f'(1)=0$ より

$6\cdot(-3)^2+2a\cdot(-3)-b=0$ すなわち，$6a+b=54$ …①

$6+2a-b=0$ すなわち，$2a-b=-6$ …②

①，②を連立して解いて，$a=6$，$b=18$

これより，$f(x)=2x^3+6x^2-18x+6$

$f'(x)=6x^2+12x-18=6(x^2+2x-3)=6(x+3)(x-1)$

$f'(x)=0$ とすると，$x=-3$，1

よって，$f(x)$ の増減表は下のようになる。←$x=-3$，$x=1$ を境目に $f'(x)$ の符号が変わることを確かめる

x	$\cdots$	-3	$\cdots$	1	$\cdots$
$f'(x)$	$+$	0	$-$	0	$+$
$f(x)$	↗	60	↘	-4	↗

したがって，$f(x)$ は，$x=-3$ のとき極大値 60，$x=1$ のとき極小値 -4 をとる。

答え $a=6$，$b=18$

$x=-3$ のとき極大値 60，$x=1$ のとき極小値 -4

重要 **3** k を定数とします。3次方程式 $x^3-3x^2-24x-k=0$ について，次の場合の k の値の範囲を求めなさい。

(1) 異なる3つの実数解をもつ。　(2) 1つの負の解と2つの正の解をもつ。

考え方 与えられた方程式を $x^3-3x^2-24x=k$ と変形して，曲線 $y=x^3-3x^2-24x$ と直線 $y=k$ の位置関係を調べます。

解き方 与えられた方程式は，$x^3-3x^2-24x=k$ と変形できるから，与えられた方程式の異なる実数解の個数は，曲線 $y=x^3-3x^2-24x$ と直線 $y=k$ の共有点の個数と一致する。$y=x^3-3x^2-24x$ を微分して

$y'=3x^2-6x-24=3(x+2)(x-4)$

$y'=0$ とすると，$x=-2$，4

よって，関数 $y=x^3-3x^2-24x$ の増減表は下のようになり，グラフは右の図のようになる。

x	$\cdots$	-2	$\cdots$	4	$\cdots$
y'	$+$	0	$-$	0	$+$
y	↗	28	↘	-80	↗

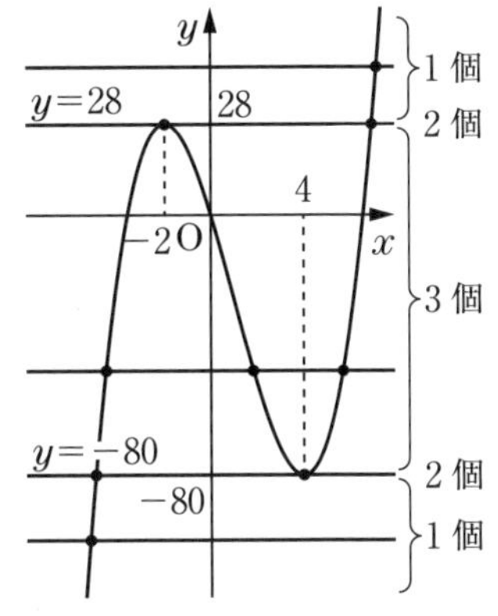

(1) 上のグラフより，異なる3つの実数解をもつ k の値の範囲は

$-80<k<28$ **答え** $-80<k<28$

(2) 上のグラフより，曲線 $y=x^3-3x^2-24x$ と直線 $y=k$ が $x<0$ で共有点を1個，$0<x$ で共有点を2個もつ k の値の範囲は，$-80<k<0$

答え $-80<k<0$

4 $x \geqq 0$ のとき，次の不等式が成り立つことを証明しなさい。

$x^3+2 \geqq 3x$

解き方 $f(x)=$(左辺)$-$(右辺)とおき，$x \geqq 0$ の区間で $f(x) \geqq 0$ であることを示す。

答え $f(x)=(x^3+2)-3x$ とおくと，$f'(x)=3x^2-3=3(x+1)(x-1)$

$f'(x)=0$ とすると，$x=-1$，1

よって，$x \geqq 0$ における $f(x)$ の増減表は下のようになる。

x	0	$\cdots$	1	$\cdots$
$f'(x)$		$-$	0	$+$
$f(x)$	2	↘	0	↗

これより，$f(x)$ は $x=1$ で最小値0をとる。したがって，$x \geqq 0$ のとき $f(x) \geqq 0$ であるから，$(x^3+2)-3x \geqq 0$ すなわち，$x^3+2 \geqq 3x$

発展問題

1 点(a, b)から曲線$y=x^3-4x$に異なる3本の接線が引けるとき，点(a, b)の存在範囲を図示しなさい。

考え方
異なる3本の接線が引けるためには，接線の方程式に(a, b)を代入した3次方程式が，異なる3つの実数解をもてばよいです。

解き方 $y=x^3-4x$を微分すると，$y'=3x^2-4$であるから，曲線上の点(t, t^3-4t)における接線の方程式は，$y-(t^3-4t)=(3t^2-4)(x-t)$

すなわち，$y=(3t^2-4)x-2t^3$

この直線が点(a, b)を通るので，$b=(3t^2-4)a-2t^3$より

$2t^3-3at^2+4a+b=0$ …①

点(a, b)から曲線$y=x^3-4x$に異なる3本の接線が引けるためには，tの方程式①が異なる3つの実数解をもてばよい。

$f(t)=2t^3-3at^2+4a+b$とおくと，$f'(t)=6t^2-6at=6t(t-a)$

$f'(t)=0$とすると，$t=0$，a

①が異なる3つの実数解をもつのは，$y=f(t)$のグラフがt軸と異なる3点で交わるときなので，$f(0)$と$f(a)$が異符号，すなわち$f(0)\cdot f(a)<0$であればよい。

$a>0$のとき

$a<0$のとき

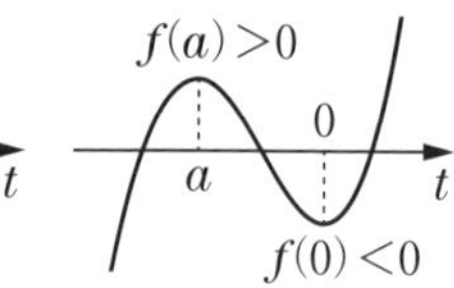

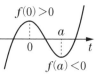

$f(0)\cdot f(a)=(4a+b)(-a^3+4a+b)<0$より，求める領域は

$$\begin{cases} b>-4a \\ b<a^3-4a \end{cases} \quad \text{または} \quad \begin{cases} b<-4a \\ b>a^3-4a \end{cases}$$

の表す領域である。

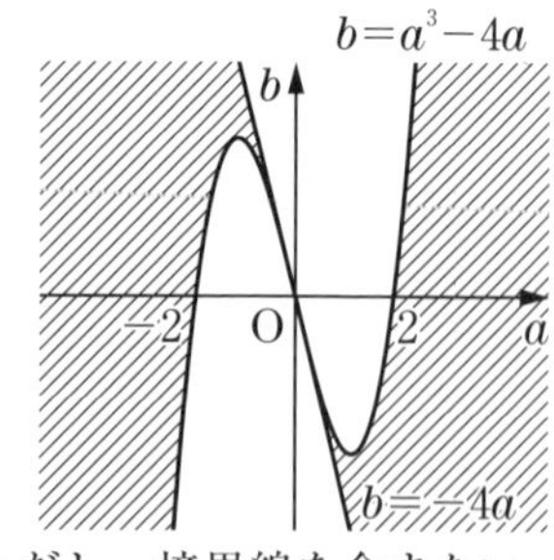

答え 上の図の斜線部分，ただし，境界線を含まない。

練習問題

答え：別冊 p.32 ～ p.35

重要 1 次の問いに答えなさい。

(1) 関数 $f(x)=x^3+3x^2+8$ について，導関数 $f'(x)$ と微分係数 $f'(-1)$ を求めなさい。

(2) 関数 $f(x)=x^3-5x+3$ について，導関数 $f'(x)$ と微分係数 $f'(2)$ を求めなさい。

重要 2 関数 $f(x)=-x^3+6x^2+15x+5$ の増減を調べ，極値があれば極値を求めなさい。

3 p を定数とします。関数 $f(x)=2x^3+px^2+54x-7$ について，$f'(x)=0$ となる x の値がただ1つ存在するように，p の値を定めなさい。

4 k を定数とします。関数 $f(x)=x^3+kx^2-kx+1$ について，極値をもたないように，k の値の範囲を定めなさい。

重要 5 点$(1,\ 10)$から曲線 $y=-x^2+2$ に引いた接線の方程式を求めなさい。

重要 6 2つの2次関数 $f(x)=x^2-6x+17$，$g(x)=-x^2$ について，次の問いに答えなさい。

(1) 曲線 $y=f(x)$ 上の点$(a,\ a^2-6a+17)$における接線の方程式を求めなさい。

(2) (1)の接線が曲線 $y=g(x)$ にも接するとき，その接線の方程式を求めなさい。

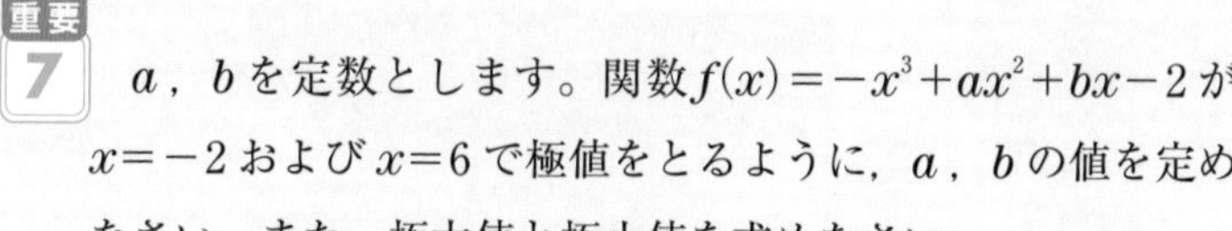

重要

7　a，b を定数とします。関数 $f(x)=-x^3+ax^2+bx-2$ が $x=-2$ および $x=6$ で極値をとるように，a，b の値を定めなさい。また，極大値と極小値を求めなさい。

8　右の図のように，半径 r の球に円柱が内接しています。円柱の体積の最大値を求めなさい。

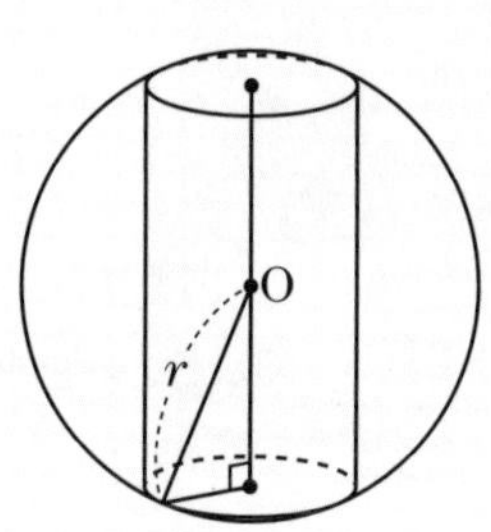

重要

9　a を定数とします。3 次方程式 $-x^3-9x^2-24x-a=0$ の実数解の個数を求めなさい。

重要

10　曲線 $y=-x^3+3x^2+9x+1$ と直線 $y=-6$ の共有点の個数を求めなさい。

11　$x \geqq -2$ のとき，次の不等式が成り立つことを証明しなさい。

$x^3+27 \geqq 3x^2+9x$

3-6 積分

1 不定積分

☑チェック！

不定積分…

xで微分すると$f(x)$となる関数，すなわち$F'(x)=f(x)$となる関数$F(x)$を，$f(x)$の原始関数といいます。$F(x)$が$f(x)$の原始関数の1つであるとき，$f(x)$の任意の原始関数は$F(x)+C$（Cは定数）の形で表されます。これを$f(x)$の不定積分といい，$\int f(x)dx$で表します。$f(x)$の不定積分を求めることを$f(x)$を積分するといい，Cを積分定数といいます。

x^nの不定積分…

nを0または正の整数とすると，$\int x^n dx=\frac{1}{n+1}x^{n+1}+C$

不定積分の性質…

$\int kf(x)dx=k\int f(x)dx$（$k$は定数）

$\int \{f(x)\pm g(x)\}dx=\int f(x)dx\pm\int g(x)dx$（複号同順）

例1　$(x)'=1$より，$\int 1dx=x+C$ ←$\int 1dx$は$\int dx$と書いてもよい

例2　$\int xdx=\frac{1}{2}x^2+C$

例3　$\int 2x^3dx=2\int x^3dx=2\cdot\frac{1}{4}x^4+C=\frac{1}{2}x^4+C$

例4　$\int (3x^2+7)dx=\int 3x^2dx+\int 7dx=3\int x^2dx+7\int dx$

$$=3\cdot\frac{1}{3}x^3+7x+C=x^3+7x+C$$

テスト　次の不定積分を求めなさい。

(1) $\int(-4x)dx$　　(2) $\int(x^2-1)dx$

答え　(1)　$-2x^2+C$　(2)　$\frac{1}{3}x^3-x+C$

第3章 関数

2 定積分

チェック!

定積分…関数$f(x)$の原始関数の1つを$F(x)$とするとき，$F(b)-F(a)$を$f(x)$のaからbまでの定積分といい，$\int_a^b f(x)dx=\Big[F(x)\Big]_a^b$と表します。また，$a$をこの定積分の**下端**，$b$を**上端**といい，定積分$\int_a^b f(x)dx$を求めることを，$f(x)$を**$a$から$b$まで積分する**といいます。

定積分の性質…

$$\int_a^b kf(x)dx=k\int_a^b f(x)dx \ (k \text{は定数})$$

$$\int_a^b \{f(x)\pm g(x)\}dx=\int_a^b f(x)dx\pm\int_a^b g(x)dx \ (\text{複号同順})$$

$$\int_a^a f(x)dx=0$$

$$\int_a^b f(x)dx=-\int_b^a f(x)dx$$

$$\int_a^b f(x)dx=\int_a^c f(x)dx+\int_c^b f(x)dx$$

定積分と微分…

$$\frac{d}{dx}\int_a^x f(t)dt=f(x) \ (a \text{は定数})$$

例1 $\int_0^4 (3x^2-x+2)dx=\Big[x^3-\frac{1}{2}x^2+2x\Big]_0^4=4^3-\frac{1}{2}\cdot 4^2+2\cdot 4=64$

例2 $\int_{-2}^{-1}(x^2-3)dx+\int_{-1}^{1}(x^2-3)dx=\int_{-2}^{1}(x^2-3)dx=\Big[\frac{1}{3}x^3-3x\Big]_{-2}^{1}$

$=\left(\frac{1}{3}\cdot 1^3-3\cdot 1\right)-\left\{\frac{1}{3}\cdot(-2)^3-3\cdot(-2)\right\}=-6$

例3 $\int_{-1}^{1}(4x^3+1)dx-\int_{2}^{1}(4x^3+1)dx=\int_{-1}^{1}(4x^3+1)dx+\int_{1}^{2}(4x^3+1)dx$

$=\int_{-1}^{2}(4x^3+1)dx=\Big[x^4+x\Big]_{-1}^{2}$

$=(2^4+2)-\{(-1)^4+(-1)\}=18$

テスト 次の定積分を求めなさい。

(1) $\int_{-5}^{1} 2x^2dx$ (2) $\int_{-3}^{0}(x-2)dx$

答え (1) 84 (2) $-\frac{21}{2}$

3 定積分と面積

チェック！

曲線と x 軸の間の面積…

$a \leqq x \leqq b$ で $f(x) \geqq 0$ のとき，曲線 $y=f(x)$ と x 軸および2直線 $x=a$，$x=b$ で囲まれた部分の面積 S は

$$S=\int_a^b f(x)\,dx$$

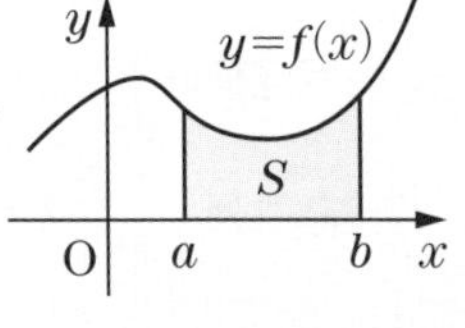

$a \leqq x \leqq b$ で $f(x) \leqq 0$ のとき，曲線 $y=f(x)$ と x 軸および2直線 $x=a$，$x=b$ で囲まれた部分の面積 S は

$$S=-\int_a^b f(x)\,dx$$

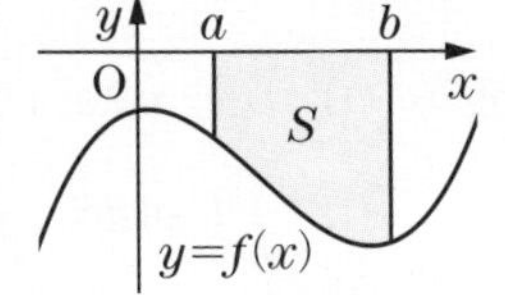

2曲線の間の面積…

$a \leqq x \leqq b$ で $f(x) \geqq g(x)$ のとき，2曲線 $y=f(x)$，$y=g(x)$ および2直線 $x=a$，$x=b$ で囲まれた部分の面積 S は

$$S=\int_a^b \{f(x)-g(x)\}\,dx$$

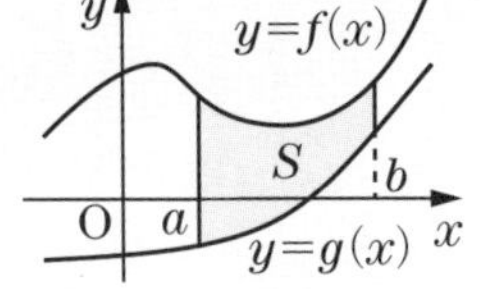

例1　放物線 $y=x^2$ と x 軸および2直線 $x=2$，$x=5$ で囲まれた部分の面積 S は

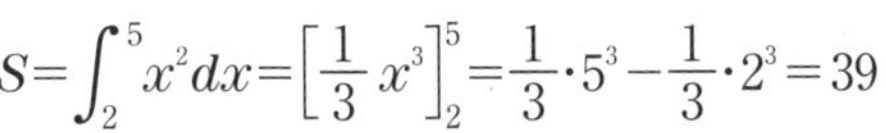

$$S=\int_2^5 x^2\,dx=\left[\frac{1}{3}x^3\right]_2^5=\frac{1}{3}\cdot 5^3-\frac{1}{3}\cdot 2^3=39$$

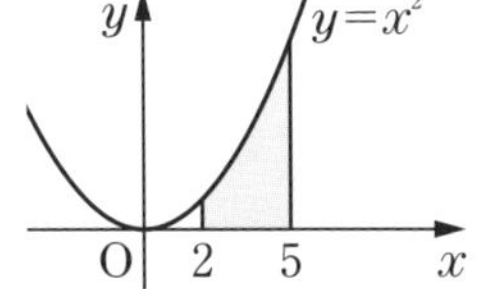

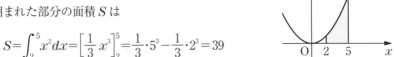

例2　放物線 $y=x^2$ と直線 $y=2x$ および2直線 $x=3$，$x=4$ で囲まれた部分の面積 S は

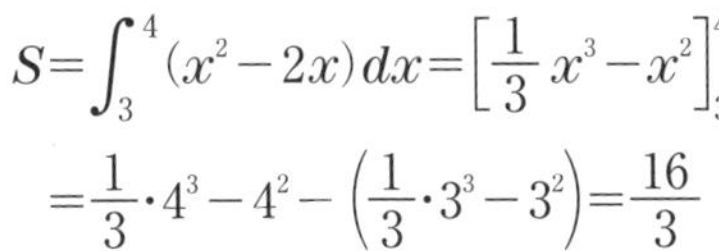

$$S=\int_3^4 (x^2-2x)\,dx=\left[\frac{1}{3}x^3-x^2\right]_3^4$$
$$=\frac{1}{3}\cdot 4^3-4^2-\left(\frac{1}{3}\cdot 3^3-3^2\right)=\frac{16}{3}$$

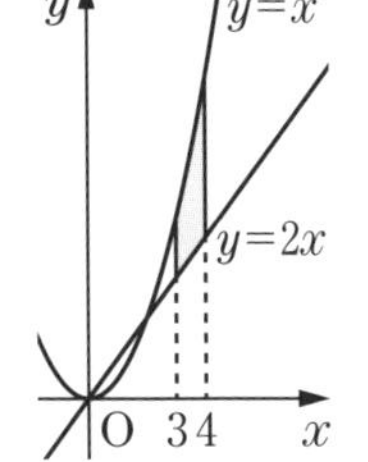

テスト　放物線 $y=2x^2$ と直線 $y=4x$ および直線 $x=1$ で囲まれた部分の面積を求めなさい。

答え  $\frac{4}{3}$

第3章 関数

基本問題

重要 1 関数 $f(x)=2x^2+3x-5$ について，次の問いに答えなさい。

(1) 不定積分 $\int f(x)dx$ を求めなさい。

(2) 定積分 $\int_{-3}^{3} f(x)dx$ を求めなさい。

ポイント $\int x^n dx=\frac{1}{n+1}x^{n+1}+C$

解き方 (1) $f(x)=2x^2+3x-5$ より

$$\int f(x)dx=\int (2x^2+3x-5)dx$$
$$=2\cdot\frac{1}{3}x^3+3\cdot\frac{1}{2}x^2-5x+C$$
$$=\frac{2}{3}x^3+\frac{3}{2}x^2-5x+C$$

答え $\frac{2}{3}x^3+\frac{3}{2}x^2-5x+C$

(2) (1)より

$$\int_{-3}^{3} f(x)dx=\left[\frac{2}{3}x^3+\frac{3}{2}x^2-5x\right]_{-3}^{3}$$
$$=\left(\frac{54}{3}+\frac{27}{2}-15\right)-\left(-\frac{54}{3}+\frac{27}{2}+15\right)$$
$$=6$$

答え 6

重要 2 次の部分の面積を求めなさい。

(1) 放物線 $y=x^2-6x$ と x 軸で囲まれた部分

(2) 放物線 $y=-x^2+4x+3$ と直線 $y=x+3$ で囲まれた部分

(3) 2つの放物線 $y=2x^2-3x+1$ と $y=x^2-x-2$ および2直線 $x=-1$，$x=2$ で囲まれた部分

ポイント $a\leqq x\leqq b$ で $f(x)\geqq g(x)$ のとき，2曲線 $y=f(x)$，$y=g(x)$ および2直線 $x=a$，$x=b$ で囲まれた部分の面積 S は，$S=\int_a^b\{f(x)-g(x)\}dx$

考え方 曲線と直線，または曲線と曲線の交点の座標を求め，積分区間でどちらのグラフが上側にあるかを確認します。

解き方 (1)　放物線と x 軸の交点の x 座標は

$0=x^2-6x$

$x(x-6)=0$

$x=0$，6

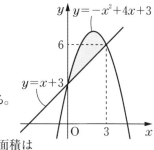

放物線 $y=x^2-6x$ は2点 $(0,\ 0)$，$(6,\ 0)$ で x 軸と交わる下に凸の曲線であり，$0\leqq x\leqq 6$ の範囲で $x^2-6x\leqq 0$ であるから，求める面積は

$$S=-\int_0^6(x^2-6x)\,dx=-\left[\frac{1}{3}x^3-3x^2\right]_0^6=-\left(\frac{216}{3}-108\right)=36$$

答え 36

(2)　放物線と直線の交点の x 座標は

$-x^2+4x+3=x+3$

$x(x-3)=0$

$x=0$，3

よって，交点の座標は $(0,\ 3)$，$(3,\ 6)$ である。

グラフより，$0\leqq x\leqq 3$ の範囲で

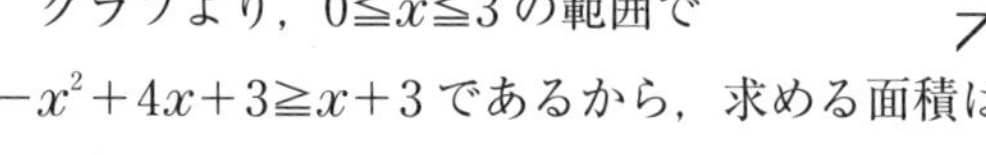

$-x^2+4x+3\geqq x+3$ であるから，求める面積は

$$\int_0^3\{(-x^2+4x+3)-(x+3)\}\,dx$$

$$=\int_0^3(-x^2+3x)\,dx=\left[-\frac{1}{3}x^3+\frac{3}{2}x^2\right]_0^3$$

$$=-\frac{27}{3}+\frac{27}{2}=\frac{9}{2}$$

答え $\dfrac{9}{2}$

(3)　$(2x^2-3x+1)-(x^2-x-2)$

$=x^2-2x+3=(x-1)^2+2>0$

より，区間 $-1\leqq x\leqq 2$ において，つねに

$2x^2-3x+1>x^2-x-2$

である。よって，グラフより求める面積は

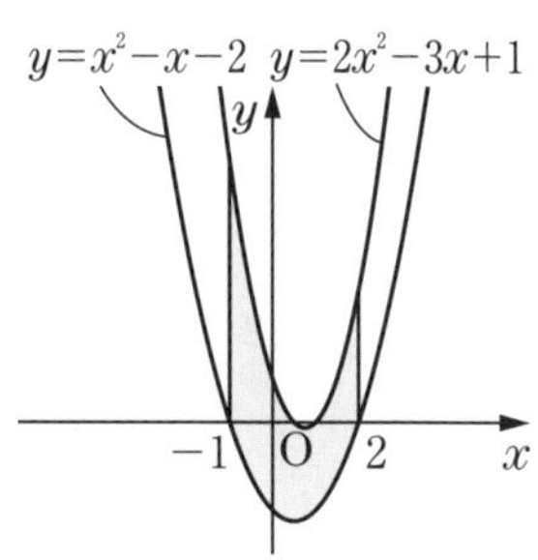

$$\int_{-1}^2\{(2x^2-3x+1)-(x^2-x-2)\}\,dx$$

$$=\int_{-1}^2(x^2-2x+3)\,dx=\left[\frac{1}{3}x^3-x^2+3x\right]_{-1}^2$$

$$=\left(\frac{8}{3}-4+6\right)-\left(-\frac{1}{3}-1-3\right)=9$$

答え 9

応用問題

重要 **1**　関数$f(x)$が次の条件を満たすとき，$f(x)$を求めなさい。

$f'(x)=12x-8$，$\displaystyle\int_0^3 f(x)\,dx=3$

考え方　$f(x)$は$f'(x)$の原始関数なので，$f(x)=\displaystyle\int f'(x)\,dx$となります。

解き方　$f(x)=\displaystyle\int f'(x)\,dx=\int(12x-8)\,dx=6x^2-8x+C$

ここで

$$\int_0^3 f(x)\,dx=\int_0^3(6x^2-8x+C)\,dx=\Big[2x^3-4x^2+Cx\Big]_0^3$$

$$=54-36+3C=18+3C$$

$\displaystyle\int_0^3 f(x)\,dx=3$より，$18+3C=3$すなわち，$C=-5$

よって，$f(x)=6x^2-8x-5$　　**答え**　$f(x)=6x^2-8x-5$

重要 **2**　次の等式を満たす関数$f(x)$と定数aを求めなさい。

$\displaystyle\int_a^x f(t)\,dt=3x^2-5x-2$

ポイント　$\displaystyle\frac{d}{dx}\int_a^x f(t)\,dt=f(x)$

考え方　等式の左辺に$x=a$を代入すると，$\displaystyle\int_a^a f(t)\,dt=0$

解き方　等式$\displaystyle\int_a^x f(t)\,dt=3x^2-5x-2$の両辺を$x$で微分すると

$f(x)=6x-5$

また，$x=a$のとき，$\displaystyle\int_a^x f(t)\,dt=\int_a^a f(t)\,dt=0$であるから，与式の両辺に$x=a$を代入して

$0=3a^2-5a-2$

$(3a+1)(a-2)=0$

$a=-\dfrac{1}{3}$，2　　**答え**　$f(x)=6x-5$，$a=-\dfrac{1}{3}$，2

発展問題

1 a を0以上の定数とします。$S=\int_{-1}^{2}|x^2-ax|dx$ について，次の問いに答えなさい。

(1) S を a を用いて表しなさい。

(2) S の最小値とそのときの a の値を求めなさい。

考え方 積分区間と $x=a$ との位置関係によって，場合分けをします。

解き方 (1) $y=x^2-ax=\left(x-\frac{1}{2}a\right)^2-\frac{1}{4}a^2$

であるから，$y=|x^2-ax|$ のグラフは，右の図の実線部分になる。

$y=x(x-a)$ と式変形して求めてもよい

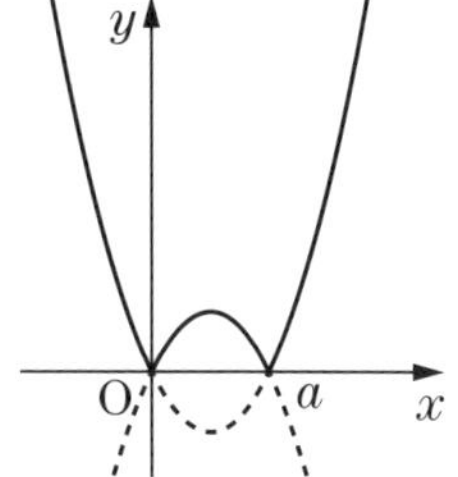

$a\geqq 0$ であり，積分区間は $-1\leqq x\leqq 2$ であるから，$2<a$ のときと $0\leqq a\leqq 2$ のときで場合分けをする。

(i) $2<a$ のとき

$$|x^2-ax|=\begin{cases}x^2-ax & (-1\leqq x\leqq 0)\\ -x^2+ax & (0<x\leqq 2)\end{cases}$$

であるから

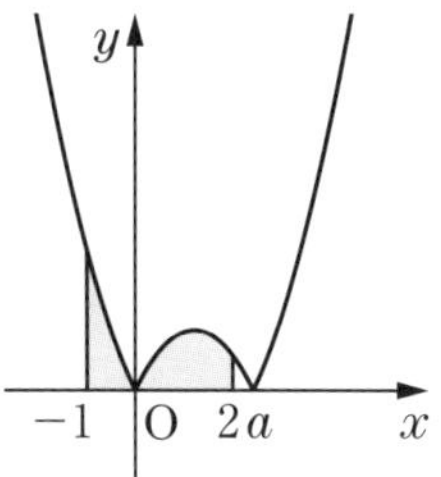

$$S=\int_{-1}^{0}(x^2-ax)dx+\int_{0}^{2}(-x^2+ax)dx$$

$$=\left[\frac{1}{3}x^3-\frac{1}{2}ax^2\right]_{-1}^{0}+\left[-\frac{1}{3}x^3+\frac{1}{2}ax^2\right]_{0}^{2}$$

$$=\left(\frac{1}{3}+\frac{1}{2}a\right)+\left(-\frac{8}{3}+2a\right)$$

$$=\frac{5}{2}a-\frac{7}{3}$$

よって，$2<a$ のとき，$S=\frac{5}{2}a-\frac{7}{3}$

第3章 関数

(ii) $0 \leqq a \leqq 2$ のとき

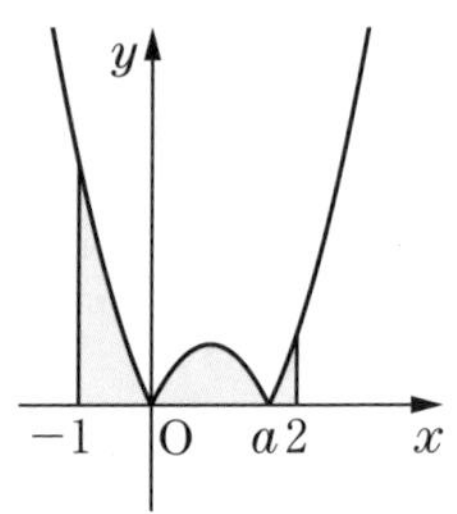

$$|x^2-ax|=\begin{cases}x^2-ax\,(-1 \leqq x \leqq 0,\ a \leqq x \leqq 2)\\ -x^2+ax\,(0<x<a)\end{cases}$$

であるから

$$S=\int_{-1}^{0}(x^2-ax)\,dx+\int_{0}^{a}(-x^2+ax)\,dx+\int_{a}^{2}(x^2-ax)\,dx$$

$$=\left[\frac{1}{3}x^3-\frac{1}{2}ax^2\right]_{-1}^{0}+\left[-\frac{1}{3}x^3+\frac{1}{2}ax^2\right]_{0}^{a}+\left[\frac{1}{3}x^3-\frac{1}{2}ax^2\right]_{a}^{2}$$

$$=\left(\frac{1}{3}+\frac{1}{2}a\right)+\left(-\frac{1}{3}a^3+\frac{1}{2}a^3\right)+\left(\frac{8}{3}-2a\right)-\left(\frac{1}{3}a^3-\frac{1}{2}a^3\right)$$

$$=\frac{1}{3}a^3-\frac{3}{2}a+3$$

よって，$0 \leqq a \leqq 2$ のとき，$S=\frac{1}{3}a^3-\frac{3}{2}a+3$

答え $S=\begin{cases}\frac{5}{2}a-\frac{7}{3}\,(2<a)\\ \frac{1}{3}a^3-\frac{3}{2}a+3\,(0 \leqq a \leqq 2)\end{cases}$

(2) (1)より，$2<a$ のとき，$S'=\frac{5}{2}>0$

$0<a<2$ のとき，$S'=a^2-\frac{3}{2}=\left(a+\frac{\sqrt{6}}{2}\right)\left(a-\frac{\sqrt{6}}{2}\right)$

よって，S の増減表は下のようになる。

a	0	…	$\frac{\sqrt{6}}{2}$	…	2	…
S'		−	0	+		+
S	3	↘	$\frac{6-\sqrt{6}}{2}$	↗	$\frac{8}{3}$	↗

したがって，S は，$a=\frac{\sqrt{6}}{2}$ のとき最小値 $\frac{6-\sqrt{6}}{2}$ をとる。

答え $a=\frac{\sqrt{6}}{2}$ のとき最小値 $\frac{6-\sqrt{6}}{2}$

練習問題

答え：別冊 p.36 ～ p.38

重要 **1** 次の不定積分を求めなさい。

(1) $\int (3x^2-5)dx$　　(2) $\int (x-2)(x+4)dx$

重要 **2** 次の定積分を求めなさい。

(1) $\int_0^2 (6x^2-4x+1)dx$　　(2) $\int_{-1}^3 (x^2-3x+5)dx$

重要 **3** 次の条件を満たす関数$f(x)$を求めなさい。

$f'(x)=-12x+4$，$\int_0^2 f(x)dx=6$

重要 **4** 次の等式を満たす関数$f(x)$を求めなさい。

$f(x)=3x^2+6x-5+\int_2^5 f'(t)dt$

重要 **5** 2つの放物線$y=-x^2-3x+12$と$y=x^2-3x-6$で囲まれた図形のうち，$x \geqq 1$を満たす部分の面積を求めなさい。

6 aを0以上の定数とします。放物線$y=x^2$上の点$\mathrm{P}(a,\ a^2)$における接線をℓ_1とします。放物線とℓ_1およびy軸で囲まれた部分の面積をS_1とするとき，次の問いに答えなさい。

(1) S_1をaを用いて表しなさい。

(2) 放物線$y=x^2$上の点$\mathrm{Q}(3,\ 9)$における接線をℓ_2とします。放物線とℓ_2およびy軸で囲まれた部分の面積をS_2とするとき，$S_1：S_2=8：1$となるようなaの値を求めなさい。

重要 **7** 曲線$y=x^3-6x^2+8x+14$上の点$(4,\ 14)$における接線と，この曲線で囲まれた部分の面積を求めなさい。

3-7 数列

1 等差数列と等比数列

☑チェック！

数列…

数を1列に並べたものを数列といい，数列をつくっている各数を項といいます。数列の項は，最初の項から第1項，第2項，第3項，…といい，n番めの項を第 n 項といいます。とくに，第1項を初項といいます。一般的に，数列を a_1，a_2，a_3，…，a_n，…と書き，この数列を $\{a_n\}$ と表します。数列 $\{a_n\}$ の第 n 項 a_n が n の式で表されるとき，これを数列 $\{a_n\}$ の一般項といいます。項の個数が有限である数列を有限数列，項がどこまでも限りなく続く数列を無限数列といいます。有限数列において，最後の項を末項といい，項の個数を項数といいます。

等差数列…各項に一定の数 d を加えると，次の項が得られる数列を等差数列といい，d を公差といいます。

等差数列の一般項…

初項 a，公差 d の等差数列 $\{a_n\}$ の一般項は，$a_n=a+(n-1)d$

等差数列の和…初項 a，公差 d，末項 ℓ，項数 n の等差数列 $\{a_n\}$ の和 S_n は

$$S_n=\frac{1}{2}n(a+\ell)=\frac{1}{2}n\{2a+(n-1)d\}$$

等比数列…各項に一定の数 r をかけると，次の項が得られる数列を等比数列といい，r を公比といいます。

等比数列の一般項…初項 a，公比 r の等比数列 $\{a_n\}$ の一般項は，$a_n=ar^{n-1}$

等比数列の和…初項 a，公比 r，項数 n の等比数列 $\{a_n\}$ の和 S_n は

$r\neq1$ のとき，$S_n=\dfrac{a(1-r^n)}{1-r}=\dfrac{a(r^n-1)}{r-1}$

$r=1$ のとき，$S_n=na$

例1　初項5，公差2の等差数列 $\{a_n\}$ の第 n 項は，$a_n=5+(n-1)\cdot2=2n+3$

初項から第 n 項までの和は，$\dfrac{1}{2}n\{2\cdot5+(n-1)\cdot2\}=n^2+4n$

2 和の記号Σ

☑チェック!

和の記号Σ…

数列$\{a_n\}$の初項から第n項までの和を，記号Σ（シグマ）を用いて$\sum_{k=1}^{n} a_k$と表します。

$$\sum_{k=1}^{n} a_k = a_1 + a_2 + a_3 + \cdots + a_n$$

数列の和の公式…

$$\sum_{k=1}^{n} c = nc \ (c \text{は定数}),\quad \sum_{k=1}^{n} k = \frac{1}{2}n(n+1),\quad \sum_{k=1}^{n} k^2 = \frac{1}{6}n(n+1)(2n+1)$$

$$\sum_{k=1}^{n} k^3 = \left\{\frac{1}{2}n(n+1)\right\}^2,\quad \sum_{k=1}^{n} r^{k-1} = \frac{r^n-1}{r-1} = \frac{1-r^n}{1-r} \ (r \neq 1)$$

Σの性質…

$$\sum_{k=1}^{n} (a_k \pm b_k) = \sum_{k=1}^{n} a_k \pm \sum_{k=1}^{n} b_k \ (\text{複号同順}),\quad \sum_{k=1}^{n} ca_k = c\sum_{k=1}^{n} a_k \ (c \text{は定数})$$

例1　$1^2+2^2+3^2+4^2+5^2 = \sum_{k=1}^{5} k^2 = \frac{1}{6}\cdot 5\cdot(5+1)\cdot(2\cdot 5+1) = 55$

3 階差数列

☑チェック!

階差数列…数列$\{a_n\}$に対して，$b_n = a_{n+1} - a_n$によって定められる数列$\{b_n\}$

階差数列と一般項…

数列$\{a_n\}$の階差数列を$\{b_n\}$とすると，$n \geqq 2$のとき，$a_n = a_1 + \sum_{k=1}^{n-1} b_k$

例1　数列$\{a_n\}$が3，4，7，12，19，…のとき，その階差数列$\{b_n\}$は，1，3，5，7，…となり，初項1，公差2の等差数列です。よって，

$\{a_n\}$: 3　4　7　12　19　…
$\{b_n\}$: 　1　3　5　7　…

$b_n = 1 + (n-1)\cdot 2 = 2n-1$より，$n \geqq 2$のとき

$$a_n = 3 + \sum_{k=1}^{n-1}(2k-1) = 3 + 2\cdot\frac{1}{2}\cdot(n-1)\cdot n - (n-1) = n^2 - 2n + 4 \quad \cdots①$$

$a_1 = 3$より，①は$n=1$のときも成り立ちます。

よって，$a_n = n^2 - 2n + 4$

第3章 関数

4 数列の和と一般項

☑チェック！

数列の和と一般項…数列$\{a_n\}$の初項から第n項までの和をS_nとすると

$$a_1=S_1$$

$n \geqq 2$のとき，$a_n=S_n-S_{n-1}$

例１　数列$\{a_n\}$の初項から第n項までの和S_nが$S_n=3^n-1$を満たすとき

$a_1=S_1=3^1-1=2$

$n \geqq 2$のとき，$a_n=S_n-S_{n-1}=(3^n-1)-(3^{n-1}-1)=2\cdot 3^{n-1}$　…①

$a_1=2$より，①は$n=1$のときも成り立ちます。よって，$a_n=2\cdot 3^{n-1}$

5 いろいろな数列の和

☑チェック！

分数で表された数列の和…

$\dfrac{1}{x(x+a)}=\dfrac{1}{a}\left(\dfrac{1}{x}-\dfrac{1}{x+a}\right)$と変形することで，数列の和を求められることがあります。

等差数列と等比数列の各項の積で表された数列の和…

等差数列と等比数列の各項の積で表された数列の和S_nは，等比数列の公比rを全体にかけたrS_nとの差S_n-rS_nから求めることができます。

例１　$S_n=\dfrac{1}{1\cdot 2}+\dfrac{1}{2\cdot 3}+\dfrac{1}{3\cdot 4}+\cdots+\dfrac{1}{n(n+1)}$は，$\dfrac{1}{k(k+1)}=\dfrac{1}{k}-\dfrac{1}{k+1}$より

$$S_n=\left(\frac{1}{1}-\frac{1}{2}\right)+\left(\frac{1}{2}-\frac{1}{3}\right)+\left(\frac{1}{3}-\frac{1}{4}\right)+\cdots+\left(\frac{1}{n}-\frac{1}{n+1}\right)=1-\frac{1}{n+1}=\frac{n}{n+1}$$

例２　$S_n=1\cdot 1+2\cdot 2^1+3\cdot 2^2+4\cdot 2^3+\cdots+n\cdot 2^{n-1}$は，$S_n-2S_n$を計算して求めます。

$$\begin{array}{rl} S_n= & 1\cdot 1+2\cdot 2^1+3\cdot 2^2+4\cdot 2^3+\cdots+n\cdot 2^{n-1} \\ -)\ 2S_n= & \qquad 1\cdot 2^1+2\cdot 2^2+3\cdot 2^3+\cdots+(n-1)\cdot 2^{n-1}+n\cdot 2^n \\ \hline -S_n= & \underbrace{1\cdot 1+1\cdot 2^1+1\cdot 2^2+1\cdot 2^3+\cdots+1\cdot 2^{n-1}}_{\text{初項1，公比2，項数}n\text{の等比数列の和}} \qquad -n\cdot 2^n \end{array}$$

よって，$S_n=-\left\{\dfrac{1\cdot(2^n-1)}{2-1}-n\cdot 2^n\right\}=(n-1)\cdot 2^n+1$

6 漸化式

チェック！

漸化式…

数列において，その前の項から次の項をただ1通りに定める規則を表す等式

等差数列の漸化式…公差が d の等差数列 $\{a_n\}$ の漸化式は，$a_{n+1}=a_n+d$

等比数列の漸化式…公比が r の等比数列 $\{a_n\}$ の漸化式は，$a_{n+1}=ra_n$

$a_{n+1}=a_n+$(n の式)の形の漸化式…

階差数列が $\{b_n\}$ の数列 $\{a_n\}$ の漸化式は，$a_{n+1}=a_n+b_n$

$a_{n+1}=pa_n+q$ の形の漸化式…

$a_{n+1}=pa_n+q\,(p\neq1)$ の形の漸化式は，等式 $c=pc+q$ を満たす定数 c を用いると，$a_{n+1}-c=p(a_n-c)$ と変形できます。よって，数列 $\{a_n-c\}$ は初項 a_1-c，公比 p の等比数列であり，これを利用して，数列 $\{a_n\}$ の一般項を求めることができます。

例1　$a_1=4$，$a_{n+1}=a_n+3$ を満たす数列 $\{a_n\}$ は，初項4，公差3の等差数列より

$a_n=4+(n-1)\cdot3=3n+1$

例2　$a_1=2$，$a_{n+1}=5a_n$ を満たす数列 $\{a_n\}$ は，初項2，公比5の等比数列より

$a_n=2\cdot5^{n-1}$

例3　$a_1=1$，$a_{n+1}=a_n-8n$ を満たす数列 $\{a_n\}$ は，初項1，階差数列の第 n 項が $-8n$ より，$n\geqq2$ のとき

$$a_n=1+\sum_{k=1}^{n-1}(-8k)=1-8\cdot\frac{1}{2}\cdot(n-1)\cdot n=-4n^2+4n+1 \quad \cdots①$$

$a_1=1$ より，①は $n=1$ のときも成り立ちます。

よって，$a_n=-4n^2+4n+1$

例4　数列 $\{a_n\}$ が $a_1=7$，$a_{n+1}=3a_n+4$ を満たすとき，等式 $c=3c+4$ を満たす定数は $c=-2$ より，漸化式は $a_{n+1}+2=3(a_n+2)$ と変形できます。これより，数列 $\{a_n+2\}$ は初項 $a_1+2=9$，公比3の等比数列であるから

$$\begin{array}{rl} & a_{n+1}=3a_n+4 \\ -) & -2=3\cdot(-2)+4 \\ \hline & a_{n+1}+2=3(a_n+2) \end{array}$$

$a_n+2=3^{n-1}\cdot9$

よって，$a_n=3^{n+1}-2$

第3章 関数

7 数学的帰納法

☑チェック!

数学的帰納法…

正の整数nに関する命題Pが成り立つことを証明するために，次の2つのことを示す証明法

（i）$n=1$のときPが成り立つ。

（ii）$n=k$のときPが成り立つと仮定すると，$n=k+1$のときにもPが成り立つ。

例1　すべての正の整数nについて，$\sum_{i=1}^{n} i=\frac{1}{2}n(n+1)$ …①が成り立つことを，数学的帰納法で証明します。

（i）$n=1$のとき，(左辺)$=1$，(右辺)$=\frac{1}{2}\cdot 1\cdot(1+1)=1$より，①は成り立つ。

（ii）$n=k$のとき①が成り立つ，すなわち

$$\sum_{i=1}^{k} i=\frac{1}{2}k(k+1)$$

と仮定すると，$n=k+1$のとき

$$\begin{aligned}\sum_{i=1}^{k+1} i&=\sum_{i=1}^{k} i+(k+1) \quad \leftarrow \sum_{i=1}^{k+1} i=(1+2+3+\cdots+k)+(k+1)\\&=\frac{1}{2}k(k+1)+(k+1) \quad \leftarrow n=k\text{ のときの仮定を用いる}\\&=\frac{1}{2}k^2+\frac{3}{2}k+1\\&=\frac{1}{2}(k^2+3k+2) \quad \leftarrow \text{共通因数でくくる}\\&=\frac{1}{2}(k+1)(k+2) \quad \leftarrow \frac{1}{2}k(k+1)\text{において，}k\text{ を }k+1\text{ に置き換えた式}\end{aligned}$$

よって，$n=k+1$のときも①は成り立つ。

（i），（ii）より，すべての正の整数nについて，①は成り立ちます。

基本問題

重要 **1**　初項が6，公差が5である等差数列について，次の問いに答えなさい。

(1)　第20項を求めなさい。

(2)　初項から第20項までの和を求めなさい。

初項 a，公差 d の等差数列 $\{a_n\}$ の一般項は，$a_n=a+(n-1)d$
初項 a，公差 d，末項 ℓ，項数 n の等差数列 $\{a_n\}$ の和 S_n は

$$S_n=\frac{1}{2}n(a+\ell)=\frac{1}{2}n\{2a+(n-1)d\}$$

解き方 (1)　この数列の第 n 項は，$a_n=6+(n-1)\cdot5=5n+1$

よって，第20項は，$a_{20}=5\cdot20+1=101$　　**答え**　101

(2)　初項から第20項までの和は，$\frac{1}{2}\cdot20\cdot(6+101)=1070$

↑ 公差が5なので，$\frac{1}{2}\cdot20\cdot\{2\cdot6+(20-1)\cdot5\}=1070$ と求めてもよい

答え　1070

重要 **2**　第2項が6，第5項が162である等比数列について，次の問いに答えなさい。ただし，公比は実数とします。

(1)　初項と公比を求めなさい。

(2)　初項から第7項までの和を求めなさい。

ポイント

初項 a，公比 r の等比数列 $\{a_n\}$ の一般項は，$a_n=ar^{n-1}$
初項 a，公比 r，項数 n の等比数列 $\{a_n\}$ の和 S_n は
$r\neq1$ のとき，$S_n=\frac{a(1-r^n)}{1-r}=\frac{a(r^n-1)}{r-1}$

解き方 (1)　公比を r とすると，$a_2=a_1\cdot r^{2-1}=6$ より，$a_1\cdot r=6$　…①

$a_5=a_1\cdot r^{5-1}=162$ より，$a_1\cdot r^4=162$　…②

①の両辺に r^3 をかけると，②より，$6r^3=162$ すなわち，$r^3=27$

r は実数であるから，$r=3$ であり，これを①に代入して，$a_1=2$

よって，初項は2，公比は3である。　**答え**　初項…2　公比…3

(2)　(1)より，初項から第7項までの和は，$\frac{2(3^7-1)}{3-1}=2186$　**答え**　2186

重要

3 次の和を求めなさい。

(1) $\sum_{k=1}^{n}(2k-5)$　(2) $\sum_{k=1}^{n-1}(k^3-3k)$　(3) $\sum_{k=1}^{8}3^k$

ポイント $\sum_{k=1}^{n}k=\frac{1}{2}n(n+1)$，$\sum_{k=1}^{n}k^3=\left\{\frac{1}{2}n(n+1)\right\}^2$，$\sum_{k=1}^{n}r^{k-1}=\frac{r^n-1}{r-1}=\frac{1-r^n}{1-r}$

解き方 (1) $\sum_{k=1}^{n}(2k-5)=2\sum_{k=1}^{n}k-\sum_{k=1}^{n}5=2\cdot\frac{1}{2}n(n+1)-5n=n^2-4n$

↑ $\sum_{k=1}^{n}(2k-5)$ は初項 $2\cdot1-5=-3$，末項 $2n-5$，項数 n の等差数列の和より，$\sum_{k=1}^{n}(2k-5)=\frac{1}{2}n(-3+2n-5)=n^2-4n$ と求めてもよい

答え n^2-4n

(2) $\sum_{k=1}^{n-1}(k^3-3k)$

↓ 公式の n を $n-1$ に置き換えたもの

$=\sum_{k=1}^{n-1}k^3-3\sum_{k=1}^{n-1}k=\left\{\frac{n-1}{2}(n-1+1)\right\}^2-3\cdot\frac{n-1}{2}(n-1+1)$

$=\left\{\frac{1}{2}n(n-1)\right\}^2-\frac{3}{2}n(n-1)=\frac{n}{4}(n-1)\{n(n-1)-6\}$

$=\frac{n}{4}(n-1)(n^2-n-6)=\frac{1}{4}(n-3)(n-1)n(n+2)$

答え $\frac{1}{4}(n-3)(n-1)n(n+2)$

(3) $\sum_{k=1}^{8}3^k=\frac{3(3^8-1)}{3-1}=\frac{3}{2}(6561-1)=9840$　答え 9840

4 次の数列 $\{a_n\}$ の第 n 項を求めなさい。

1，2，5，14，41，122，365，…

ポイント 数列 $\{a_n\}$ の階差数列を $\{b_n\}$ とすると，$n\geqq2$ のとき，$a_n=a_1+\sum_{k=1}^{n-1}b_k$

解き方 数列 $\{a_n\}$ の階差数列を $\{b_n\}$ とすると，$\{b_n\}$ は

1，3，9，27，81，243，…

これより，$b_n=3^{n-1}$

$n\geqq2$ のとき，$a_n=a_1+\sum_{k=1}^{n-1}3^{k-1}=1+\frac{3^{n-1}-1}{3-1}=\frac{3^{n-1}+1}{2}$　…①

$a_1=1$ より，①は $n=1$ のときも成り立つ。

よって，$a_n=\frac{3^{n-1}+1}{2}$　答え $a_n=\frac{3^{n-1}+1}{2}$

重要 5 初項から第 n 項までの和 S_n が $S_n=n^2+2n$ で表される数列の第 n 項を求めなさい。

ポイント 数列 $\{a_n\}$ の初項から第 n 項までの和を S_n とすると
$a_1=S_1$
$n\geqq 2$ のとき，$a_n=S_n-S_{n-1}$

解き方 $a_1=S_1=1^2+2\cdot 1=3$

$n\geqq 2$ のとき，$a_n=S_n-S_{n-1}=(n^2+2n)-\{(n-1)^2+2(n-1)\}=2n+1$ …①

$a_1=3$ より，①は $n=1$ のときも成り立つ。

よって，$a_n=2n+1$ **答え** $a_n=2n+1$

重要 6 次の条件を満たす数列 $\{a_n\}$ の第 n 項を求めなさい。

(1) $a_1=5$，$a_{n+1}=a_n-3$　(2) $a_1=3$，$a_{n+1}=a_n+2^n$

(3) $a_1=1$，$a_{n+1}=2a_n-3$

ポイント
(1) $a_{n+1}=a_n+d$ ⇔ 数列 $\{a_n\}$ が公差 d の等差数列
(2) $a_{n+1}=a_n+b_n$ ⇔ 数列 $\{b_n\}$ が数列 $\{a_n\}$ の階差数列
(3) $a_{n+1}=pa_n+q$ の形の漸化式は，$c=pc+q$ の解を用いて，
$a_{n+1}-c=p(a_n-c)$ の形に変形します。

解き方 (1) 数列 $\{a_n\}$ は初項 $a_1=5$，公差 -3 の等差数列だから

$a_n=5+(n-1)\cdot(-3)=-3n+8$ **答え** $a_n=-3n+8$

(2) $a_{n+1}-a_n=2^n$ より，数列 $\{a_n\}$ の階差数列の一般項は 2^n である。

$n\geqq 2$ のとき，$a_n=a_1+\sum_{k=1}^{n-1}2^k=3+\dfrac{2(2^{n-1}-1)}{2-1}=2^n+1$ …①

$a_1=3$ より，①は $n=1$ のときも成り立つ。

よって，$a_n=2^n+1$ **答え** $a_n=2^n+1$

(3) 等式 $c=2c-3$ を満たす定数は $c=3$ より，漸化式は

$a_{n+1}-3=2(a_n-3)$ と変形できる。これより，数列 $\{a_n-3\}$ は初項

$a_1-3=-2$，公比 2 の等比数列であるから，$a_n-3=-2\cdot 2^{n-1}$

よって，$a_n=-2^n+3$ **答え** $a_n=-2^n+3$

応用問題

1 初項から第 10 項までの和が 240，初項から第 20 項までの和が 280 である等差数列 $\{a_n\}$ の第 n 項を求めなさい。

考え方 この等差数列 $\{a_n\}$ の初項を a_1，公差を d として，a_1，d の連立方程式を導きます。

解き方 数列 $\{a_n\}$ の初項を a_1，公差を d とすると，

第 10 項は $a_{10}=a_1+9d$，第 20 項は $a_{20}=a_1+19d$ より

$\frac{1}{2}\cdot 10\cdot(a_1+a_1+9d)=5(2a_1+9d)=240$ …①

$\frac{1}{2}\cdot 20\cdot(a_1+a_1+19d)=10(2a_1+19d)=280$ …②

①，②を連立して解いて，$a_1=33$，$d=-2$

よって，$a_n=33+(n-1)\cdot(-2)=-2n+35$ **答え** $a_n=-2n+35$

2 次の和を n を用いて表しなさい。

(1) $\frac{1}{2\cdot 4}+\frac{1}{4\cdot 6}+\frac{1}{6\cdot 8}+\cdots+\frac{1}{2n(2n+2)}$

(2) $2\cdot 5+4\cdot 5^2+6\cdot 5^3+8\cdot 5^4+\cdots+2n\cdot 5^n$

考え方 (1) $\frac{1}{2n(2n+2)}=\frac{1}{2}\left(\frac{1}{2n}-\frac{1}{2n+2}\right)$ を用います。

(2)求める和を S_n として，S_n-5S_n を計算します。

解き方 (1) $\frac{1}{2n(2n+2)}=\frac{1}{2}\left(\frac{1}{2n}-\frac{1}{2n+2}\right)$ より，求める和は

$\frac{1}{2}\left(\frac{1}{2}-\frac{1}{4}\right)+\frac{1}{2}\left(\frac{1}{4}-\frac{1}{6}\right)+\cdots+\frac{1}{2}\left(\frac{1}{2n-2}-\frac{1}{2n}\right)+\frac{1}{2}\left(\frac{1}{2n}-\frac{1}{2n+2}\right)$

$=\frac{1}{2}\left(\frac{1}{2}-\frac{1}{2n+2}\right)=\frac{n}{4(n+1)}$ **答え** $\frac{n}{4(n+1)}$

(2)　求める和を S_n とすると

$$\begin{array}{rl} S_n= & 2\cdot5^1+4\cdot5^2+6\cdot5^3+8\cdot5^4+\cdots+2n\cdot5^n \\ -)\ 5S_n= & \qquad\quad 2\cdot5^2+4\cdot5^3+6\cdot5^4+\cdots+(2n-2)\cdot5^n+2n\cdot5^{n+1} \\ \hline -4S_n= & \underbrace{2\cdot5^1+2\cdot5^2+2\cdot5^3+2\cdot5^4+\cdots+2\cdot5^n}_{\text{初項 10，公比 5，項数 }n\text{ の等比数列の和}} \qquad -2n\cdot5^{n+1} \end{array}$$

よって，$S_n=-\dfrac{1}{4}\left\{\dfrac{10\cdot(5^n-1)}{5-1}-2n\cdot5^{n+1}\right\}=\dfrac{(4n-1)\cdot5^{n+1}+5}{8}$

答え　$\dfrac{(4n-1)\cdot5^{n+1}+5}{8}$

第3章　関数

重要 3　n を正の整数とするとき，次の等式が成り立つことを，数学的帰納法を用いて証明しなさい。

$$1\cdot2+2\cdot3+3\cdot4+\cdots+n\cdot(n+1)=\frac{1}{3}n(n+1)(n+2) \quad \cdots①$$

解き方　与えられた等式について，次の(i)，(ii)を示す。

(i)　$n=1$ のとき等式が成り立つ。

(ii)　$n=k$ のとき等式が成り立つと仮定すると，$n=k+1$ のときにも等式が成り立つ。

答え　すべての正の整数 n について等式①が成り立つことを，数学的帰納法で証明する。

(i)　$n=1$ のとき，(左辺)$=2$，(右辺)$=\dfrac{1}{3}\cdot1\cdot2\cdot3=2$ より，①は成り立つ。

(ii)　$n=k$ のとき①が成り立つ，すなわち

$$1\cdot2+2\cdot3+3\cdot4+\cdots+k(k+1)=\frac{1}{3}k(k+1)(k+2)$$

と仮定すると，$n=k+1$ のとき

$$1\cdot2+2\cdot3+3\cdot4+\cdots+k(k+1)+(k+1)\{(k+1)+1\}$$

$$=\frac{1}{3}k(k+1)(k+2)+(k+1)(k+2)$$ ←$n=k$ のときの仮定を用いる

$$=\frac{1}{3}(k+1)(k+2)(k+3)$$ ←$\frac{1}{3}k(k+1)(k+2)$ において，k を $k+1$ に置き換えた式

よって，$n=k+1$ のときも①は成り立つ。

(i)，(ii)より，すべての正の整数 n について，①は成り立つ。

発展問題

1 次の条件を満たす数列 $\{a_n\}$ の第 n 項を求めなさい。

(1) $a_1=1$，$a_2=2$，$a_{n+2}-7a_{n+1}+12a_n=0$

(2) $a_1=2$，$na_{n+1}=(n+1)a_n+1$

考え方

(1) $a_{n+2}-(\alpha+\beta)a_{n+1}+\alpha\beta a_n=0$ となる２つの数 α，β を見つければ，$a_{n+2}-\alpha a_{n+1}=\beta(a_{n+1}-\alpha a_n)$ の形に変形できます。

(2) 漸化式の両辺を $n(n+1)$ で割ります。

解き方 (1) 漸化式 $a_{n+2}-7a_{n+1}+12a_n=0$ より，$a_{n+2}-(3+4)a_{n+1}+3\cdot4a_n=0$

$$\begin{cases} a_{n+2}-3a_{n+1}=4(a_{n+1}-3a_n) & \cdots① \\ a_{n+2}-4a_{n+1}=3(a_{n+1}-4a_n) & \cdots② \end{cases}$$

①より，数列 $\{a_{n+1}-3a_n\}$ は初項 $a_2-3a_1=-1$，公比 4 の等比数列であるから，$a_{n+1}-3a_n=-4^{n-1}$ …③

②より，数列 $\{a_{n+1}-4a_n\}$ は初項 $a_2-4a_1=-2$，公比 3 の等比数列であるから，$a_{n+1}-4a_n=-2\cdot3^{n-1}$ …④

③−④より，$a_n=-4^{n-1}+2\cdot3^{n-1}$　　**答え**　$a_n=-4^{n-1}+2\cdot3^{n-1}$

(2) $na_{n+1}=(n+1)a_n+1$ の両辺を $n(n+1)$ で割って

$$\frac{a_{n+1}}{n+1}=\frac{a_n}{n}+\frac{1}{n(n+1)}$$

← $\dfrac{a_{n+1}}{n+1}-\dfrac{a_n}{n}=\dfrac{1}{n(n+1)}$ より，$b_n=\dfrac{a_n}{n}$ とおいて，b_n の階差数列を用いてもよい

$$\frac{a_{n+1}}{n+1}=\frac{a_n}{n}+\frac{1}{n}-\frac{1}{n+1}$$

よって，$\dfrac{a_{n+1}}{n+1}+\dfrac{1}{n+1}=\dfrac{a_n}{n}+\dfrac{1}{n}$

これより，$\dfrac{a_{n+1}+1}{n+1}=\dfrac{a_n+1}{n}$ …①

ここで，$\dfrac{a_n+1}{n}=b_n$ とおくと，①より，$b_{n+1}=b_n$

また，$b_1=\dfrac{a_1+1}{1}=\dfrac{2+1}{1}=3$

したがって，$b_n=b_{n-1}=\cdots=b_1=3$ より，$\dfrac{a_n+1}{n}=3$

すなわち，$a_n=3n-1$　　**答え**　$a_n=3n-1$

練習問題

答え：別冊 p.38 ～ p.42

重要
1 次の問いに答えなさい。

(1) 初項が 10，公差が-4である等差数列について，初項から第 6 項までの和を求めなさい。

(2) 初項が 3，公比が 2 である等比数列について，初項から第 10 項までの和を求めなさい。

2 次の問いに答えなさい。

(1) 3つの数 1，$\dfrac{3}{x}$，x がこの順で等差数列となるとき，x の値を求めなさい。ただし，x は 0 でない実数とします。

(2) 3つの数 $y-12$，y，$2(y+5)$ がこの順に等比数列となるとき，y の値を求めなさい。

3 第 2 項が 9，第 4 項が 5 である等差数列 $\{a_n\}$ について，次の問いに答えなさい。

(1) 数列 $\{a_n\}$ の第 n 項を求めなさい。

(2) 数列 $\{a_n\}$ の初項から第 n 項までの和を S_n とするとき，S_n の最大値とそのときの n の値を求めなさい。

4 次の和を求めなさい。

(1) $\displaystyle\sum_{k=1}^{5}(-7k+10)$

(2) $1^2+3^2+5^2+\cdots+33^2$

(3) $\displaystyle\sum_{k=1}^{n}\frac{1}{\sqrt{k+1}+\sqrt{k-1}}$

(4) $n(n+1)+(n-1)(n+2)+(n-2)(n+3)+\cdots+1\cdot 2n$

5　「9をn個並べてできるn桁の数」を第n項とする数列

9，99，999，9999，99999，…

について考えます。この数列を$\{a_n\}$として，次の問いに答えなさい。

(1)　第n項を求めなさい。

(2)　初項から第n項までの和を求めなさい。

重要
6　数列$\{a_n\}$の初項から第n項までの和S_nが

$S_n=\frac{1}{3}n(n+1)(n+2)$で表されるとき，次の問いに答えなさい。

(1)　数列$\{a_n\}$の第n項を求めなさい。

(2)　a_nの逆数の和$\sum_{k=1}^{n}\frac{1}{a_k}$を求めなさい。

重要
7　数列$\{a_n\}$が次の条件を満たすとき，数列$\{a_n\}$の第n項を求めなさい。

(1)　$a_1=2$，$a_{n+1}=a_n-4$　　(2)　$a_1=3$，$a_{n+1}=5a_n$

(3)　$a_1=-3$，$a_{n+1}-a_n=4n+1$　　(4)　$a_1=1$，$a_{n+1}=-3a_n+3$

重要
8　nを正の整数とするとき，9^n-1が4の倍数であることを，数学的帰納法を用いて証明しなさい。

9　次のような数列$\{a_n\}$について，次の問いに答えなさい。

$\frac{1}{1}$，$\frac{1}{2}$，$\frac{3}{2}$，$\frac{1}{3}$，$\frac{3}{3}$，$\frac{5}{3}$，$\frac{1}{4}$，$\frac{3}{4}$，$\frac{5}{4}$，$\frac{7}{4}$，$\frac{1}{5}$，$\frac{3}{5}$，…

(1)　$\frac{13}{10}$は第何項ですか。

(2)　第60項を求めなさい。

第4章 確率・統計

4-1 データの分析

1 データの散らばり

チェック!

四分位範囲…第３四分位数と第１四分位数の差

外れ値…

他と比べて値が大きく異なるものを外れ値といいます。外れ値の基準は複数ありますが，ここでは，(第１四分位数−1.5×四分位範囲)以下の値と(第３四分位数＋1.5×四分位範囲)以上の値とします。

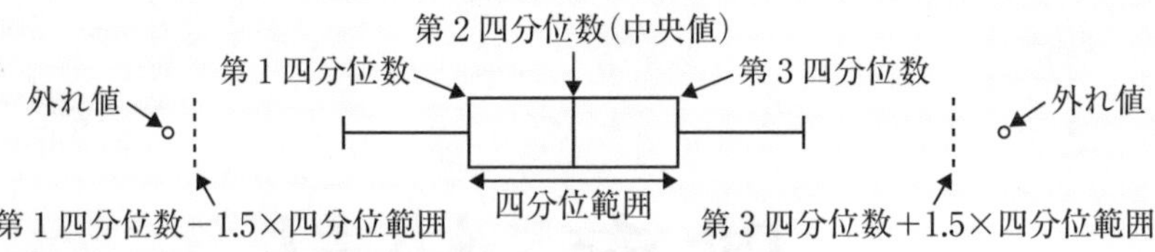

偏差…データの各値 x と平均値 $\overline{x}$ の差 $x-\overline{x}$

分散…偏差の２乗の平均値を分散といい，s^2 で表します。

$$s^2=\frac{1}{n}\{(x_1-\overline{x})^2+(x_2-\overline{x})^2+\cdots+(x_n-\overline{x})^2\}$$

標準偏差…分散の正の平方根を標準偏差といい，s で表します。

$$s=\sqrt{\frac{1}{n}\{(x_1-\overline{x})^2+(x_2-\overline{x})^2+\cdots+(x_n-\overline{x})^2\}}$$

分散と平均値の関係…

(x のデータの分散)＝(x^2 のデータの平均値)−(x のデータの平均値)^2

$$s^2=\frac{1}{n}(x_1{}^2+x_2{}^2+\cdots+x_n{}^2)-(\overline{x})^2=\overline{x^2}-(\overline{x})^2$$

例１　下のようなデータがあります。

5，5，10，6，3，7

平均値を $\overline{x}$ とすると，$\overline{x}=\frac{1}{6}(5+5+10+6+3+7)=6$

分散 s^2 は

$$s^2=\frac{1}{6}\{(5-6)^2+(5-6)^2+(10-6)^2+(6-6)^2+(3-6)^2+(7-6)^2\}=\frac{14}{3}$$

2 データの相関

☑チェック!

散布図…2つの変量からなるデータを平面上に図示したもの

正の相関関係，負の相関関係…

2つの変量からなるデータにおいて，一方が増加すると他方も増加する傾向がみられるとき，2つの変量には正の相関関係があるといいます。また，一方が増加すると他方が減少する傾向がみられるとき，負の相関関係があるといいます。どちらの傾向もみられないとき，相関関係がないといいます。2つの変量に相関関係があるとき，散布図における点の分布が1つの直線に接近しているほど相関関係が強いといい，散らばっているほど相関関係が弱いといいます。

相関係数…

2つの変量 x，y からなるデータにおける，x と y の偏差の積 $(x-\overline{x})(y-\overline{y})$ の平均値

$$\frac{1}{n}\{(x_1-\overline{x})(y_1-\overline{y})+(x_2-\overline{x})(y_2-\overline{y})+\cdots+(x_n-\overline{x})(y_n-\overline{y})\}$$

を x と y の共分散といい，s_{xy} で表します。この共分散を x の標準偏差 s_x と y の標準偏差 s_y の積 s_xs_y で割った値を相関係数といい，r で表します。

$$r=\frac{s_{xy}}{s_xs_y}=\frac{\frac{1}{n}\{(x_1-\overline{x})(y_1-\overline{y})+\cdots+(x_n-\overline{x})(y_n-\overline{y})\}}{\sqrt{\frac{1}{n}\{(x_1-\overline{x})^2+\cdots+(x_n-\overline{x})^2\}}\sqrt{\frac{1}{n}\{(y_1-\overline{y})^2+\cdots+(y_n-\overline{y})^2\}}}$$

$$=\frac{(x_1-\overline{x})(y_1-\overline{y})+\cdots+(x_n-\overline{x})(y_n-\overline{y})}{\sqrt{\{(x_1-\overline{x})^2+\cdots+(x_n-\overline{x})^2\}\{(y_1-\overline{y})^2+\cdots+(y_n-\overline{y})^2\}}}$$

相関係数 r のとり得る値の範囲は，$-1\leqq r\leqq 1$ です。

r の値は正の相関関係が強いほど1に近く，負の相関関係が強いほど-1に近くなります。相関関係がないとき，r は0に近い値をとります。

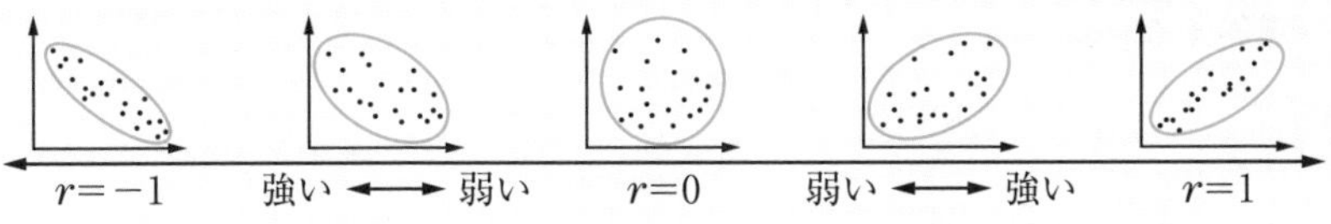

$r=-1$　強い ⟷ 弱い　$r=0$　弱い ⟷ 強い　$r=1$

基本問題

重要
1 下のデータは，5人があるゲームをした得点結果です。

9，10，11，7，13 （点）

次の問いに答えなさい。

(1) このデータの分散 s^2 を求めなさい。

(2) このデータの標準偏差 s を求めなさい。

ポイント
(1)変量 x のデータの値が x_1，x_2，…，x_n で，その平均値が $\overline{x}$ のとき，

分散 s^2 は，$s^2=\dfrac{1}{n}\{(x_1-\overline{x})^2+(x_2-\overline{x})^2+\cdots+(x_n-\overline{x})^2\}=\overline{x^2}-(\overline{x})^2$

(2)標準偏差 s は，$s=\sqrt{分散}$

解き方 (1) 平均値 $\overline{x}$ は，$\overline{x}=\dfrac{1}{5}(9+10+11+7+13)=10$(点)

分散 s^2 は

$$s^2=\frac{1}{5}\{(9-10)^2+(10-10)^2+(11-10)^2+(7-10)^2+(13-10)^2\}$$

$$=4$$

↑ $s^2=\overline{x^2}-(\overline{x})^2=\dfrac{1}{5}(9^2+10^2+11^2+7^2+13^2)-10^2=4$ と求めてもよい

答え 4

(2) 標準偏差 s は，$s=\sqrt{4}=2$(点)　　答え 2点

2 右の①，②，③は，ある2つの変量 x，y のデータについての散布図です。データ①，②，③の x と y の相関係数が -0.8，-0.5，0.5 のいずれかであるとき，それぞれのデータの相関係数を答えなさい。

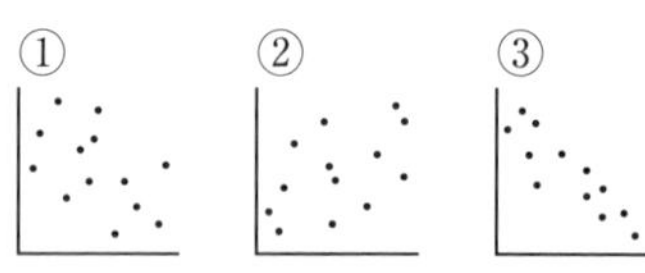

ポイント
相関係数 r の値が1に近いほど強い正の相関関係があり，-1 に近いほど強い負の相関関係があります。

解き方 散布図より，①と③には負の相関関係，②は正の相関関係があるので，②の相関係数は0.5である。また，①より③のほうが強い相関関係があるため，①の相関係数は-0.5，③の相関係数は-0.8である。

答え ①…-0.5　②…0.5　③…-0.8

重要 3 右の表は，2つの変量x，yについてのデータです。次の問いに答えなさい。

	A	B	C	D	E
x	10	13	16	12	9
y	12	9	15	11	8

(1) xとyの相関係数を求めなさい。

(2) xとyの間にはどのような相関関係があるといえますか。下の①～③の中から1つ選びなさい。

① 正の相関関係がある　② 負の相関関係がある　③ 相関関係がない

ポイント (1)相関係数 $r=\dfrac{(x_1-\overline{x})(y_1-\overline{y})+\cdots+(x_n-\overline{x})(y_n-\overline{y})}{\sqrt{\{(x_1-\overline{x})^2+\cdots+(x_n-\overline{x})^2\}\{(y_1-\overline{y})^2+\cdots+(y_n-\overline{y})^2\}}}$

解き方 (1) x，yの平均値は

$$\overline{x}=\frac{1}{5}(10+13+16+12+9)=12$$

$$\overline{y}=\frac{1}{5}(12+9+15+11+8)=11$$

下のような表を作る。

	x	y	$x-\overline{x}$	$y-\overline{y}$	$(x-\overline{x})(y-\overline{y})$	$(x-\overline{x})^2$	$(y-\overline{y})^2$
A	10	12	-2	1	-2	4	1
B	13	9	1	-2	-2	1	4
C	16	15	4	4	16	16	16
D	12	11	0	0	0	0	0
E	9	8	-3	-3	9	9	9
計	60	55	0	0	21	30	30

表から，相関係数rは

$$r=\frac{21}{\sqrt{30\cdot30}}=0.7$$

答え 0.7

(2) 相関係数が正より，正の相関関係があるので，①である。  ①

応用問題

1 下の 15 個のデータについて，外れ値があるかどうか調べなさい。

27，30，36，41，43，44，44，45，46，46，48，49，54，57，60

解き方 このデータの第 1 四分位数は 41，第 3 四分位数は 49 であるから，四分位範囲は $49-41=8$ である。$41-1.5\cdot 8=29$，$49+1.5\cdot 8=61$ より，29 以下または 61 以上の値が外れ値だから，15 個のデータの中で 27 が外れ値である。

答え 27 が外れ値である。

2 グループ A の卵 4 個の重さの平均は 55g，分散は 9 です。また，グループ B の卵 6 個の重さのデータは下のように与えられています。

60，55，64，60，58，63　(g)

10 個のデータの平均値と分散を求めなさい。

ポイント 分散と平均値の関係　$s^2=\overline{x^2}-(\overline{x})^2$

解き方 平均値は，$\dfrac{1}{10}\{55\cdot 4+(60+55+64+60+58+63)\}=58$(g)

グループ B のデータの平均値は，$\dfrac{1}{6}(60+55+64+60+58+63)=60$(g)

これより，グループ B のデータの分散は

$$\frac{1}{6}\{(60-60)^2+(55-60)^2+(64-60)^2+(60-60)^2+(58-60)^2+(63-60)^2\}=9$$

グループ A のデータの 2 乗の平均値を p とすると

$p-55^2=9$ より，$p=3034$

グループ B のデータの 2 乗の平均値を q とすると

$q-60^2=9$ より，$q=3609$

10 個のデータの 2 乗の平均値は

$$\frac{1}{10}(4p+6q)=\frac{1}{10}(12136+21654)=3379$$

よって，10 個のデータの分散は

$3379-58^2=15$

答え 平均値… 58g　分散… 15

練習問題

答え：別冊 p.42 ～ p.43

重要 1 下のデータは，5 人の生徒のテストの結果です。

29，30，27，26，33 （点）

次の問いに答えなさい。

(1) このデータの分散と標準偏差を求めなさい。

(2) 5 人全員に 5 点を加点したとき，データの平均値と標準偏差は変わりますか，変わりませんか。変わるならば加点後の平均値と標準偏差を求めなさい。

重要 2 下の表は，A ～ E の 5 人の生徒について，国語と数学の小テストの点数をまとめたものです。

	A	B	C	D	E
国語	14	17	18	16	10
数学	23	30	24	22	21

この生徒 5 人の国語の点数と数学の点数の間には，どのような相関関係があるといえますか。下の①～⑦の中からあてはまるものを 1 つ選びなさい。ただし，ここでは相関係数を r として

$0.7<|r|\leqq 1$ ⇒ 強い相関関係がある

$0.4<|r|\leqq 0.7$ ⇒ 相関関係がある

$0.2<|r|\leqq 0.4$ ⇒ 弱い相関関係がある

$0<|r|\leqq 0.2$ ⇒ ほとんど相関関係がない

とします。

① 強い正の相関関係がある　② 強い負の相関関係がある

③ 正の相関関係がある　④ 負の相関関係がある

⑤ 弱い正の相関関係がある　⑥ 弱い負の相関関係がある

⑦ ほとんど相関関係がない

4-2 場合の数

1 集合の要素の個数

チェック！

無限集合と有限集合…

要素の個数が無限である集合を無限集合，要素の個数が有限である集合を有限集合といい，有限集合 A の要素の個数を $n(A)$ と表します。

和集合の要素の個数…集合 A，B について，次の①，②が成り立ちます。

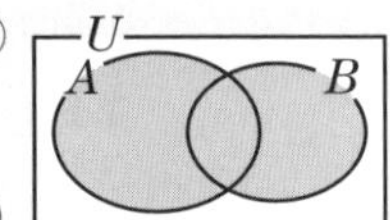

① $n(A\cup B)=n(A)+n(B)-n(A\cap B)$

② $A\cap B=\phi$ のとき

$n(A\cup B)=n(A)+n(B)$

補集合の要素の個数…全体集合 U の部分集合 A の補集合 $\overline{A}$ について，次の式が成り立ちます。

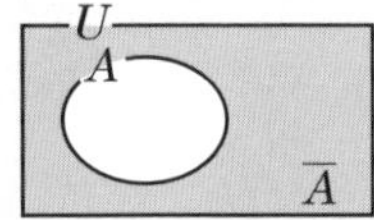

$n(\overline{A})=n(U)-n(A)$

2 場合の数

チェック！

和の法則…2つの事柄 A，B は同時に起こらないものとします。A の起こり方が m 通り，B の起こり方が n 通りあるとき，A または B が起こる場合の数は，$m+n$(通り)あります。

積の法則…事柄 A の起こり方が m 通りあり，そのどれに対しても事柄 B の起こり方が n 通りあるとき，A，B がともに起こる場合の数は，$m\times n$(通り)あります。

例 1　P町からQ町に行く方法が3通り，Q町からR町に行く方法が4通りあるとき，P町からQ町を通ってR町に行く方法は，積の法則より，$3\cdot 4=12$(通り)

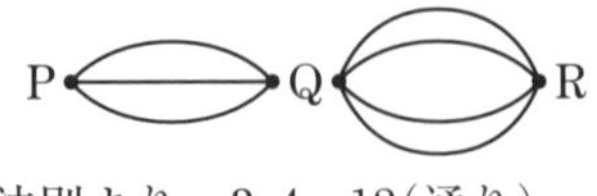

3 順列

チェック!

順列…異なる n 個のものから r 個を取り出し1列に並べたものを，順列といいます。その総数を ${}_n\mathrm{P}_r$ で表し，次の式が成り立ちます。

$${}_n\mathrm{P}_r=n(n-1)(n-2)\cdots(n-r+1)=\frac{n!}{(n-r)!}\quad ただし，{}_n\mathrm{P}_0=1$$

$n!$ は1から n までの整数の積を表し，n の**階乗**といいます。

$${}_n\mathrm{P}_n=n!=n(n-1)(n-2)\cdots3\cdot2\cdot1\quad ただし，0!=1$$

円順列…異なる n 個のものを円形に並べたものを円順列といい，その総数は次の式で求められます。

$$\frac{{}_n\mathrm{P}_n}{n}=\frac{n!}{n}=(n-1)!$$

重複順列…異なる n 個のものから重複を許して r 個を取り出し1列に並べたものを重複順列といい，その総数は次の式で求められます。

$$\underbrace{n\times n\times n\times\cdots\times n}_{r\,個}=n^r$$

例1　6色のボールの中から3色を選んで1列に並べるとき，並べ方の総数は

${}_6\mathrm{P}_3=6\cdot5\cdot4=120$(通り)

例2　A，B，C，Dの4人が円形に並びます。右の図のように，Aの場所を基準として，残りの3つの場所にB，C，Dが並ぶ順列を考えればよいので，その並び方の総数は

$(4-1)!=3!=3\cdot2\cdot1=6$(通り)

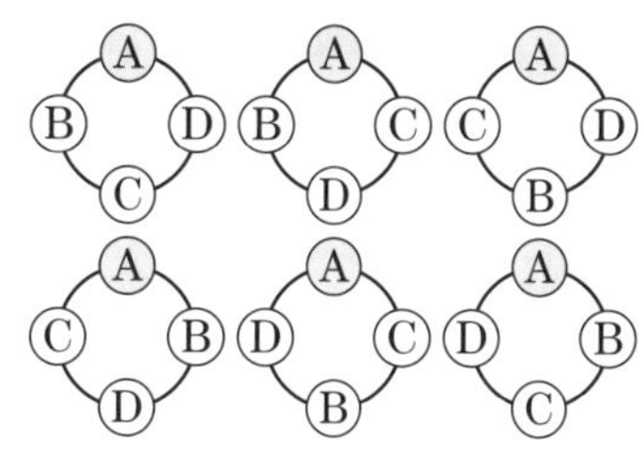

例3　4個の数字1，2，3，4から重複を許して3個を選んで並べ，3桁の整数を作ります。百，十，一の位にそれぞれ1，2，3，4の4通りの数字を選んで並べるので，できる3桁の整数は

$4^3=64$(通り)

百の位	十の位	一の位
↑	↑	↑
4通り	4通り	4通り

4 組合せ

☑ チェック!

組合せ…異なる n 個のものから r 個取り出した1組を，組合せといいます。

その総数を ${}_n\mathrm{C}_r$ で表し，次の式が成り立ちます。

$${}_n\mathrm{C}_r=\frac{{}_n\mathrm{P}_r}{r!}=\frac{n(n-1)(n-2)\cdots(n-r+1)}{r(r-1)(r-2)\cdots\cdot3\cdot2\cdot1}=\frac{n!}{r!(n-r)!}$$

ただし，${}_n\mathrm{C}_0=1$

${}_n\mathrm{C}_r$ について，次の等式が成り立ちます。

① ${}_n\mathrm{C}_r={}_n\mathrm{C}_{n-r}$

② ${}_n\mathrm{C}_r={}_{n-1}\mathrm{C}_{r-1}+{}_{n-1}\mathrm{C}_r$

同じものを含む順列…a が p 個，b が q 個，c が r 個，…の合計 n 個を1列に並べるとき，その順列の総数は次の式で求められます。

$$\frac{n!}{p!q!r!\cdots}\quad ただし，p+q+r+\cdots=n$$

重複組合せ…異なる n 個のものから重複を許して r 個取り出すとき，その組合せの総数は次の式で求められます。

$${}_{n+r-1}\mathrm{C}_r$$

例1　8人の生徒の中から給食係を3人選ぶとき，選び方の総数は

$${}_8\mathrm{C}_3=\frac{8\cdot7\cdot6}{3\cdot2\cdot1}=56(通り)$$

例2　24色の絵の具の中から使う20色の選び方の総数は，使わない4色の選び方の総数と等しいので，$\underbrace{{}_{24}\mathrm{C}_{20}={}_{24}\mathrm{C}_4}_{{}_n\mathrm{C}_r={}_n\mathrm{C}_{n-r}}=\frac{24\cdot23\cdot22\cdot21}{4\cdot3\cdot2\cdot1}=10626$(通り)

例3　9人を4人，3人，2人の3つのグループに分けます。9人の中から4人を選ぶ方法は ${}_9\mathrm{C}_4$ 通り，残りの5人から3人を選ぶ方法は ${}_5\mathrm{C}_3$ 通りあり，残りの2人は最後のグループに入るので選び方は1通りです。よって，分け方の総数は，積の法則より

$${}_9\mathrm{C}_4\cdot{}_5\mathrm{C}_3\cdot{}_2\mathrm{C}_2=\frac{9\cdot8\cdot7\cdot6}{4\cdot3\cdot2\cdot1}\cdot\frac{5\cdot4\cdot3}{3\cdot2\cdot1}\cdot1=1260(通り)$$

基本問題

1 1から100までの整数の集合を全体集合Uとしたとき，次の集合の要素の個数を答えなさい。

(1) 3の倍数または4の倍数の集合

(2) 3の倍数でも4の倍数でもない数の集合

解き方 3の倍数の集合をA，4の倍数の集合をBとすると，$A \cap B$は12の倍数の集合なので

$A=\{3\cdot1，3\cdot2，3\cdot3，\cdots，3\cdot33\}$

$B=\{4\cdot1，4\cdot2，4\cdot3，\cdots，4\cdot25\}$

$A \cap B=\{12\cdot1，12\cdot2，12\cdot3，\cdots，12\cdot8\}$

(1) 3の倍数または4の倍数の集合は，$A \cup B$である。$n(A)=33$，$n(B)=25$，$n(A \cap B)=8$より

$n(A \cup B)=n(A)+n(B)-n(A \cap B)=33+25-8=50$ **答え** 50個

(2) 3の倍数でも4の倍数でもない整数の集合は，$\overline{A} \cap \overline{B}$だから

$n(\overline{A} \cap \overline{B})=n(\overline{A \cup B})$ ←ド・モルガンの法則

$=n(U)-n(A \cup B)$ ←$n(\overline{A})=n(U)-n(A)$

$=100-50=50$ **答え** 50個

2 大中小3個のさいころを振るとき，次の問いに答えなさい。

(1) 目の数の和が4または6になる目の出方は何通りありますか。

(2) 目の出方の総数は何通りありますか。

解き方 (1) 出る目の数の組合せを(大，中，小)＝(1，1，1)のように表す。目の数の和が4になるのは，(2，1，1)，(1，2，1)，(1，1，2)の3通り。目の数の和が6になるのは，(4，1，1)，(3，2，1)，(3，1，2)，(2，3，1)，(2，1，3)，(2，2，2)，(1，4，1)，(1，3，2)，(1，2，3)，(1，1，4) の10通り。

よって，和の法則より，3＋10＝13(通り) **答え** 13通り

(2) 大中小のさいころそれぞれに目の出方が6通りあるので，積の法則より，$6\cdot6\cdot6=216$(通り) **答え** 216通り

応用問題

重要

1 大人４人と子ども３人が１列に並ぶとき，次の問いに答えなさい。

(1) 両端が大人になる並び方は何通りありますか。

(2) 子どもが隣り合わない並び方は何通りありますか。

考え方 (2)子どもは両端または大人の間に並びます。

解き方 (1) 大人４人のうち２人が両端に並ぶので，両端の並び方は

$_4P_2=4\cdot 3=12$(通り)

その間に並ぶ子ども３人と残りの大人２人の並び方は，$_5P_5=5!=120$(通り)

㊅□□□□□㊅

よって，並び方の総数は，$12\cdot 120=1440$(通り)　**答え** 1440 通り

(2) 大人４人の並び方は，$_4P_4=4!=24$(通り)

右の図のように，子どもは両端または大人の間の計５か所の↑のうち，３か所に入るので，$_5P_3=5\cdot 4\cdot 3=60$(通り)

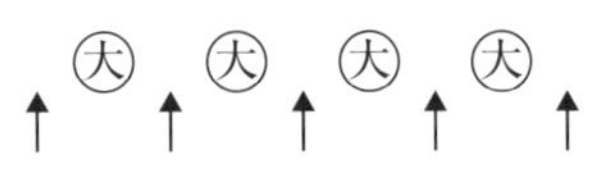

よって，並び方の総数は，$24\cdot 60=1440$(通り)　**答え** 1440 通り

2 等式 $x+y+z=9$ を満たす負でない整数 x，y，z の組は全部で何個ありますか。

考え方 x，y，z は負でない整数なので，合計９個の○を３つの組に分ける方法を考えます。○が０個の組もあることに注意します。

解き方 ９個の○と２個の仕切り｜を使って，整数 x，y，z の組合せを表す。

$x=5$，$y=3$，$z=1$ の組合せを，○○○○○｜○○○｜○

$x=4$，$y=0$，$z=5$ の組合せを，○○○○｜｜○○○○○

のように表すことにすると，求める組の個数は，９個の○の間に２個の仕切り｜を入れる方法の総数である。すなわち，11 個の場所から仕切り｜をおく２個を選ぶ方法の総数だから

$_{11}C_2=\dfrac{11\cdot 10}{2\cdot 1}=55$(個)　**答え** 55 個

練習問題

答え：別冊 p.43 ～ p.44

1 次の問いに答えなさい。

(1) 大小2個のさいころを振るとき，目の数の和が3または6になる目の出方は何通りありますか。

(2) 大中小3個のさいころを振るとき，すべての目が偶数になる目の出方は何通りありますか。

(3) 大小2個のさいころを振るとき，目の数の積が偶数になる目の出方は何通りありますか。

重要
2 次の問いに答えなさい。

(1) 男子4人と女子3人が1列に並ぶとき，女子3人が隣り合う並び方は何通りありますか。

(2) 6人が円形に並ぶとき，並び方は何通りありますか。

3 正六角形の頂点のうち，3点を結んでそれを頂点とする三角形をつくるとき，三角形は何個つくれますか。

重要
4 大人5人，子ども4人の中から3人を選ぶとき，子どもが少なくとも1人は含まれるように選ぶとき，選び方は何通りありますか。

5 10人を2人，4人，4人の3つのグループに分けるとき，分け方は何通りありますか。

6 3個の文字 a，b，c から重複を許して6個取り出す組合せは何通りありますか。ただし，選ばれない文字があってもよいこととします。

4-3 確率

1 確率

☑チェック！

試行と事象…同じ条件のもとで繰り返すことができる実験や観測を試行といい，試行の結果として起こる事柄を事象といいます。ある試行において，起こり得る結果全体を集合Uとするとき，Uで表される事象を**全事象**，Uの１個の要素からなる集合で表される事象を**根元事象**，空集合ϕで表される事象を**空事象**といいます。

例１　１枚の硬貨を投げる試行を繰り返すと，表が出る事象の相対度数は0.5に近づくので，表が出る確率は0.5と考えることができます。

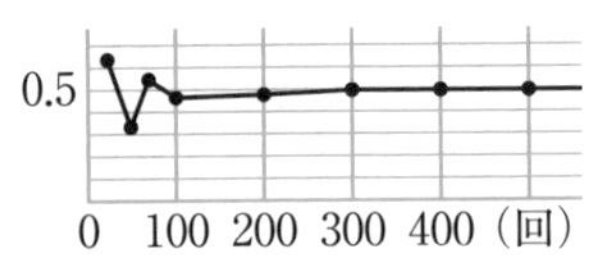

☑チェック！

事象と確率…全事象Uの要素の個数を$n(U)$，事象Aの要素の個数を$n(A)$とします。全事象Uのどの根元事象も同様に確からしいとき，事象Aの確率$P(A)$は，$P(A)=\dfrac{n(A)}{n(U)}$と定められます。

積事象と和事象…

事象Aと事象Bがともに起こる事象を積事象といい，$A\cap B$と表します。また，事象Aまたは事象Bが起こる事象を和事象といい，$A\cup B$と表します。

排反事象…事象Aと事象Bが同時に起こらないとき，AとBは互いに**排反**である，または互いに排反事象であるといいます。

確率の基本性質…確率について，次の性質が成り立ちます。

①事象Aについて，$0\leqq P(A)\leqq 1$

②全事象U，空事象ϕの確率は，$P(U)=1$，$P(\phi)=0$

③事象AとBが互いに排反であるとき

$P(A\cup B)=P(A)+P(B)$

2 余事象の確率

チェック!

余事象…全事象Uの中の事象Aに対して，Aが起こらないという事象をAの余事象といい，$\overline{A}$と表します。

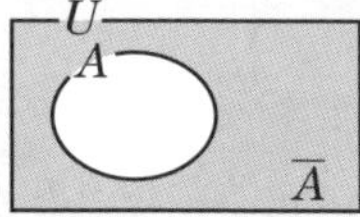

余事象の確率…余事象$\overline{A}$について，次の式が成り立ちます。

$$P(\overline{A})=1-P(A)$$

3 反復試行の確率

チェック!

独立な試行の確率…

2つの試行の結果が互いの結果に影響を及ぼさないとき，2つの試行は独立であるといいます。2つの試行T_1，T_2が独立であるとき，T_1で事象Aが起こり，T_2で事象Bが起こる確率は，次の式で求められます。

$$P(A)P(B)$$

反復試行の確率…

同じ条件のもとで繰り返し独立な試行を行うとき，その一連の試行を反復試行といいます。1回の試行で事象Aが起こる確率をpとすると，この試行をn回繰り返すとき，事象Aがちょうどr回起こる確率は，次の式で求められます。

$${}_n\mathrm{C}_r p^r(1-p)^{n-r}$$　ただし，$p^0=1$

例1　1枚の硬貨を5回続けて投げるとき，表がちょうど2回出る確率を求めます。1回めから5回めまでに表が2回出る出方は，5個の場所から2個選ぶ方法の総数と等しいから，${}_5\mathrm{C}_2=\dfrac{5\cdot4}{2\cdot1}=10$(通り)あります。また，硬貨を1回投げるとき，表が出る確率は$\dfrac{1}{2}$だから

$${}_5\mathrm{C}_2\left(\frac{1}{2}\right)^2\left(1-\frac{1}{2}\right)^{5-2}=10\cdot\frac{1}{4}\cdot\frac{1}{8}=\frac{5}{16}$$

4 条件付き確率

☑チェック！

条件付き確率…

全事象 U の中の2つの事象 A，B について，A が起こったとわかっている上で，さらに B が起こる確率を，A が起こったときの B の条件付き確率といい，$P_A(B)$ で表します。

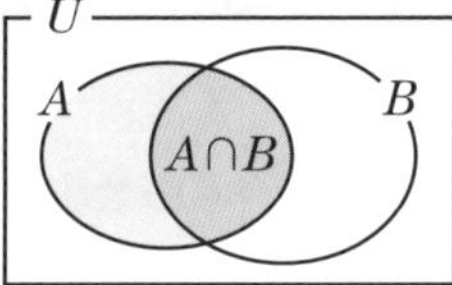

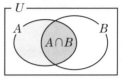

$$P_A(B)=\frac{n(A\cap B)}{n(A)}=\frac{P(A\cap B)}{P(A)}\quad \text{ただし，} n(A)\neq 0$$

乗法定理…上の式から，次の確率の乗法定理が成り立ちます。

$$P(A\cap B)=P(A)P_A(B)$$

例1　1～5の整数が書かれた黒球と6～12の整数が書かれた白球が入った袋から球を1個取り出します。それが黒球であることがわかっているとき，その番号が偶数である条件付き確率は，黒球を取り出す事象を A，偶数の球を取り出す事象を B とすると，$P_A(B)$ となります。$n(A)=5$，$n(A\cap B)=2$ であるから，$P_A(B)=\frac{2}{5}$

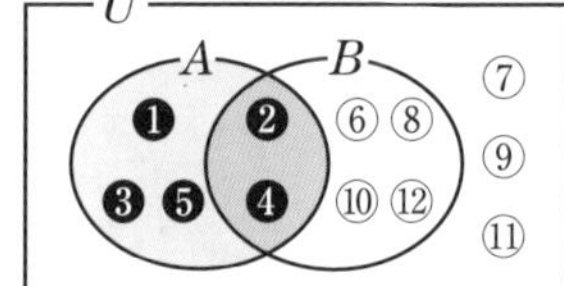

5 期待値

☑チェック！

期待値…ある試行の結果によって値の定まる変量 X があり，X のとり得る値を x_1，x_2，…，x_n とし，X がこれらの値をとる確率をそれぞれ p_1，p_2，…，p_n とすると，変量 X の期待値 E は次の式で表されます。

$$E=x_1p_1+x_2p_2+\cdots+x_np_n\quad \text{ただし，} p_1+p_2+\cdots+p_n=1$$

例1　1個のさいころを振るとき，出る目の数を X とすると，X が1～6の値をとる確率はすべて $\frac{1}{6}$ なので，出る目の数の期待値 E は

$$E=1\cdot\frac{1}{6}+2\cdot\frac{1}{6}+3\cdot\frac{1}{6}+4\cdot\frac{1}{6}+5\cdot\frac{1}{6}+6\cdot\frac{1}{6}=\frac{21}{6}=\frac{7}{2}$$

基本問題

1 $\boxed{1}$から$\boxed{40}$までの整数が書かれた40枚のカードから1枚引くとき，書かれた整数が4の倍数または5の倍数である確率を求めなさい。

考え方 整数が4の倍数である事象と5の倍数である事象は，互いに排反ではないことに注意します。

解き方 カードに書かれた整数が4の倍数である事象をA，5の倍数である事象をBとすると，求める確率は，$P(A\cup B)$である。

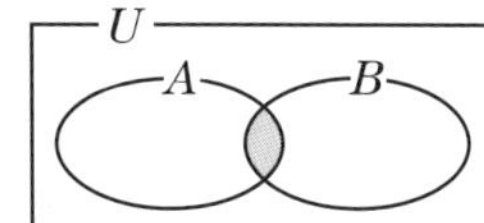

$n(U)=40$，$n(A)=10$ より $P(A)=\dfrac{10}{40}$，$n(B)=8$ より $P(B)=\dfrac{8}{40}$

また，$A\cap B=\{20,\ 40\}$ であるから，$n(A\cap B)=2$ より，$P(A\cap B)=\dfrac{2}{40}$

よって，求める確率 $P(A\cup B)$ は

$$P(A\cup B)=P(A)+P(B)-P(A\cap B)=\frac{10}{40}+\frac{8}{40}-\frac{2}{40}=\frac{2}{5}$$

答え $\dfrac{2}{5}$

重要
2 赤球4個，白球2個が入った袋Aと，赤球2個，白球3個が入った袋Bがあります。A，Bの袋から1個ずつ球を取り出すとき，同じ色の球を取り出す確率を求めなさい。

考え方 赤球を2個取り出す場合と，白球を2個取り出す場合があります。

解き方 袋Aから赤球を取り出す確率は$\dfrac{4}{6}=\dfrac{2}{3}$，袋Bから赤球を取り出す確率は$\dfrac{2}{5}$であるから，赤球を2個取り出す確率は，$\dfrac{2}{3}\cdot\dfrac{2}{5}=\dfrac{4}{15}$

袋Aから白球を取り出す確率は$\dfrac{2}{6}=\dfrac{1}{3}$，袋Bから白球を取り出す確率は$\dfrac{3}{5}$であるから，白球を2個取り出す確率は，$\dfrac{1}{3}\cdot\dfrac{3}{5}=\dfrac{3}{15}$

これらの事象は互いに排反であるから，求める確率は

$$\frac{4}{15}+\frac{3}{15}=\frac{7}{15}$$

答え $\dfrac{7}{15}$

応用問題

重要 **1** A，Bの2人が続けてゲームを行い，先に3勝した人が優勝とします。1回のゲームでAが勝つ確率は$\frac{2}{3}$で，引き分けはないとき，Aが優勝する確率を求めなさい。

考え方 優勝が決まる最後のゲームは，必ずAが勝つことに注意します。

解き方 (i) Aが3勝0敗する確率は，$\left(\frac{2}{3}\right)^3=\frac{2\cdot2\cdot2}{3\cdot3\cdot3}=\frac{8}{27}$

(ii) Aが3勝1敗する確率は，はじめの3回で2勝1敗し，4回めで勝つ確率だから，${}_3C_2\left(\frac{2}{3}\right)^2\left(1-\frac{2}{3}\right)^1\cdot\frac{2}{3}=\frac{3\cdot2}{2\cdot1}\cdot\frac{4}{9}\cdot\frac{1}{3}\cdot\frac{2}{3}=\frac{8}{27}$

3回めまでに3勝してはいけない

(iii) Aが3勝2敗する確率は，はじめの4回で2勝2敗し，5回めで勝つ確率だから，${}_4C_2\left(\frac{2}{3}\right)^2\left(1-\frac{2}{3}\right)^2\cdot\frac{2}{3}=\frac{4\cdot3}{2\cdot1}\cdot\frac{4}{9}\cdot\frac{1}{9}\cdot\frac{2}{3}=\frac{16}{81}$

(i)，(ii)，(iii)は互いに排反であるから，Aが優勝する確率は

$\frac{8}{27}+\frac{8}{27}+\frac{16}{81}=\frac{64}{81}$ 答え $\frac{64}{81}$

重要 **2** 3本の当たりくじを含む20本のくじがあります。このくじを，はじめにAが1本引き，くじを元に戻さずに，次にBが1本引くとき，次の確率を求めなさい。

(1) Aがはずれくじを引いたときの，Bが当たりくじを引く条件付き確率

(2) AもBも当たりくじを引く確率

解き方 (1) Aがはずれくじを1本引いたので，残り19本の中にある当たりくじを引く確率は，$\frac{3}{19}$ 答え $\frac{3}{19}$

(2) Aが当たりくじを引く事象をA，Bが当たりくじを引く事象をBとすると，AもBも当たりくじを引く確率は$P(A\cap B)$である。

$P_A(B)=\frac{2}{19}$，$P(A)=\frac{3}{20}$であるから，乗法定理より

$P(A\cap B)=P(A)P_A(B)=\frac{3}{20}\cdot\frac{2}{19}=\frac{3}{190}$ 答え $\frac{3}{190}$

3 次のような2つのゲームⅠ，Ⅱのうち，どちらに参加するほうが有利ですか。理由もつけて答えなさい。

Ⅰ…A賞500円が3本，B賞200円が10本，C賞100円が20本含まれる100本のくじの中から1本のくじを引く。ただし，A，B，C賞以外のくじははずれくじとし，はずれくじを引いた場合の賞金は0円とする。

Ⅱ…Aの玉が2個，Bの玉が3個入っている袋から，玉を同時に3個取り出し，取り出したAの玉1個につき賞金50円がもらえる。

考え方 Ⅰ，Ⅱそれぞれの賞金の期待値を比べます。

解き方 ゲームⅠの賞金をX円とし，それぞれの値をとる確率をまとめると，下の表のようになる。

X	500	200	100	0	計
確率	$\frac{3}{100}$	$\frac{10}{100}$	$\frac{20}{100}$	$\frac{67}{100}$	1

よって，ゲームⅠの賞金の期待値は

$$500\cdot\frac{3}{100}+200\cdot\frac{10}{100}+100\cdot\frac{20}{100}+0\cdot\frac{67}{100}=55(\text{円})$$

ゲームⅡで，計5個の玉から3個取り出す場合の数は，${}_5C_3=10$(通り)

Aの玉を0個取り出す確率は，$\frac{{}_3C_3}{10}=\frac{1}{10}$で，賞金は0円。

Aの玉を1個取り出す確率は，$\frac{{}_2C_1\cdot{}_3C_2}{10}=\frac{6}{10}$で，賞金は50円。

Aの玉を2個取り出す確率は，$\frac{{}_2C_2\cdot{}_3C_1}{10}=\frac{3}{10}$で，賞金は100円。

よって，ゲームⅡの賞金の期待値は

$$0\cdot\frac{1}{10}+50\cdot\frac{6}{10}+100\cdot\frac{3}{10}=60(\text{円})$$

以上より，ゲームⅡのほうが，ゲームⅠより賞金の期待値が高い。

よって，ゲームⅡに参加するほうが有利であるといえる。

答え ゲームⅡのほうが賞金の期待値が高いので，ゲームⅡに参加するほうが有利。

発展問題

1 n を 8 以上の整数とします。赤球 $(n-6)$ 個，白球 6 個の計 n 個の球が入った袋から同時に 3 個の球を取り出すとき，赤球が 2 個，白球が 1 個取り出される確率を P_n とします。次の問いに答えなさい。

(1) P_n を n を用いて表しなさい。

(2) P_9，P_{10}，P_{19}，P_{20} の値をそれぞれ求めなさい。

(3) P_n が最大となるときの n の値を求めなさい。

考え方 (3) $P_8<P_9<\cdots<P_{m-1}<P_m>P_{m+1}>\cdots$ となるとき，P_m が最大となるので，$\dfrac{P_m}{P_{m-1}}>1$，$\dfrac{P_{m+1}}{P_m}<1$ が成り立ちます。

解き方 (1) 赤球を $(n-6)$ 個から 2 個，白球を 6 個から 1 個取り出せばよいので

$$P_n=\frac{{}_{n-6}C_2\cdot{}_6C_1}{{}_nC_3}=\frac{\dfrac{(n-6)(n-7)}{2\cdot 1}\cdot 6}{\dfrac{n(n-1)(n-2)}{3\cdot 2\cdot 1}}=\frac{18(n-6)(n-7)}{n(n-1)(n-2)}$$

答え $P_n=\dfrac{18(n-6)(n-7)}{n(n-1)(n-2)}$

(2) $P_9=\dfrac{18\cdot 3\cdot 2}{9\cdot 8\cdot 7}=\dfrac{3}{14}$，$P_{10}=\dfrac{18\cdot 4\cdot 3}{10\cdot 9\cdot 8}=\dfrac{3}{10}$，$P_{19}=\dfrac{18\cdot 13\cdot 12}{19\cdot 18\cdot 17}=\dfrac{156}{323}$，

$P_{20}=\dfrac{18\cdot 14\cdot 13}{20\cdot 19\cdot 18}=\dfrac{91}{190}$ **答え** $P_9=\dfrac{3}{14}$，$P_{10}=\dfrac{3}{10}$，$P_{19}=\dfrac{156}{323}$，$P_{20}=\dfrac{91}{190}$

(3) $$\frac{P_{n+1}}{P_n}=\frac{\dfrac{18(n-5)(n-6)}{(n+1)n(n-1)}}{\dfrac{18(n-6)(n-7)}{n(n-1)(n-2)}}=\frac{(n-2)(n-5)}{(n+1)(n-7)}=\frac{n^2-7n+10}{n^2-6n-7}$$

$\dfrac{P_{n+1}}{P_n}>1$ すなわち，$P_n<P_{n+1}$ のとき，$n^2-7n+10>n^2-6n-7$ より

$n<17$

$\dfrac{P_{n+1}}{P_n}=1$ すなわち，$P_n=P_{n+1}$ のとき，$n=17$ よって，$P_{17}=P_{18}$

$\dfrac{P_{n+1}}{P_n}<1$ すなわち，$P_n>P_{n+1}$ のとき，$n>17$

これより，$P_8<P_9<\cdots<P_{16}<P_{17}=P_{18}>P_{19}>\cdots$ が成り立つから，求める n の値は，$n=17$，18 **答え** $n=17$，18

練習問題

答え：別冊 p.45 ～ p.46

重要
1 大人3人と子ども3人が，くじを引いて順番を決め，円形のテーブルに等間隔に座るとき，次の確率を求めなさい。

(1) 大人と子どもが交互に座る確率

(2) 2人の大人が向かい合う確率

重要
2 数直線上を動く点Pが原点にあります。1枚の硬貨を投げて，表が出たとき，点Pは正の向きに3だけ進み，裏が出たとき，点Pは負の向きに1だけ進みます。硬貨を10回投げるとき，点Pの座標が-2となる確率を求めなさい。

3 aかbで答える二者択一問題が5題あります。この5題をでたらめに解答するとき，3題以上正解する確率を求めなさい。

4 ある図書館の入館者のうち，全体の55％が利用登録者で，全体の25％が学生の利用登録者でした。入館者の利用登録者1人を選んだとき，その利用登録者が学生である確率を求めなさい。

5 3枚の500円硬貨を同時に投げ，表が出た硬貨を賞金としてもらえるゲームがあります。このゲームの参加費が800円のとき，賞金の期待値と参加費はどちらが何円高いですか。

4-4 確率分布と統計的な推測

1 確率変数と確率分布

☑チェック!

確率変数と確率分布…

試行の結果によってその値が定まる変数を確率変数といいます。確率変数 X の値が a となる確率を $P(X=a)$ と表し，X が a 以上 b 以下の値をとる確率を $P(a \leqq X \leqq b)$ と表します。確率変数 X がとる値とその確率の対応関係を確率分布（**分布**）といい，このとき，確率変数 X はこの分布に**従う**といいます。また，確率分布を表にしたものを**確率分布表**といいます。

2 確率変数の平均，分散，標準偏差

☑チェック!

確率変数の平均，分散，標準偏差…

確率変数 X が値 x_1，x_2，…，x_n をとる確率がそれぞれ p_1，p_2，…，p_n であるとき，X の平均（**期待値**）$E(X)$，分散 $V(X)$，標準偏差 $\sigma(X)$ は，$E(X)=m$ とするとき，それぞれ次の式で表されます。

$$E(X)=x_1p_1+x_2p_2+\cdots+x_np_n=\sum_{k=1}^{n}x_kp_k$$

$$V(X)=E((X-m)^2)=(x_1-m)^2p_1+(x_2-m)^2p_2+\cdots+(x_n-m)^2p_n$$

$$=\sum_{k=1}^{n}(x_k-m)^2p_k$$

$$\sigma(X)=\sqrt{V(X)}$$

分散，標準偏差の性質…

分散 $V(X)$ と標準偏差 $\sigma(X)$ は，次の式でも求められます。

$$V(X)=E(X^2)-\{E(X)\}^2,\quad \sigma(X)=\sqrt{E(X^2)-\{E(X)\}^2}$$

1 次式の平均，分散，標準偏差…

X を確率変数，a，b を定数とするとき，次の式が成り立ちます。

$$E(aX+b)=aE(X)+b,\quad V(aX+b)=a^2V(X),\quad \sigma(aX+b)=|a|\sigma(X)$$

例１　２枚の硬貨を同時に投げるとき，表が出る硬貨の枚数を X とすると，確率分布は右のようになるため，X の平均，分散，標準偏差はそれぞれ

X	0	1	2	計
P	$\frac{1}{4}$	$\frac{1}{2}$	$\frac{1}{4}$	1

$$E(X)=0\cdot\frac{1}{4}+1\cdot\frac{1}{2}+2\cdot\frac{1}{4}=1$$

$$V(X)=(0-1)^2\cdot\frac{1}{4}+(1-1)^2\cdot\frac{1}{2}+(2-1)^2\cdot\frac{1}{4}=\frac{1}{2}$$

$$\sigma(X)=\sqrt{V(X)}=\frac{1}{\sqrt{2}}$$

3　確率変数の和と積，独立な確率変数

☑チェック！

確率変数の和の平均…

２つの確率変数 X，Y とその平均 $E(X)$，$E(Y)$ について，次の式が成り立ちます。

$$E(X+Y)=E(X)+E(Y)$$

事象の独立，従属…

２つの事象 A，B が起こる確率について，$P(A\cap B)=P(A)P(B)$ が成り立つとき，A と B は独立であるといいます。２つの事象 A，B が独立でないとき，A と B は従属であるといいます。

独立な確率変数…

２つの確率変数 X，Y およびそれらがとる任意の値 x_i，y_j について，$X=x_i$ となる事象と $Y=y_j$ となる事象が独立であるとき，すなわち次の式が成り立つとき，X と Y は独立であるといいます。

$$P(X=x_i,\ Y=y_j)=P(X=x_i)P(Y=y_j)$$

独立な確率変数の平均，分散，標準偏差…

X と Y が独立な確率変数であるとき，次の式が成り立ちます。

$$E(XY)=E(X)E(Y),\ V(X+Y)=V(X)+V(Y),$$

$$\sigma(X+Y)=\sqrt{V(X)+V(Y)}=\sqrt{\{\sigma(X)\}^2+\{\sigma(Y)\}^2}$$

例１　大小２個のさいころを同時に振るとき，それぞれのさいころの出る目の数を X，Y とすると，$E(X)=E(Y)=\dfrac{7}{2}$ であるから，出る目の数の和の期待値は，$E(X+Y)=E(X)+E(Y)=\dfrac{7}{2}+\dfrac{7}{2}=7$

テスト　例１の確率変数 X，Y において，出る目の数の積の期待値 $E(XY)$，和の分散 $V(X+Y)$，和の標準偏差 $\sigma(X+Y)$ をそれぞれ求めなさい。

答え　$E(XY)=\dfrac{49}{4}$，$V(X+Y)=\dfrac{35}{6}$，$\sigma(X+Y)=\dfrac{\sqrt{210}}{6}$

4 二項分布

チェック！

二項分布…

同じ条件のもとで繰り返し行われる n 回の独立な反復試行において，事象 A が起こる確率を p，A が起こる回数を X とすると，X は確率変数で，その確率分布は

$P(X=r)={}_n\mathrm{C}_r p^r q^{n-r}$　ただし，$q=1-p$，$r=0$，1，2，…，n

となります。この確率分布を二項分布といい，$B(n, p)$ で表します。

二項分布の平均，分散，標準偏差…

確率変数 X が二項分布 $B(n, p)$ に従うとき，$q=1-p$ とすると，次の式が成り立ちます。

$E(X)=np$，$V(X)=npq$，$\sigma(X)=\sqrt{V(X)}=\sqrt{npq}$

例１　１個のさいころを３回振るとき，１の目が出る回数を X とすると，X は二項分布 $B\left(3, \dfrac{1}{6}\right)$ に従う確率変数で，確率分布は下のようになります。

X	0	1	2	3	計
P	${}_3\mathrm{C}_0\left(\frac{1}{6}\right)^0\left(\frac{5}{6}\right)^3$	${}_3\mathrm{C}_1\left(\frac{1}{6}\right)^1\left(\frac{5}{6}\right)^2$	${}_3\mathrm{C}_2\left(\frac{1}{6}\right)^2\left(\frac{5}{6}\right)^1$	${}_3\mathrm{C}_3\left(\frac{1}{6}\right)^3\left(\frac{5}{6}\right)^0$	1

また，X の平均，分散，標準偏差はそれぞれ

$E(X)=3\cdot\dfrac{1}{6}=\dfrac{1}{2}$，$V(X)=3\cdot\dfrac{1}{6}\cdot\dfrac{5}{6}=\dfrac{5}{12}$，$\sigma(X)=\sqrt{V(X)}=\sqrt{\dfrac{5}{12}}=\dfrac{\sqrt{15}}{6}$

5 正規分布

☑チェック!

連続型確率変数，離散型確率変数，確率密度関数…

連続的な値をとる確率変数を連続型確率変数といい，これまでに扱ったとびとびの値をとる確率変数を離散型確率変数といいます。連続型確率変数 X に対して，確率密度関数 $y=f(x)$ を対応させると，次の性質が成り立ちます。

①つねに $f(x) \geqq 0$

②確率 $P(a \leqq X \leqq b)$ は，曲線 $y=f(x)$ と x 軸および2直線 $x=a$，$x=b$ で囲まれた部分の面積に等しい。

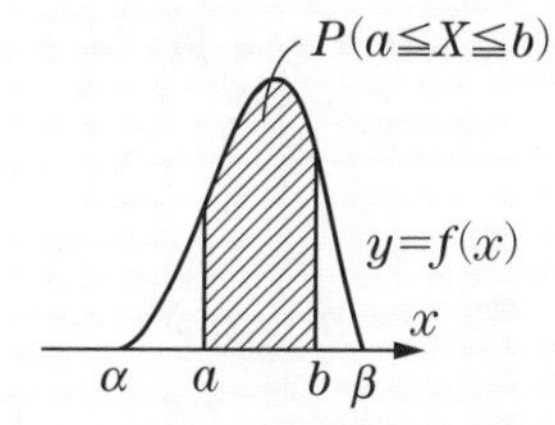

$$P(a \leqq X \leqq b)=\int_a^b f(x)\,dx$$

③曲線 $y=f(x)$ と x 軸で囲まれた部分の面積は1となる。

すなわち，X のとる値の範囲が $\alpha \leqq X \leqq \beta$ のとき，$\int_\alpha^\beta f(x)\,dx=1$

この関数 $f(x)$ を X の確率密度関数，曲線 $y=f(x)$ を**分布曲線**といいます。

連続型確率変数の平均，分散…

確率変数 X のとる値の範囲が $\alpha \leqq X \leqq \beta$ で，X の確率密度関数を $f(x)$ とするとき，次の式が成り立ちます。

$$E(X)=\int_\alpha^\beta xf(x)\,dx, \quad V(X)=\int_\alpha^\beta \{x-E(X)\}^2 f(x)\,dx$$

また，X の分散は次の式で求めることもできます。

$$V(X)=\int_\alpha^\beta x^2 f(x)\,dx-\{E(X)\}^2$$

例1　$0 \leqq x \leqq 1$ の値をとる確率変数 X の確率密度関数が $f(x)=2x$ であるとき，確率 $P\left(0 \leqq X \leqq \frac{1}{2}\right)$，平均 $E(X)$ は次のように求められます。

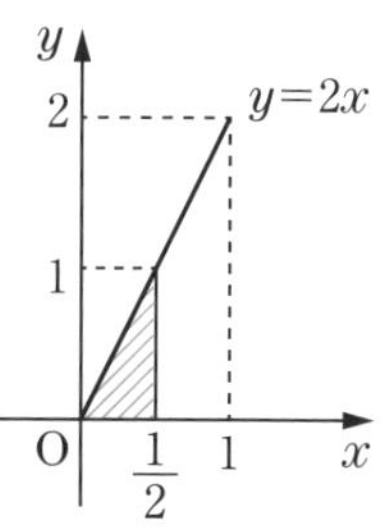

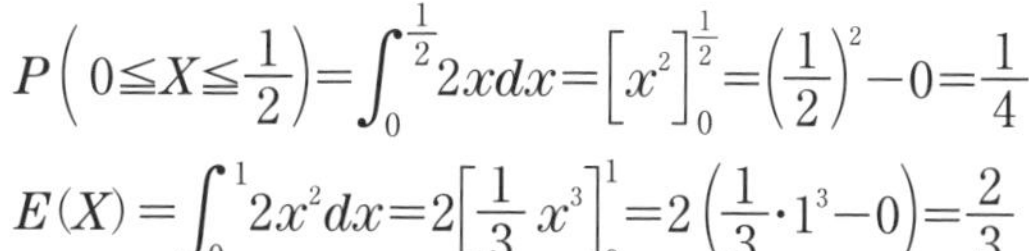

$$P\left(0 \leqq X \leqq \frac{1}{2}\right)=\int_0^{\frac{1}{2}} 2x\,dx=\Big[x^2\Big]_0^{\frac{1}{2}}=\left(\frac{1}{2}\right)^2-0=\frac{1}{4}$$

$$E(X)=\int_0^1 2x^2\,dx=2\left[\frac{1}{3}x^3\right]_0^1=2\left(\frac{1}{3}\cdot 1^3-0\right)=\frac{2}{3}$$

チェック!

正規分布…連続型確率変数Xの確率密度関数$f(x)$が

$$f(x)=\frac{1}{\sqrt{2\pi}\sigma}e^{-\frac{(x-m)^2}{2\sigma^2}}\ (m \text{は実数，} \sigma \text{は正の実数})$$

である確率分布を正規分布といい，$N(m,\ \sigma^2)$で表し，曲線$y=f(x)$を**正規分布曲線**といいます。ここで，eは無理数で，$e=2.71828\cdots$です。

正規分布の平均，分散…

確率変数Xが正規分布$N(m,\ \sigma^2)$に従うとき，Xの平均$E(X)$と標準偏差$\sigma(X)$は次のようになることが知られています。

$E(X)=m,\ \sigma(X)=\sigma$

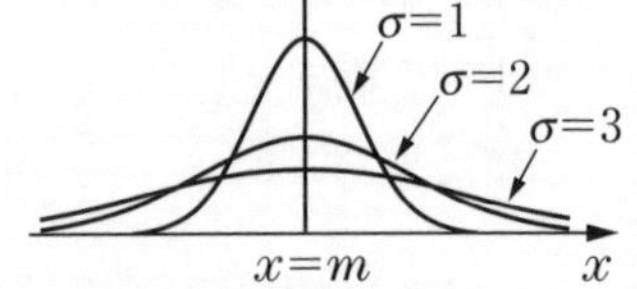

正規分布曲線の性質…

①直線$x=m$に関して対称であり，$f(x)$は$x=m$で最大となる。

②x軸を漸近線とする。

③曲線の山は，標準偏差σが大きくなるほど低くなり，σが小さくなるほど高くなって，対称軸$x=m$のまわりに集まる。

標準正規分布…

確率変数Xが正規分布$N(m,\ \sigma^2)$に従うとき，$Z=\frac{X-m}{\sigma}$とすると，確率変数Zは平均0，標準偏差1の正規分布$N(0,\ 1)$に従うことが知られています。この正規分布$N(0,\ 1)$を標準正規分布といい，標準正規分布に従うZの確率密度関数$F(z)$は，$F(z)=\frac{1}{\sqrt{2\pi}}e^{-\frac{z^2}{2}}$となります。確率$P(0\leqq Z\leqq u)$の値を表にまとめたものを正規分布表といいます(p.12)。

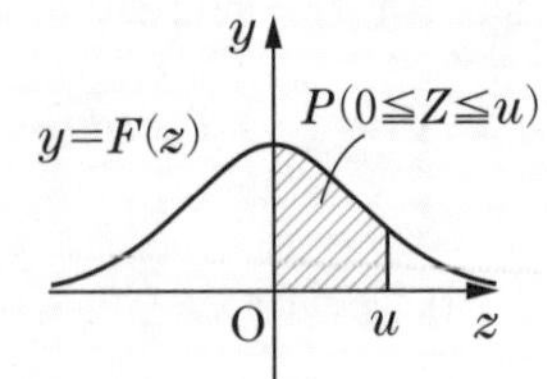

正規分布による二項分布の近似…

二項分布$B(n,\ p)$に従う確率変数Xは，nが大きいとき，Xは近似的に平均np，標準偏差$\sqrt{npq}\ (q=1-p)$の正規分布$N(np,\ npq)$に従うことが知られています。

$Z=\frac{X-np}{\sqrt{npq}}$とすると，$Z$は近似的に標準正規分布$N(0,\ 1)$に従います。

例１　確率変数 X が標準正規分布 $N(0,\ 1)$ に従うとき，正規分布表より

$P(0 \leqq X \leqq 1) = 0.3413$

$P(X \leqq 3) = P(X \leqq 0) + P(0 \leqq X \leqq 3) = 0.5 + 0.4986 = 0.9986$

例２　確率変数 X が $N(3,\ 10^2)$ に従うとき，$Z = \dfrac{X-3}{10}$ は $N(0,\ 1)$ に従うので

$$P(-7 \leqq X \leqq 19) = P(-1 \leqq Z \leqq 1.6) = P(-1 \leqq Z \leqq 0) + P(0 \leqq Z \leqq 1.6)$$
$$= P(0 \leqq Z \leqq 1) + P(0 \leqq Z \leqq 1.6) = 0.3413 + 0.4452 = 0.7865$$

6 母集団と標本，推定

☑チェック！

全数調査，標本調査…

統計調査には，調査の対象全体を調べる全数調査と，対象全体から一部を抜き出して調べ，その結果から全体を推測する標本調査があります。標本調査では，調べたい対象全体の集合を**母集団**といい，調査のために母集団から抜き出された要素の集合を**標本**といいます。母集団から標本を抜き出すことを**抽出**といいます。母集団の中から標本を抽出するとき，抽出するたびにもとに戻して抽出する方法を**復元抽出**といい，もとに戻さないで続けて抽出する方法を**非復元抽出**といいます。また，母集団，標本の要素の個数をそれぞれ**母集団の大きさ，標本の大きさ**といいます。

母集団分布…

母集団における変量の分布を母集団分布といい，母集団分布の平均，分散，標準偏差をそれぞれ**母平均**，**母分散**，**母標準偏差**といい，m，σ^2，σ で表します。母集団から無作為に抽出した大きさ n の標本を X_1，X_2，…，X_n とするとき，それらの平均 $\overline{X} = \dfrac{1}{n}(X_1 + X_2 + \cdots + X_n)$ を**標本平均**，標準偏差 $S = \sqrt{\dfrac{1}{n}\displaystyle\sum_{k=1}^{n}(X_k - \overline{X})^2}$ を**標本標準偏差**といいます。

標本平均の平均，標準偏差…

母平均 m，母標準偏差 σ の母集団から大きさ n の標本を無作為に抽出するとき，標本平均 $\overline{X}$ について，$E(\overline{X}) = m$，$\sigma(\overline{X}) = \dfrac{\sigma}{\sqrt{n}}$ が成り立ちます。

☑ チェック！

母平均の推定…

母平均 m，母標準偏差 σ をもつ母集団から無作為に抽出された大きさ n の標本の標本平均 $\overline{X}$ について，n が大きいとき，$Z=\dfrac{\overline{X}-m}{\frac{\sigma}{\sqrt{n}}}$ とすると，Z は近似的に標準正規分布 $N(0,\ 1)$ に従うとみなせます。正規分布表より，

$P(|Z|\leqq 1.96)=0.95$ となり，これは

$P\left(\overline{X}-1.96\times\dfrac{\sigma}{\sqrt{n}}\leqq m\leqq\overline{X}+1.96\times\dfrac{\sigma}{\sqrt{n}}\right)=0.95$ と表すことができ，区間

$\overline{X}-1.96\times\dfrac{\sigma}{\sqrt{n}}\leqq m\leqq\overline{X}+1.96\times\dfrac{\sigma}{\sqrt{n}}$ を母平均 m に対する**信頼度 95 %の信頼区間**といい，$\left[\overline{X}-1.96\times\dfrac{\sigma}{\sqrt{n}},\ \overline{X}+1.96\times\dfrac{\sigma}{\sqrt{n}}\right]$ のようにも表します。

これは，この区間が母平均 m の値を含むことが約 95 %の確率で期待できることを示しています。

母比率の推定…

母集団の中である性質Aをもつ要素の割合を母集団における母比率といい，標本の中で性質Aをもつ要素の割合を，標本における**標本比率**といいます。標本比率の値から母比率の値を推定することを，母比率の推定といいます。n が大きいとき，二項分布 $B(n,\ p)$ は近似的に正規分布 $N(np,\ np(1-p))$ に従い，$\dfrac{X-np}{\sqrt{np(1-p)}}=\dfrac{\frac{X}{n}-p}{\sqrt{\frac{p(1-p)}{n}}}$ は近似的に標準正規分布 $N(0,\ 1)$ に従うので，母平均の推定と同様に，

$P\left(\dfrac{X}{n}-1.96\sqrt{\dfrac{p(1-p)}{n}}\leqq p\leqq\dfrac{X}{n}+1.96\sqrt{\dfrac{p(1-p)}{n}}\right)=0.95$ となります。母比率 p の母集団から大きさ n の標本を無作為に抽出したとき，性質Aをもつ個数を X，標本比率を $R=\dfrac{X}{n}$ とすると，n が大きいとき，R は p に近いとみなしてよいので，母比率 p に対する**信頼度 95 %の信頼区間**は

$R-1.96\sqrt{\dfrac{R(1-R)}{n}}\leqq p\leqq R+1.96\sqrt{\dfrac{R(1-R)}{n}}$ または

$\left[R-1.96\sqrt{\dfrac{R(1-R)}{n}},\ R+1.96\sqrt{\dfrac{R(1-R)}{n}}\right]$ のように表します。

7 仮説検定

☑ チェック！

仮説検定…

母集団についてある仮説を立て，その仮説が正しいか正しくないかを判断する方法を仮説検定といいます。通常，否定されることを期待した仮説を**帰無仮説**といい，H_0 で表し，帰無仮説とは反対の仮説を**対立仮説**といい，H_1 で表します。仮説が正しくないと判断することを**棄却する**といい，仮説を棄却する基準を**有意水準**(**危険率**)といいます。有意水準は5％または1％とすることが多いです。有意水準 α に対して，帰無仮説が実現しにくい確率変数の値の範囲を**棄却域**といいます。

仮説検定の手順…

・帰無仮説 H_0 を立てる。

・有意水準から棄却域を求める。

・標本から得られた確率変数の値が棄却域に入れば H_0 を棄却し，棄却域に入らなければ H_0 を棄却しない。

両側検定，片側検定…

棄却域を左右両側にとる検定を両側検定，棄却域を右側，左側のいずれかにとる検定を片側検定といいます。

例１　ある1枚の硬貨を100回投げて表が60回出たとき，この硬貨が表と裏の出やすさに偏りがある硬貨かどうかを，仮説検定を用いて判断します。帰無仮説を「表が出る確率は$\frac{1}{2}$である」とし，有意水準を5％とします。表が出る回数を X とすると，X は二項分布 $B\left(100,\ \frac{1}{2}\right)$に従う確率変数であり，$X$ の平均は $m=50$，標準偏差は $\sigma=5$ であるから，$Z=\frac{X-50}{5}$は近似的に標準正規分布 $N(0,\ 1)$ に従います。正規分布表より，$P(-1.96 \leqq Z \leqq 1.96)=0.95$ であるから，$Z \leqq -1.96$，$1.96 \leqq Z$ となる確率は0.05です。$X=60$ のとき，$Z=\frac{60-50}{5}=2$ であるから，表が出る確率が$\frac{1}{2}$である硬貨を100回投げて表または裏が60回以上出る確率は5％未満となり，帰無仮説は棄却されます。

基本問題

1 赤球3個，白球2個が入った袋から2個の球を同時に取り出すとき，赤球の個数をXとして，Xの平均$E(X)$，分散$V(X)$，標準偏差$\sigma(X)$をそれぞれ求めなさい。

ポイント $E(X)=\sum_{k=1}^{n}x_k p_k$，$V(X)=\sum_{k=1}^{n}(x_k-m)^2 p_k$，$\sigma(X)=\sqrt{V(X)}$

解き方 Xの値は$X=0$，1，2のいずれかで，Xがそれぞれの値をとる確率は

$$P(X=0)=\frac{{}_2C_2}{{}_5C_2}=\frac{1}{10},\ P(X=1)=\frac{{}_3C_1\cdot{}_2C_1}{{}_5C_2}=\frac{6}{10},\ P(X=2)=\frac{{}_3C_2}{{}_5C_2}=\frac{3}{10}$$

よって，Xの確率分布は右のようになるから

X	0	1	2	計
P	$\frac{1}{10}$	$\frac{6}{10}$	$\frac{3}{10}$	1

$$E(X)=0\cdot\frac{1}{10}+1\cdot\frac{6}{10}+2\cdot\frac{3}{10}=\frac{6}{5}$$

$$V(X)=\left(0-\frac{6}{5}\right)^2\cdot\frac{1}{10}+\left(1-\frac{6}{5}\right)^2\cdot\frac{6}{10}+\left(2-\frac{6}{5}\right)^2\cdot\frac{3}{10}=\frac{9}{25}$$

$$\sigma(X)=\sqrt{V(X)}=\sqrt{\frac{9}{25}}=\frac{3}{5}$$

答え $E(X)=\frac{6}{5}$，$V(X)=\frac{9}{25}$，$\sigma(X)=\frac{3}{5}$

重要

2 1枚の硬貨を4回投げるとき，表が出る回数Xの平均$E(X)$，分散$V(X)$，標準偏差$\sigma(X)$をそれぞれ求めなさい。

考え方 硬貨を4回投げる独立な反復試行において，表が出る回数Xは二項分布$B\left(4,\ \frac{1}{2}\right)$に従います。

解き方 Xは二項分布$B\left(4,\ \frac{1}{2}\right)$に従うから，$E(X)=4\cdot\frac{1}{2}=2$，

$V(X)=4\cdot\frac{1}{2}\cdot\frac{1}{2}=1$，$\sigma(X)=\sqrt{1}=1$ **答え** $E(X)=2$，$V(X)=1$，$\sigma(X)=1$

3 確率変数Xが正規分布$N(2,\ 5^2)$に従うとき，正規分布表を用いて確率$P(-3\leqq X\leqq 7)$を求めなさい。

解き方 Xが正規分布$N(2,\ 5^2)$に従うとき，$Z=\frac{X-2}{5}$は$N(0,\ 1)$に従う。

$X=-3$のとき$Z=-1$，$X=7$のとき$Z=1$であるから

$P(-3\leqq X\leqq 7)=P(-1\leqq Z\leqq 1)=2P(0\leqq Z\leqq 1)=0.6826$ **答え** 0.6826

応用問題

1 ある高校の2年生男子の身長の分布は，平均 171.3cm，標準偏差 6.0cm の正規分布に近似的に従うとします。この高校の2年生男子のうち，身長が 180cm 以上の生徒の割合は約何％ですか。正規分布表を用いて求め，小数第2位を四捨五入して答えなさい。

ポイント 確率変数 X が正規分布 $N(m,\ \sigma^2)$ に従うとき，$Z=\dfrac{X-m}{\sigma}$ とすると，確率変数 Z は平均0，標準偏差1の標準正規分布 $N(0,\ 1)$ に従います。

解き方 身長を Xcm とすると，X は正規分布 $N(171.3,\ 6^2)$ に従うので，

$Z=\dfrac{X-171.3}{6}$ は標準正規分布 $N(0,\ 1)$ に従う。

$X=180$ のとき，$Z=\dfrac{180-171.3}{6}=1.45$ であるから，正規分布表より

$P(X\geqq 180)=P(Z\geqq 1.45)=0.5-P(0\leqq Z\leqq 1.45)=0.5-0.4265=0.0735$

よって，身長が 180cm 以上の生徒の割合は，約 7.4 ％である。

答え 約 7.4 ％

2 ある工場で生産している製品の中から無作為に 100 個を抽出して重さを調べたところ，重さの平均は 124g でした。母標準偏差を 15g として，この工場で生産している製品の重さの平均を，次の信頼度で推定しなさい。

(1) 信頼度 95 ％　　(2) 信頼度 99 ％

解き方 (1) 標本平均は $\overline{X}=124$，母標準偏差は $\sigma=15$，標本の大きさは $n=100$ であるから，母平均に対する信頼度 95 ％の信頼区間は

$$\left[124-1.96\times\frac{15}{\sqrt{100}},\ 124+1.96\times\frac{15}{\sqrt{100}}\right]$$

すなわち，[121.06，126.94]　　答え [121.06，126.94]

(2) 母平均に対する信頼度 99 ％の信頼区間は

$$\left[124-2.58\times\frac{15}{\sqrt{100}},\ 124+2.58\times\frac{15}{\sqrt{100}}\right]$$

すなわち，[120.13，127.87]　　答え [120.13，127.87]

練習問題

答え：別冊 p.46 ～ p.47

1 箱Aに1，3，5の3枚のカード，箱Bに2，4の2枚のカードがそれぞれ入っていて，箱A，Bから1枚ずつカードを取り出します。箱Aから取り出したカードに書かれた数をX，箱Bから取り出したカードに書かれた数をYとするとき，XとYの積の期待値$E(XY)$とXとYの和の分散$V(X+Y)$をそれぞれ求めなさい。

重要
2 数直線上を動く点Pが原点にあります。1個のさいころを振って1の目が出れば正の向きに3だけ進み，それ以外の目が出れば負の向きに1だけ進みます。さいころを180回振るとき，1の目が出る回数をX，点Pの座標をYとして，次の問いに答えなさい。

(1) Xの平均$E(X)$と標準偏差$\sigma(X)$をそれぞれ求めなさい。

(2) Yの平均$E(Y)$と標準偏差$\sigma(Y)$をそれぞれ求めなさい。

3 ある地域で，500世帯を無作為に抽出して番組Aの視聴率を調べたところ，視聴していた世帯は75世帯でした。このとき，番組Aの視聴率pを，信頼度95％で推定しなさい。

4 ある野球チームの過去5年間の平均の勝率は6割でした。今年は新人Aが入団し，このチームで100回試合を行ったところ，チームの成績は69勝31敗でした。新人Aが入団したことでチームの成績に変化が生じたかどうかを，有意水準5％で仮説検定を用いて判断しなさい。ただし，正規分布表を用いて答えなさい。

第5章

数学検定特有問題

数学検定では，検定特有の問題が出題されます。
規則や法則を捉えてしくみを考察する問題や，
事柄を整理して論理的に判断する問題など，
数学的な思考力や判断力が必要となるような，
さまざまな種類の問題が出題されます。

5-1 数学検定特有問題

練習問題

答え：別冊 p.48 ～ p.51

1 3桁の整数nのうち，n^2の下3桁とnの下3桁が一致するものをすべて答えなさい。

2 3個のさいころを同時に振り，出た目の数を小さいほうからx，y，zとします。このとき，$x^2+y^2+z^2$が10の倍数となるx，y，zの組(x, y, z)をすべて求めなさい。ただし，さいころの目は1から6まであるものとします。

3 縦$x$cm，横$y$cm，斜辺85cmの直角三角形について考えます。x，yがともに正の整数で，$x<y$であるx，yの組(x, y)は，全部で4組あります。それらをすべて求めなさい。

4 13個の正の整数a_1，a_2，…，a_{13}があり，この中に同じ整数があってもよいものとします。

これらの和が$a_1+a_2+\cdots+a_{13}=30$を満たすときの13個の整数の積$a_1\times a_2\times\cdots\times a_{13}$の最大値を求めなさい。ただし，次のことは証明せずに用いてもよいものとします。

> 整数a，bが$a\geqq b+1$を満たすとき，次の不等式が成り立つ。
> $(a-1)(b+1)\geqq ab$
> 等号が成り立つ条件は，$a=b+1$

5 あるスポーツの個人競技では，選手が1人ずつ試技を行い，すべての選手が1回めの試技を終えたあと，その点数が低い順に各選手が2回めの試技を行います。このスポーツの競技会で進行役を務めているKさんは，参加した10人の選手の2回めの試技の順番を，次の手順で決めることにしました。

> まず，10人の選手に1回めの試技の点数をカードに書いてもらい，10枚のカードを1回めの試技を行った順に①～⑩の番号の場所に置く。
>
> 次に，《1》～《9》の操作を，入れ替えるカードがなくなるまで繰り返す。
>
> 《1》 ①の点数が②の点数より高ければ，2枚のカードを入れ替える。
>
> 《2》 ②の点数が③の点数より高ければ，2枚のカードを入れ替える。
>
> ⋮
>
> 《9》 ⑨の点数が⑩の点数より高ければ，2枚のカードを入れ替える。

A～Jの10人がこの順に1回めの試技を行ったところ，下の表のような結果になりました。

選手	A	B	C	D	E	F	G	H	I	J
点数	8.6	9.3	9.3	8.6	9.3	8.9	9.1	9.0	9.2	8.8

上の手順どおりにすると，入れ替えるカードがなくなるのは，《1》～《9》の操作を何周したあとですか。また，A～Jは2回めにどのような順番で試技を行いますか。

6 図1のような4×4のマス目の中に，16個の数

11，12，13，14，　21，22，23，24，

31，32，33，34，　41，42，43，44

を1個ずつあてはめ，次の2つの条件が同時に成り立つようにします。

（条件A）　縦，横どの列にも「十の位の数字が同じ数」は並ばない。

（条件B）　縦，横どの列にも「一の位の数字が同じ数」は並ばない。

以下の各場合について，条件を満たす数の配置方法をすべて求め，4×4のマス目とともに図示しなさい。

⑴　図2のように，7個の数11，22，24，32，33，43，44を配置した場合。

⑵　図3のように，4個の数11，22，33，44を配置した場合。

図1

図2

11	22	33	44
24			
32			
43			

図3

			44
		33	
	22		
11			

7 直方体の1つの頂点に集まる3つの面の面積がそれぞれ108 cm²，169 cm²，192 cm²であるとき，この直方体の体積を求めなさい。

8　大きさの異なる10個の正方形を，重ねることなくぴったりと組み合わせたところ，横長の長方形になりました。下の図は，その完成図です。もっとも大きい正方形(色を塗った部分)の1辺の長さが25 cmのとき，もっとも小さい正方形の1辺の長さを求めなさい。

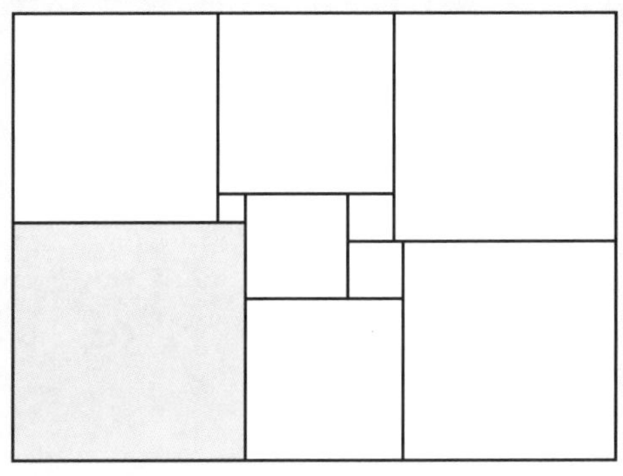

9　nを3以上の整数とします。円周上に異なるn個の点をとり，これらの点から異なる2点を選び，線分で結ぶことを好きな回数だけ繰り返します。ただし，一度線分で結ばれた2点どうしが再び選ばれることはないとします。

右の図は$n=4$のときの1つの例で，図の○で示した2点からは，どちらも2本の線分がのびています。

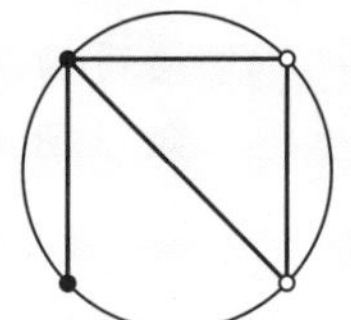

このとき，nの値や線分の引き方によらず，同じ本数の線分がのびる2点が必ず存在することを証明しなさい。ただし，ある点から線分が1本ものびないときは「0本」と考えることにします。また，「鳩の巣原理」とよばれる次の事実は証明せずに用いてもよいものとします。

> m個のものを$(m-1)$個の箱に入れるとき，少なくとも1個の箱には2個以上のものが入っている。

◉執筆協力：株式会社 シナップス
◉DTP：株式会社 明昌堂
◉装丁デザイン：星 光信（Xing Design）
◉装丁イラスト：たじま なおと

◉編集担当：藤原 綾依・加藤 龍平・阿部 加奈子

実用数学技能検定　要点整理　数学検定２級

2023年５月２日　初　版発行
2024年４月11日　第２刷発行

編　　者　**公益財団法人 日本数学検定協会**

発 行 者　**髙田 忍**

発 行 所　**公益財団法人 日本数学検定協会**
〒110-0005 東京都台東区上野五丁目1番1号
FAX 03-5812-8346
https://www.su-gaku.net/

発 売 所　**丸善出版株式会社**
〒101-0051 東京都千代田区神田神保町二丁目17番
TEL 03-3512-3256　FAX 03-3512-3270
https://www.maruzen-publishing.co.jp/

印刷・製本　**株式会社ムレコミュニケーションズ**

ISBN978-4-86765-003-5　C0041

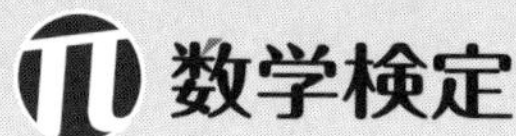

実用数学技能検定® 数検

要点整理 2級

〈別冊〉

解答と解説

2

公益財団法人 日本数学検定協会

1-1 実数

p.20

解答

1 $0.\dot{2}07\dot{9}$

2 $\dfrac{35}{333}$

3 (1) $2\sqrt{21}$　(2) $\sqrt{5}+\sqrt{15}$

4 ± 2

5 (1) 14　(2) 178

解説

1

$21\div 101=0.20792079\cdots$

よって，$\dfrac{21}{101}=0.\dot{2}07\dot{9}$ **答え** $0.\dot{2}07\dot{9}$

2

$x=0.\dot{1}0\dot{5}$ とおくと

$$\begin{array}{rl} 1000x= & 105.105105\cdots \\ -)\quad x= & 0.105105\cdots \\ \hline 999x= & 105 \end{array}$$

$x=\dfrac{105}{999}=\dfrac{35}{333}$ **答え** $\dfrac{35}{333}$

3

(1) $(\sqrt{3}+\sqrt{7}+\sqrt{10})(\sqrt{3}+\sqrt{7}-\sqrt{10})$

$=\{(\sqrt{3}+\sqrt{7})+\sqrt{10}\}\{(\sqrt{3}+\sqrt{7})-\sqrt{10}\}$

$=(\sqrt{3}+\sqrt{7})^2-(\sqrt{10})^2$

$=3+2\sqrt{21}+7-10$

$=2\sqrt{21}$ **答え** $2\sqrt{21}$

(2) $\dfrac{\sqrt{3}+7}{\sqrt{15}-\sqrt{5}}+\sqrt{\dfrac{3}{5}}$

$=\dfrac{(\sqrt{3}+7)(\sqrt{15}+\sqrt{5})}{(\sqrt{15}-\sqrt{5})(\sqrt{15}+\sqrt{5})}+\dfrac{\sqrt{3}\times\sqrt{5}}{\sqrt{5}\times\sqrt{5}}$

$=\dfrac{3\sqrt{5}+\sqrt{15}+7\sqrt{15}+7\sqrt{5}}{15-5}+\dfrac{\sqrt{15}}{5}$

$=\dfrac{10\sqrt{5}+8\sqrt{15}}{10}+\dfrac{\sqrt{15}}{5}$

$=\dfrac{10\sqrt{5}+10\sqrt{15}}{10}$

$=\sqrt{5}+\sqrt{15}$ **答え** $\sqrt{5}+\sqrt{15}$

4

$\left(x+\dfrac{1}{x}\right)^2=x^2+2\cdot x\cdot\dfrac{1}{x}+\dfrac{1}{x^2}$

$=\left(x^2+\dfrac{1}{x^2}\right)+2$

$=2+2=4$

よって，$x+\dfrac{1}{x}=\pm 2$

〔別の解き方〕

$x^2+\dfrac{1}{x^2}=\left(x+\dfrac{1}{x}\right)^2-2\cdot x\cdot\dfrac{1}{x}$

$=\left(x+\dfrac{1}{x}\right)^2-2=2$

よって，$\left(x+\dfrac{1}{x}\right)^2=4$ であるから

$x+\dfrac{1}{x}=\pm 2$ **答え** ± 2

5

(1) $x+y=\dfrac{3}{\sqrt{5}-\sqrt{2}}+\dfrac{3}{\sqrt{5}+\sqrt{2}}$

$=\dfrac{3(\sqrt{5}+\sqrt{2})+3(\sqrt{5}-\sqrt{2})}{(\sqrt{5}-\sqrt{2})(\sqrt{5}+\sqrt{2})}$

$=\dfrac{6\sqrt{5}}{5-2}$

$=2\sqrt{5}$

$xy=\dfrac{3}{\sqrt{5}-\sqrt{2}}\times\dfrac{3}{\sqrt{5}+\sqrt{2}}$

$=\dfrac{9}{(\sqrt{5}-\sqrt{2})(\sqrt{5}+\sqrt{2})}$

$=\dfrac{9}{5-2}$

$=3$

$x^2+y^2=(x+y)^2-2xy$

$=(2\sqrt{5})^2-2\times 3$

$=14$ **答え** 14

(2) $x^4+y^4=(x^2+y^2)^2-2(xy)^2$

$=14^2-2\times 3^2$

$=178$ **答え** 178

1-2 整数の性質

p. 25

解答

1 $(x, y)=(2, 6), (4, 4)$

2 20 個

3 $x=4n+2$, $y=-3n-1$
(n は整数)

4 $n=9$

5 (1) 114
(2) $100110_{(2)}$
(3) 154

6 (1) $1101_{(2)}$
(2) $101010_{(2)}$

解説

1

$\dfrac{1}{x}+\dfrac{3}{y}=1$ の両辺に xy をかけて整理すると

$y+3x=xy$

$xy-3x-y=0$

$(y-3)x-y+3=3$

$(y-3)x-(y-3)=3$

$(x-1)(y-3)=3$ …①

x, y は正の整数であるから, $x-1$, $y-3$ は整数である。また, $x \geqq 1$, $y \geqq 1$ より, $x-1 \geqq 0$, $y-3 \geqq -2$ であるから, ①より

$(x-1, y-3)=(1, 3), (3, 1)$

よって, 求める正の整数の組は

$(x, y)=(2, 6), (4, 4)$

答え $(x, y)=(2, 6), (4, 4)$

2

3 桁の正の整数のうち, 5 の倍数であるものは, 一の位の数字が 0 または 5 であるから, 整数 a, b $(1 \leqq a \leqq 9, 0 \leqq b \leqq 9)$ を用いて次のように表される。

(i) $100a+10b$ (ii) $100a+10b+5$

(i)の数のうち, 9 の倍数であるものは各桁の数の和が 9 の倍数となるから

$a+b=9$ または $a+b=18$

よって, 条件を満たす a, b の組は, $a+b=9$ に対しては 9 個, $a+b=18$ に対しては 1 個あるから, 全部で
$9+1=10$(個)ある。

(ii)の数のうち, 9 の倍数であるものは各桁の数の和が 9 の倍数となるから

$a+b+5=9$ または $a+b+5=18$

よって, 条件を満たす a, b の組は,
$a+b+5=9$ に対しては 4 個,
$a+b+5=18$ に対しては 6 個あるから,
全部で $4+6=10$(個)ある。

(i), (ii)より, 求める整数の個数は

$10+10=20$(個)

〔別の解き方〕

5 の倍数であり, かつ 9 の倍数である整数は, 5 と 9 の最小公倍数 45 の倍数であるから, そのうち 3 桁であるものを, n を整数として $45n$ とおくと

$100 \leqq 45n \leqq 999$

よって, $\dfrac{100}{45} \leqq n \leqq \dfrac{999}{45}$

すなわち, $2.22\cdots \leqq n \leqq 22.2$

これより, 求める整数の個数は

$22-2=20$(個) **答え** 20 個

3

$3x+4y=2$ …①

$x=2$, $y=-1$ は①を満たす整数解の1つであるから

$3\times2+4\times(-1)=2$ …②

①−②より, $3(x-2)+4(y+1)=0$

すなわち, $3(x-2)=-4(y+1)$ …③

3 と 4 は互いに素であるから,

$x-2=4n$（n は整数）となり, これを③に代入して, $y=-3n-1$

よって, 求めるすべての整数解は

$x=4n+2$, $y=-3n-1$（n は整数）

答え $\boldsymbol{x=4n+2}$,
$\boldsymbol{y=-3n-1}$（n **は整数**）

4

硬貨を n 回投げ, 表が x 回, 裏が y 回出て座標が 17 の点に到達したとすると

$x+y=n$ …①

$3x-2y=17$ …②

$x=7$, $y=2$ は②を満たす整数解の1つであるから

$3\times7-2\times2=17$ …③

②−③より, $3(x-7)-2(y-2)=0$

すなわち, $3(x-7)=2(y-2)$ …④

3 と 2 は互いに素であるから,

$x-7=2k$（k は整数）となり, これを④に代入して, $y=3k+2$

x, y がともに 0 以上となる k の値の範囲は, $x=2k+7\geqq0$, $y=3k+2\geqq0$ より, $k\geqq0$

また, ①より

$n=x+y=(2k+7)+(3k+2)=5k+9$

よって, $k\geqq0$ のとき, n は $k=0$ で最小値 9 をとる。 **答え** $\boldsymbol{n=9}$

5

(1) $1110010_{(2)}$

$=1\times2^6+1\times2^5+1\times2^4+0\times2^3+0\times2^2+1\times2^1+0\times1$

$=64+32+16+0+0+2+0$

$=114$ **答え** **114**

(2) $38=1\times2^5+0\times2^4+0\times2^3+1\times2^2+1\times2^1+0\times1$

$=100110_{(2)}$

```
2) 38    余り
2) 19 …0  ↑
2)  9 …1
2)  4 …1
2)  2 …0
2)  1 …0
    0 …1
```

答え $\boldsymbol{100110_{(2)}}$

(3) $12201_{(3)}$

$=1\times3^4+2\times3^3+2\times3^2+0\times3^1+1\times1$

$=81+54+18+0+1$

$=154$ **答え** **154**

6

(1) $110_{(2)}+111_{(2)}=1101_{(2)}$

```
   110
+  111
  1101
```

答え $\boldsymbol{1101_{(2)}}$

(2) $111_{(2)}\times110_{(2)}=101010_{(2)}$

```
     111
×    110
    1110
   111
  101010
```

答え $\boldsymbol{101010_{(2)}}$

1-3 集合と命題

p.32

解答

1 $A\cap\overline{B}=\{1, 3, 9\}$

2 真偽…偽　反例…$x=2$，$y=2$

3 (1) ㋐　　(2) ㋒

4 この命題の対偶「n が偶数ならば，n^2-1 は 4 の倍数ではない」を証明する。$n=2p$（p は整数）と表すと

$$n^2-1=(2p)^2-1=4p^2-1$$
$$=4(p^2-1)+3$$

$4p^2-1$ は 4 で割ると 3 余るから，4 の倍数ではない。

よって，対偶が真であるから，もとの命題「n^2-1 が 4 の倍数ならば，n は奇数である」は真である。

5 3 辺の長さがすべて奇数の直角三角形が存在すると仮定する。この直角三角形の 3 辺の長さを a，b，c（c は斜辺の長さ）とすると，$a^2+b^2=c^2$　…①が成り立つ。このとき，整数 ℓ，m，n を用いて，$a=2\ell+1$，$b=2m+1$，$c=2n+1$ と表すことができる。これらを①に代入して

$$(2\ell+1)^2+(2m+1)^2=(2n+1)^2 \quad \cdots②$$

②の左辺は

$$(2\ell+1)^2+(2m+1)^2$$
$$=4\ell^2+4\ell+1+4m^2+4m+1$$
$$=4(\ell^2+\ell+m^2+m)+2$$

②の右辺は

$$(2n+1)^2=4n^2+4n+1$$
$$=4(n^2+n)+1$$

②の左辺は 4 で割ったときの余りが 2，②の右辺は 4 で割ったときの余りが 1 となり，矛盾する。

よって，3 辺の長さがすべて奇数の直角三角形は存在しない。

解説

1

$A=\{1, 2, 3, 6, 9, 18\}$

$A\cap\overline{B}$ は A に属していて，B に属していない要素の集合であるから

$A\cap\overline{B}=\{1, 3, 9\}$

答え　$A\cap\overline{B}=\{1, 3, 9\}$

2

$x=2$，$y=2$ のとき，$x^2+y^2=8<9$ であるが，$|x|+|y|=4\geqq3$

よって，命題は偽である。

答え　真偽…偽　反例…$x=2$，$y=2$

3

(1) p：$xy>0$，q：$x<0$ かつ $y<0$

とする。$p\Longrightarrow q$ は，$x=1$，$y=1$ が反例であるから偽である。x，y がともに負の数のとき，積 xy は正の数になるから，$q\Longrightarrow p$ は真である。

よって，p は q であるための必要条件であるが十分条件ではないから㋐である。　答え　㋐

(2) p：△ABC において $AB^2=BC^2+CA^2$

q：△ABC において ∠C=90°

とする。三平方の定理とその逆より，$p\Longrightarrow q$，$q\Longrightarrow p$ はともに真である。

よって，p は q であるための必要十分条件であるから㋒である。　答え　㋒

4

命題の真偽と，その対偶の真偽が一致することを利用する。

5

「3 辺の長さがすべて奇数の直角三角形が存在する」と仮定して，矛盾を導く。

1-4 式の計算

p. 41

解答

1 (1) $8x^3-27y^3$

(2) $x^8+4x^6y+6x^4y^2+4x^2y^3+y^4$

(3) $2x-3$ (4) x^2+4

(5) $\dfrac{2x-3}{3x+2}$ (6) $\dfrac{1}{x-2}$

2 (1) $(4x-3y)(5x+4y)$

(2) $(3x+5y)(9x^2-15xy+25y^2)$

3 (1) 1080 (2) 105

4 (1) 商…$4x+3$ 余り…15

(2) $x+5$

解説

1

(1) $(2x-3y)(4x^2+6xy+9y^2)$

$=(2x)^3-(3y)^3$

$=8x^3-27y^3$ **答え** $8x^3-27y^3$

(2) $(x^2+y)^4$

$=\{(x^2+y)^2\}^2$

$=(x^4+2x^2y+y^2)^2$

$=x^8+4x^4y^2+y^4+4x^6y+4x^2y^3+2x^4y^2$

$=x^8+4x^6y+6x^4y^2+4x^2y^3+y^4$

答え $x^8+4x^6y+6x^4y^2+4x^2y^3+y^4$

(3) 右の筆算より，商は $2x-3$ である。

$$\begin{array}{r} 2x\ -3 \\ 3x+4\,\overline{)\,6x^2\ \ -x-12} \\ \underline{6x^2+8x\qquad} \\ -9x-12 \\ \underline{-9x-12} \\ 0 \end{array}$$

〔別の解き方〕

$(6x^2-x-12)\div(3x+4)$

$=(2x-3)\times(3x+4)\div(3x+4)$

$=2x-3$ **答え** $2x-3$

(4) 右の筆算より，商は x^2+4 である。

$$\begin{array}{r} x^2\qquad +4 \\ 5x-3\,\overline{)\,5x^3-3x^2+20x-12} \\ \underline{5x^3-3x^2\qquad\qquad} \\ 20x-12 \\ \underline{20x-12} \\ 0 \end{array}$$

〔別の解き方〕

$(5x^3-3x^2+20x-12)\div(5x-3)$

$=\{x^2(5x-3)+4(5x-3)\}\div(5x-3)$

$=x^2+4$ **答え** x^2+4

(5) $\dfrac{2x^2-x-3}{9x^2-4}\div\dfrac{x+1}{3x-2}$

$=\dfrac{(2x-3)(x+1)}{(3x+2)(3x-2)}\div\dfrac{x+1}{3x-2}$

$=\dfrac{(2x-3)(x+1)}{(3x+2)(3x-2)}\times\dfrac{3x-2}{x+1}$

$=\dfrac{2x-3}{3x+2}$ **答え** $\dfrac{2x-3}{3x+2}$

(6) $\dfrac{2x}{x^2-4}-\dfrac{1}{x+2}$

$=\dfrac{2x}{(x+2)(x-2)}-\dfrac{1}{x+2}$

$=\dfrac{2x-(x-2)}{(x+2)(x-2)}$

$=\dfrac{x+2}{(x+2)(x-2)}$

$=\dfrac{1}{x-2}$ **答え** $\dfrac{1}{x-2}$

2

(1) $20x^2+xy-12y^2$

$=(4x-3y)(5x+4y)$

答え $(4x-3y)(5x+4y)$

(2) $27x^3+125y^3$

$=(3x)^3+(5y)^3$

$=(3x+5y)(9x^2-15xy+25y^2)$

答え $(3x+5y)(9x^2-15xy+25y^2)$

3

(1)　$(3x+2y)^5$ の展開式の一般項は

$${}_5C_r(3x)^{5-r}(2y)^r={}_5C_r3^{5-r}2^rx^{5-r}y^r$$

x^3y^2 の項は $r=2$ のときであるから，その係数は，${}_5C_23^32^2=10\times27\times4=1080$

答え　1080

(2)　$\{(a+b)+c\}^7$ の展開式における c^4 を含む項は，${}_7C_4(a+b)^3c^4$

また，$(a+b)^3$ の展開式における ab^2 の項は，${}_3C_2ab^2$

よって，ab^2c^4 の係数は

${}_7C_4\times{}_3C_2=35\times3=105$　**答え**　105

4

(1)　右の筆算より，商は $4x+3$，余りは 15 である。

$$\begin{array}{r} 4x\ +3 \\ x-4\,\overline{)\,4x^2-13x+3} \\ \underline{4x^2-16x} \\ 3x+3 \\ \underline{3x-12} \\ 15 \end{array}$$

答え　商… $4x+3$　余り… 15

(2)　$2x^2+9x+2=B(2x-1)+7$

$2x^2+9x-5=B(2x-1)$

$B=(2x^2+9x-5)\div(2x-1)$

$$\begin{array}{r} x\ +5 \\ 2x-1\,\overline{)\,2x^2+9x-5} \\ \underline{2x^2\ -x} \\ 10x-5 \\ \underline{10x-5} \\ 0 \end{array}$$

よって，$B=x+5$

〔別の解き方〕

$2x^2+9x+2=B(2x-1)+7$

$2x^2+9x-5=B(2x-1)$

左辺を因数分解して

$2x^2+9x-5=(x+5)(2x-1)$ より

$B=x+5$　**答え**　$x+5$

1-5 等式・不等式の証明

p. 49

解答

1　(1)　$x\leqq3$　　(2)　$x>-1$

2　$a=5$，$b=2$，$c=-6$

3　$(a+b)^3=a^3+3a^2b+3ab^2+b^3$

$=a^3+3ab(a+b)+b^3$

この式に $a+b=1$ を代入して

$1^3=a^3+3ab\cdot1+b^3$

よって，$a^3+b^3+3ab=1$

4　(左辺)－(右辺)

$=2x^2+y^2-x(x+y)$

$=x^2-xy+y^2$

$=\left(x-\dfrac{1}{2}y\right)^2+\dfrac{3}{4}y^2\geqq0$

よって，$2x^2+y^2\geqq x(x+y)$

また，等号が成り立つ条件は

$x-\dfrac{1}{2}y=0$ かつ $\dfrac{3}{4}y^2=0$

すなわち，$x=y=0$

5　$x\geqq0$ より，$\sqrt{x}+1\geqq0$，$\sqrt{x+1}\geqq0$ であるから

$(\sqrt{x}+1)^2-(\sqrt{x+1})^2$

$=x+2\sqrt{x}+1-(x+1)$

$=2\sqrt{x}\geqq0$

よって，$(\sqrt{x}+1)^2\geqq(\sqrt{x+1})^2$

したがって，$\sqrt{x}+1\geqq\sqrt{x+1}$

また，等号が成り立つ条件は

$2\sqrt{x}=0$ すなわち，$x=0$

6　$x=2$ のとき最小値 4

解説

1

(1)　$5x\geqq3(2x-1)$

$5x\geqq6x-3$

$-x\geqq-3$

$x\leqq3$　**答え**　$x\leqq3$

(2) $-2(x+2)-1<4x+1$

$-2x-5<4x+1$

$-6x<6$

$x>-1$ 　　答え $x>-1$

2

右辺を x について整理すると，与えられた等式は

$(a-1)x^2+(b-2)x+(c-3)=4x^2-9$

各項の係数を比較して

$a-1=4$，$b-2=0$，$c-3=-9$

これを解いて，$a=5$，$b=2$，$c=-6$

答え $a=5$，$b=2$，$c=-6$

3

$(a+b)^3$ の展開式を利用する。

4

(左辺)−(右辺)$=A^2+B^2$ の形に変形する。

5

「$A\geqq 0$，$B\geqq 0$ のとき，

$A\geqq B \Leftrightarrow A^2\geqq B^2$」を利用して証明する。

6

$x>0$ より，$\frac{4}{x}>0$ であるから，相加平均と相乗平均の大小関係より

$x+\frac{4}{x}\geqq 2\sqrt{x\cdot\frac{4}{x}}=2\sqrt{4}=4$

よって，$x+\frac{4}{x}\geqq 4$

等号が成り立つ条件は，$x=\frac{4}{x}$

すなわち，$x^2=4$

$x>0$ より，$x=2$ のとき，$x+\frac{4}{x}$は最小値 4 をとる。

答え $x=2$ のとき最小値 4

1-6 複素数

p.54

解答

1 (1) $-2+3i$

(2) $-4+7i$

(3) $-\frac{1+i}{2}$

(4) $-\frac{1-\sqrt{3}i}{2}$

2 $a=b=2$，または $a=b=-2$

3 (1) $x=\frac{5\pm\sqrt{3}i}{2}$

(2) $x=\frac{-2\pm\sqrt{2}i}{3}$

4 $a>\frac{5}{4}$

5 $x^2+2x-6=0$

解説

1

(1) $(3-i)-(5-4i)$

$=(3-5)+(-1+4)i$

$=-2+3i$ 　　答え $-2+3i$

(2) $(-2+i)(3-2i)$

$=-6+4i+3i-2i^2$

$=-6+7i+2$

$=-4+7i$ 　　答え $-4+7i$

(3) $\frac{3i}{1-3i}+\frac{2}{1+2i}$

$=\frac{3i(1+3i)}{(1-3i)(1+3i)}+\frac{2(1-2i)}{(1+2i)(1-2i)}$

$=\frac{3i+9i^2}{1-9i^2}+\frac{2-4i}{1-4i^2}$

$=\frac{3i-9}{10}+\frac{2-4i}{5}$

$=\frac{-5-5i}{10}$

$=-\frac{1+i}{2}$ 　　答え $-\frac{1+i}{2}$

(4) $\left(\dfrac{2}{1-\sqrt{3}i}\right)^2=\dfrac{4}{1^2-2\sqrt{3}i+(\sqrt{3}i)^2}$

$=\dfrac{4}{-2(1+\sqrt{3}i)}$

$=-\dfrac{2(1-\sqrt{3}i)}{(1+\sqrt{3}i)(1-\sqrt{3}i)}$

$=-\dfrac{2(1-\sqrt{3}i)}{1+3}$

$=-\dfrac{1-\sqrt{3}i}{2}$

答え $-\dfrac{1-\sqrt{3}i}{2}$

2

$(a+bi)^2=8i$

$a^2+2abi+b^2i^2=8i$

$(a^2-b^2)+2abi=8i$

a，b は実数だから，a^2-b^2，$2ab$ も実数である。よって

$a^2-b^2=0$ …①

$2ab=8$ …②

①より，$(a+b)(a-b)=0$ だから

$a=\pm b$

$a=b$ のとき，②より，$b^2=4$

$b=\pm 2$

よって，$a=b=2$ または $a=b=-2$

$a=-b$ のとき，②より，$-b^2=4$

$b^2=-4$

これを満たす実数 b は存在しない。

よって，$a=b=2$，または $a=b=-2$

答え $a=b=2$，**または** $a=b=-2$

3

(1) $x=\dfrac{-(-5)\pm\sqrt{(-5)^2-4\cdot1\cdot7}}{2}$

$=\dfrac{5\pm\sqrt{-3}}{2}$

$=\dfrac{5\pm\sqrt{3}i}{2}$ **答え** $x=\dfrac{5\pm\sqrt{3}i}{2}$

(2) $x=\dfrac{-2\pm\sqrt{2^2-3\cdot2}}{3}$

$=\dfrac{-2\pm\sqrt{-2}}{3}$

$=\dfrac{-2\pm\sqrt{2}i}{3}$

答え $x=\dfrac{-2\pm\sqrt{2}i}{3}$

4

2 次方程式 $x^2+(2a-1)x+a^2-1=0$ の判別式を D とすると

$D=(2a-1)^2-4\cdot1\cdot(a^2-1)$

$=-4a+5$

この 2 次方程式が虚数解をもつ条件は，$D<0$ である。よって

$-4a+5<0$

$a>\dfrac{5}{4}$ **答え** $a>\dfrac{5}{4}$

5

解と係数の関係より

$\alpha+\beta=-4$，$\alpha\beta=-3$

であるから，$\alpha+1$，$\beta+1$ を解にもつ 2 次方程式について

$(\alpha+1)+(\beta+1)=(\alpha+\beta)+2$

$=-4+2$

$=-2$

$(\alpha+1)(\beta+1)=\alpha\beta+(\alpha+\beta)+1$

$=-3-4+1$

$=-6$

となる。よって,求める 2 次方程式の 1 つは

$x^2+2x-6=0$ **答え** $x^2+2x-6=0$

1-7 高次方程式

p.60

解答

1	$3x+8$
2	$a=7$
3	定数…$a=7$，$b=17$，$c=15$ 他の解…$x=2-i$
4	定数…$a=-20$，$b=-24$ 他の解…$x=6$
5	(1)　-1　　(2)　-2
6	定数…$p=44$，$q=48$ 3つの解…$x=-2$，-4，-6

解説

1

$P(x)$を$(x-2)(x+5)$で割ったときの商を$Q(x)$，余りを$ax+b$とすると

$P(x)=(x-2)(x+5)Q(x)+ax+b$

であるから

$P(2)=2a+b$，$P(-5)=-5a+b$

剰余の定理より，$P(2)=14$，$P(-5)=-7$であるから

$2a+b=14$，$-5a+b=-7$

これを解いて，$a=3$，$b=8$

よって，求める余りは，$3x+8$

答え　$3x+8$

2

$P(x)=2x^3+ax^2-2x+8$とする。因数定理より，$P(x)$が$x+4$で割り切れるのは$P(-4)=0$となるときである。

$P(-4)$

$=2\cdot(-4)^3+a\cdot(-4)^2-2\cdot(-4)+8$

$=16a-112$

よって，$16a-112=0$

$a=7$　　**答え**　$a=7$

3

$P(x)=x^3-ax^2+bx-c$とおく。

$P(3)=0$より，$3^3-a\cdot3^2+b\cdot3-c=0$

これより，$9a-3b+c=27$　…①

$P(2+i)=0$より

$(2+i)^3-a\cdot(2+i)^2+b\cdot(2+i)-c=0$

$(-3a+2b-c+2)+(-4a+b+11)i=0$

これより

$-3a+2b-c+2=0$　…②

$-4a+b+11=0$　…③

①，②，③を解いて

$a=7$，$b=17$，$c=15$

このとき

$P(x)=x^3-7x^2+17x-15$

$\quad=(x-3)(x^2-4x+5)$

$P(x)=0$より，$x=3$，$2\pm i$

よって，他の解は，$x=2-i$

〔別の解き方〕

$P(x)=x^3-ax^2+bx-c$　…①とおく。

$P(x)$の係数は実数であるから，$P(x)=0$が$x=2+i$を解にもつことより，共役な複素数$x=2-i$も解にもつ。

よって

$P(x)=(x-3)\{x-(2+i)\}\{x-(2-i)\}$

$\quad=(x-3)(x^2-4x+5)$

$\quad=x^3-7x^2+17x-15$

①と係数を比較して

$-a=-7$，$b=17$，$-c=-15$

これより，$a=7$，$b=17$，$c=15$

答え　定数…$a=7$，$b=17$，$c=15$
他の解…$x=2-i$

4

$P(x)=x^3-2x^2+ax+b$ …①とおく。

$P(x)=0$ が2重解 $x=-2$ をもつとき，$P(x)$ は $(x+2)^2$ を因数にもつ。

よって，$P(x)=0$ の他の解を $x=\alpha$ とおくと

$$P(x)=(x+2)^2(x-\alpha)$$
$$=(x^2+4x+4)(x-\alpha)$$
$$=x^3+(4-\alpha)x^2+(4-4\alpha)x-4\alpha$$

①と係数を比較して

$-2=4-\alpha$，$a=4-4\alpha$，$b=-4\alpha$

これより，$a=-20$，$b=-24$，$\alpha=6$

よって，他の解は，$x=6$

〔別の解き方〕

$P(x)=0$ の他の解を $x=\alpha$ とおくと，解と係数の関係より

$(-2)+(-2)+\alpha=2$

$(-2)\cdot(-2)+(-2)\cdot\alpha+(-2)\cdot\alpha=a$

$(-2)\cdot(-2)\cdot\alpha=-b$

すなわち

$-4+\alpha=2$ …①

$4-4\alpha=a$ …②

$4\alpha=-b$ …③

①，②，③を解いて

$\alpha=6$，$a=-20$，$b=-24$

答え **定数…$a=-20$，$b=-24$**
他の解…$x=6$

5

(1) ω は1の3乗根であるから

$\omega^3=1$

$\omega^3-1=0$

$(\omega-1)(\omega^2+\omega+1)=0$

ω は虚数より

$\omega^2+\omega+1=0$

よって，$\omega^2+\omega=-1$　**答え** **−1**

(2) ω は1の3乗根だから，$\omega^3=1$

これと(1)の結果より

$$\omega^4+\omega^8+\omega^{16}+\omega^{32}$$
$$=\omega^{3\cdot1+1}+\omega^{3\cdot2+2}+\omega^{3\cdot5+1}+\omega^{3\cdot10+2}$$
$$=\omega+\omega^2+\omega+\omega^2$$
$$=2(\omega^2+\omega)$$
$$=2\cdot(-1)$$
$$=-2$$

答え **−2**

6

解と係数の関係より

$\alpha+2\alpha+3\alpha=-12$

$\alpha\cdot2\alpha+2\alpha\cdot3\alpha+3\alpha\cdot\alpha=p$

$\alpha\cdot2\alpha\cdot3\alpha=-q$

すなわち

$6\alpha=-12$ …①

$11\alpha^2=p$ …②

$6\alpha^3=-q$ …③

①，②，③を解いて

$p=44$，$q=48$，$\alpha=-2$

よって，3つの解は

$x=-2$，-4，-6

答え **定数…$p=44$，$q=48$**
3つの解…$x=-2$，-4，-6

2-1 三角比

p. 68

解答

1 (1) $\theta=120°$

(2) $\theta=30°$，$150°$

2 1.8

3 $2-\sqrt{3}$

4 (1) $\sin\theta=\frac{\sqrt{30}}{6}$，

$\cos\theta=-\frac{1}{\sqrt{6}}$

(2) $\sin\theta=\frac{2\sqrt{10}}{7}$，

$\tan\theta=-\frac{2\sqrt{10}}{3}$

解説

1

(1) $\cos\theta=-\frac{1}{2}$

右の図より

$\theta=120°$

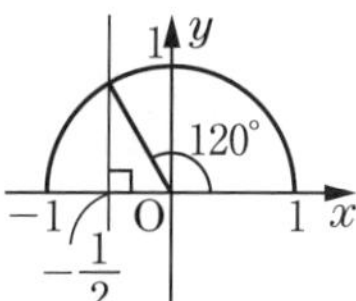

答え $\theta=120°$

(2) $\tan^2\theta=\frac{1}{3}$より

$\tan\theta=\pm\frac{1}{\sqrt{3}}$

右の図より

$\theta=30°$，$150°$

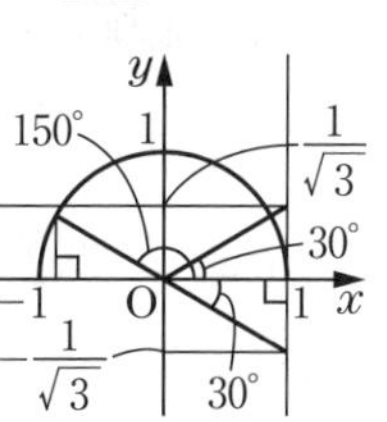

答え $\theta=30°$，$150°$

2

△ABCは$\angle A=30°$，$\angle B=90°$，$\angle C=60°$の直角三角形であるから

$BC:CA:AB=1:2:\sqrt{3}$

$CA=4$より，$BC=2$

$AB=2\sqrt{3}=2\cdot 1.7321=3.4642 \fallingdotseq 3.46$

$\tan 50°=\frac{BC}{BD}$より

$BD=\frac{BC}{\tan 50°}$

$=2\div 1.1918=1.678\cdots \fallingdotseq 1.68$

よって

$AD=AB-BD=3.46-1.68$

$=1.78 \fallingdotseq 1.8$

答え 1.8

3

$\angle DBC=\angle ABC-\angle ABD$

$=75°-60°$

$=15°$

よって，$\tan 15°=\frac{CD}{BD}$

三角比は辺の長さによらない値であるから，$AB=AC=2$とすると

$AD=AB\sin 60°=2\cdot\frac{\sqrt{3}}{2}=\sqrt{3}$

$BD=AB\cos 60°=2\cdot\frac{1}{2}=1$

よって，$CD=AC-AD=2-\sqrt{3}$

$\tan 15°=\frac{CD}{BD}=\frac{2-\sqrt{3}}{1}=2-\sqrt{3}$

答え $2-\sqrt{3}$

4

(1)　$1+\tan^2\theta=\dfrac{1}{\cos^2\theta}$より

$\dfrac{1}{\cos^2\theta}=1+(-\sqrt{5})^2=6$

よって，$\cos^2\theta=\dfrac{1}{6}$

$\tan\theta<0$ より $90^\circ<\theta<180^\circ$ であるため，$\cos\theta<0$ だから

$\cos\theta=-\dfrac{1}{\sqrt{6}}$

$\tan\theta=\dfrac{\sin\theta}{\cos\theta}$より

$\sin\theta=\tan\theta\cos\theta$

$=-\sqrt{5}\cdot\left(-\dfrac{1}{\sqrt{6}}\right)$

$=\dfrac{\sqrt{30}}{6}$

答え　$\sin\theta=\dfrac{\sqrt{30}}{6}$，$\cos\theta=-\dfrac{1}{\sqrt{6}}$

(2)　$\sin^2\theta=1-\cos^2\theta=1-\left(-\dfrac{3}{7}\right)^2=\dfrac{40}{49}$

$\sin\theta\geqq0$ だから，$\sin\theta=\dfrac{2\sqrt{10}}{7}$

$\tan\theta=\dfrac{\sin\theta}{\cos\theta}=\dfrac{\frac{2\sqrt{10}}{7}}{-\frac{3}{7}}=-\dfrac{2\sqrt{10}}{3}$

答え　$\sin\theta=\dfrac{2\sqrt{10}}{7}$，$\tan\theta=-\dfrac{2\sqrt{10}}{3}$

2-2 正弦定理と余弦定理

p.76

解答

1　(1)　$\dfrac{7\sqrt{2}}{2}$　　(2)　$5\sqrt{6}$

2　(1)　$\sqrt{87}$

(2)　$C=60^\circ$，$S=3\sqrt{3}$

3　(1)　$\sqrt{7}$　　(2)　$\dfrac{15\sqrt{3}}{2}$

4　(1)　$\dfrac{27\sqrt{2}}{8}$　　(2)　$\sqrt{2}$

5　(1)　$3\sqrt{7}$　　(2)　$\dfrac{3\sqrt{19}}{2}$

6　$5\sqrt{6}$

解説

1

(1)　$\angle C=180^\circ-(110^\circ+25^\circ)=45^\circ$

正弦定理より，$\dfrac{7}{\sin45^\circ}=2R$

$R=\dfrac{7}{2\sin45^\circ}=\dfrac{7}{2\cdot\frac{1}{\sqrt{2}}}=\dfrac{7\sqrt{2}}{2}$

答え　$\dfrac{7\sqrt{2}}{2}$

(2)　正弦定理より

$\dfrac{10}{\sin45^\circ}=\dfrac{CA}{\sin60^\circ}$

$CA=\dfrac{10\sin60^\circ}{\sin45^\circ}=10\cdot\dfrac{\sqrt{3}}{2}\div\dfrac{1}{\sqrt{2}}$

$=5\sqrt{6}$　　**答え**　$5\sqrt{6}$

2

(1)　余弦定理より

$BC^2=(7\sqrt{3})^2+(5\sqrt{6})^2-2\cdot7\sqrt{3}\cdot5\sqrt{6}\cdot\cos45^\circ$

$=297-210\sqrt{2}\cdot\dfrac{1}{\sqrt{2}}=87$

$BC>0$ より，$BC=\sqrt{87}$　**答え**　$\sqrt{87}$

(2)　$\cos C=\dfrac{3^2+4^2-(\sqrt{13})^2}{2\cdot3\cdot4}=\dfrac{1}{2}$

$0^\circ<C<180^\circ$ より，$C=60^\circ$

$S=\dfrac{1}{2}\cdot \mathrm{AC}\cdot \mathrm{BC}\cdot \sin60^\circ$

$=\dfrac{1}{2}\cdot4\cdot3\cdot\dfrac{\sqrt{3}}{2}=3\sqrt{3}$

答え　$C=60^\circ$，$S=3\sqrt{3}$

3

(1)　$\mathrm{AD}=\mathrm{BC}=3\sqrt{3}$ であるから，余弦定理より

$\mathrm{BD}^2=5^2+(3\sqrt{3})^2-2\cdot5\cdot3\sqrt{3}\cdot\cos30^\circ$

$=52-30\sqrt{3}\cdot\dfrac{\sqrt{3}}{2}=7$

$\mathrm{BD}>0$ より，$\mathrm{BD}=\sqrt{7}$　**答え**　$\sqrt{7}$

(2)　△ABDの面積を S とおくと

$S=\dfrac{1}{2}\cdot\mathrm{AB}\cdot\mathrm{AD}\cdot\sin A$

$=\dfrac{1}{2}\cdot5\cdot3\sqrt{3}\cdot\sin30^\circ$

$=\dfrac{15\sqrt{3}}{2}\cdot\dfrac{1}{2}=\dfrac{15\sqrt{3}}{4}$

よって，平行四辺形ABCDの面積は

$2S=\dfrac{15\sqrt{3}}{2}$　**答え**　$\dfrac{15\sqrt{3}}{2}$

4

(1)　余弦定理より

$\cos A=\dfrac{6^2+5^2-9^2}{2\cdot6\cdot5}=-\dfrac{1}{3}$

$\sin^2A=1-\cos^2A=1-\left(-\dfrac{1}{3}\right)^2=\dfrac{8}{9}$

$\sin A>0$ より，$\sin A=\dfrac{2\sqrt{2}}{3}$

正弦定理より，$\dfrac{9}{\sin A}=2R$

$R=9\div\dfrac{2\cdot2\sqrt{2}}{3}=\dfrac{27\sqrt{2}}{8}$

答え　$\dfrac{27\sqrt{2}}{8}$

(2)　(1)より，$\sin A=\dfrac{2\sqrt{2}}{3}$ であるから，

△ABCの面積を S とおくと

$S=\dfrac{1}{2}bc\sin A$

$=\dfrac{1}{2}\cdot6\cdot5\cdot\dfrac{2\sqrt{2}}{3}$

$=10\sqrt{2}$

よって，内接円の半径 r は

$r=\dfrac{2\cdot10\sqrt{2}}{9+6+5}=\sqrt{2}$

〔別の解き方〕

ヘロンの公式より

$s=\dfrac{1}{2}(a+b+c)=\dfrac{1}{2}(9+6+5)=10$

とすると，△ABCの面積を S とおいて

$S=\sqrt{10(10-9)(10-6)(10-5)}$

$=10\sqrt{2}$

$S=\dfrac{1}{2}r(a+b+c)$ より

$r=\dfrac{S}{\dfrac{1}{2}(a+b+c)}=\dfrac{10\sqrt{2}}{10}=\sqrt{2}$

答え　$\sqrt{2}$

5

(1)　余弦定理より

$\mathrm{BC}^2=9^2+6^2-2\cdot9\cdot6\cdot\cos60^\circ$

$=117-108\cdot\dfrac{1}{2}$

$=63$

$\mathrm{BC}>0$ より，$\mathrm{BC}=3\sqrt{7}$

答え　$3\sqrt{7}$

(2) 余弦定理より

$$\cos B=\frac{(3\sqrt{7})^2+6^2-9^2}{2\cdot 3\sqrt{7}\cdot 6}=\frac{\sqrt{7}}{14}$$

△ABM において，余弦定理より

$$\begin{aligned}AM^2&=BM^2+AB^2-2BM\cdot AB\cdot\cos B\\&=\left(\frac{3\sqrt{7}}{2}\right)^2+6^2-2\cdot\frac{3\sqrt{7}}{2}\cdot 6\cdot\frac{\sqrt{7}}{14}\\&=\frac{171}{4}\end{aligned}$$

AM>0 より，$AM=\frac{3\sqrt{19}}{2}$

答え $\frac{3\sqrt{19}}{2}$

6

余弦定理より

$$\begin{aligned}BC^2&=5^2+4^2-2\cdot 5\cdot 4\cdot\cos 60^\circ\\&=41-40\cdot\frac{1}{2}=21\end{aligned}$$

BC>0 より，$BC=\sqrt{21}$

正弦定理より，△ABC の外接円の半径 AH の長さは

$$\frac{\sqrt{21}}{\sin 60^\circ}=2AH$$

$$AH=\sqrt{21}\div\frac{2\cdot\sqrt{3}}{2}=\sqrt{7}$$

△PAH は直角三角形だから，三平方の定理より

$PH^2=PA^2-AH^2=25-7=18$

PH>0 より，$PH=3\sqrt{2}$

△ABC の面積 S は

$$S=\frac{1}{2}\cdot 5\cdot 4\cdot\sin 60^\circ=5\sqrt{3}$$

よって，三角錐 PABC の体積は

$$\frac{1}{3}\cdot S\cdot PH=\frac{1}{3}\cdot 5\sqrt{3}\cdot 3\sqrt{2}=5\sqrt{6}$$

答え $5\sqrt{6}$

2-3 三角形の性質

p.85

解答

1 6

2 35：36

3 $a=3$，$b=\frac{16}{5}$

4 (1) 12°
(2) 133°

5 $\frac{\sqrt{79}}{3}$

6 鈍角三角形

解説

1

直線 MD は∠AMB の二等分線であるから，MA：MB=AD：DB

直線 ME は∠AMC の二等分線であるから，MA：MC=AE：EC

これらと MB=MC より

AD：DB=AE：EC

平行線と線分の比の性質より

DE∥BC

ここで

$$\begin{aligned}AD：DB&=MA：MB\\&=12：(8\div 2)\\&=3：1\end{aligned}$$

これより

DE：BC=AD：AB=3：4

よって，$DE=\frac{3}{4}BC=\frac{3}{4}\cdot 8=6$

答え 6

2

△APC と直線 BQ にメネラウスの定理を用いて

$$\frac{AQ}{QC}\cdot\frac{CR}{RP}\cdot\frac{PB}{BA}=\frac{5}{3}\cdot\frac{CR}{RP}\cdot\frac{7}{5}=1$$

これより，$\frac{CR}{RP}=\frac{3}{7}$

また，△BPC と直線 AR にメネラウスの定理を用いて

$$\frac{PA}{AB}\cdot\frac{BS}{SC}\cdot\frac{CR}{RP}=\frac{12}{5}\cdot\frac{BS}{SC}\cdot\frac{3}{7}=1$$

これより，$\frac{BS}{SC}=\frac{35}{36}$

よって，BS : SC=35 : 36

〔別の解き方〕

△ABC において，頂点と 1 点 R を結ぶ直線があるから，チェバの定理より

$$\frac{BS}{SC}\cdot\frac{CQ}{QA}\cdot\frac{AP}{PB}=\frac{BS}{SC}\cdot\frac{3}{5}\cdot\frac{12}{7}=1$$

これより，$\frac{BS}{SC}=\frac{35}{36}$

よって，BS : SC=35 : 36

答え 35 : 36

3

△APD と直線 BC にメネラウスの定理を用いて

$$\frac{AB}{BP}\cdot\frac{PC}{CD}\cdot\frac{DO}{OA}=\frac{5}{5+a}\cdot\frac{b}{4}\cdot\frac{6}{3}=1$$

$2a-5b=-10$　…①

また，△BPC と直線 AD にメネラウスの定理を用いて

$$\frac{BA}{AP}\cdot\frac{PD}{DC}\cdot\frac{CO}{OB}=\frac{5}{a}\cdot\frac{b+4}{4}\cdot\frac{2}{6}=1$$

$12a-5b=20$　…②

①，②を連立して解いて

$a=3$，$b=\frac{16}{5}$　**答え** $a=3$，$b=\frac{16}{5}$

4

(1)　∠BAC=180°−(63°+15°)=102°

円周角の定理より

∠BOC=360°−2·102°=156°

OB=OC より，∠OCB=∠x

よって，∠$x=\frac{1}{2}$(180°−156°)=12°

〔別の解き方〕

円周角の定理より

∠AOB=2∠ACB=2·15°=30°

∠AOC=2∠ABC=2·63°=126°

よって

∠BOC=∠AOB+∠AOC

=30°+126°

=156°

OB=OC より，∠OCB=∠x

よって，∠$x=\frac{1}{2}$(180°−156°)=12°

答え 12°

(2)　点 I は△ABC の内心だから

∠IBC=$\frac{1}{2}$∠ABC，∠ICB=$\frac{1}{2}$∠ACB

これより

∠IBC+∠ICB=$\frac{1}{2}$(∠ABC+∠ACB)

ここで

∠ABC+∠ACB=180°−86°=94°

これより

∠IBC+∠ICB=$\frac{1}{2}$·94°=47°

よって，∠x=180°−47°=133°

答え 133°

5

△ABE において，余弦定理より

$AE^2=AB^2+BE^2-2AB\cdot BE\cos60°$

$=10^2+7^2-2\cdot10\cdot7\cdot\frac{1}{2}$

$=79$

$AE>0$ より，$AE=\sqrt{79}$

点 O は対角線 AC の中点だから，点 G は△ABC の重心である。よって

$AG:GE=2:1$

したがって，$EG=\frac{1}{3}AE=\frac{\sqrt{79}}{3}$

答え $\frac{\sqrt{79}}{3}$

6

最大の辺の長さは c であるため，△ABC が直角三角形であるならば $a^2+b^2=c^2$ が成り立つ。

$a^2+b^2=2^2+3^2=13$

$c^2=4^2=16$

よって，$a^2+b^2<c^2$ であるから，△ABC は鈍角三角形である。

〔別の解き方〕

最大の辺の長さが c であるため，最大の角は∠C である。余弦定理より

$\cos C=\frac{2^2+3^2-4^2}{2\cdot2\cdot3}=-\frac{1}{4}<0$

よって，△ABC は鈍角三角形である。

答え 鈍角三角形

2-4 円の性質

p.93

解答

1 (1) 53°　(2) 52°

2 $\frac{11}{4}$

3 (1) $2<d<10$　(2) $0\leqq d<2$

解説

1

(1) 四角形 ABCD は円に内接するから

$\angle FBC=\angle x$

また，△CED の内角と外角の性質より

$\angle BCF=\angle x+34°$

よって，△BCF において

$40°+\angle x+(\angle x+34°)=180°$

$\angle x=53°$　**答え** 53°

(2) 接弦定理より，$\angle CBP=\angle BCP=64°$

よって

$\angle x=180°-2\cdot64°=52°$　**答え** 52°

2

方べきの定理より，$3\cdot5=PT^2$

$PT^2=15$

また，$2(2+2OA)=PT^2=15$

よって，$OA=\frac{11}{4}$

したがって，円 O の半径は，$\frac{11}{4}$

答え $\frac{11}{4}$

3

(1) $6-4<d<6+4$ より，$2<d<10$

答え $2<d<10$

(2) $0\leqq d<6-4$ より，$0\leqq d<2$

答え $0\leqq d<2$

2-5 点と直線

p.99

解答

1 (3, 2)

2 (1) (7, 5)

(2) (−10, −12)

3 点 G の座標は

$$\left(\frac{x_1+x_2+x_3}{3},\ \frac{y_1+y_2+y_3}{3}\right)$$

一方，点 D，E，F の座標はそれぞれ

$$\left(\frac{1\cdot x_1+2\cdot x_2}{2+1},\ \frac{1\cdot y_1+2\cdot y_2}{2+1}\right)$$

より，$\left(\frac{x_1+2x_2}{3},\ \frac{y_1+2y_2}{3}\right)$

$$\left(\frac{1\cdot x_2+2\cdot x_3}{2+1},\ \frac{1\cdot y_2+2\cdot y_3}{2+1}\right)$$

より，$\left(\frac{x_2+2x_3}{3},\ \frac{y_2+2y_3}{3}\right)$

$$\left(\frac{1\cdot x_3+2\cdot x_1}{2+1},\ \frac{1\cdot y_3+2\cdot y_1}{2+1}\right)$$

より，$\left(\frac{x_3+2x_1}{3},\ \frac{y_3+2y_1}{3}\right)$

よって，△DEF の重心の座標は

$$\left(\frac{\frac{x_1+2x_2}{3}+\frac{x_2+2x_3}{3}+\frac{x_3+2x_1}{3}}{3},\ \frac{\frac{y_1+2y_2}{3}+\frac{y_2+2y_3}{3}+\frac{y_3+2y_1}{3}}{3}\right)$$

より，$\left(\frac{x_1+x_2+x_3}{3},\ \frac{y_1+y_2+y_3}{3}\right)$

したがって，△DEF の重心は点 G と一致する。

4 $y=3x-1+2\sqrt{10}$，

$y=3x-1-2\sqrt{10}$

5 $\sqrt{62}$

解説

1

求める点は直線 $y=x-1$ 上にあるので，その座標は$(a,\ a-1)$とおける。

AC=BC が成り立つから，2 点間の距離の公式より

$\sqrt{(a-2)^2+\{(a-1)-(-5)\}^2}$
$=\sqrt{(a-8)^2+\{(a-1)-7\}^2}$

これを解いて，$a=3$

よって，求める点の座標は，(3, 2) である。

〔別の解き方〕

求める点は，線分 AB の垂直二等分線と直線 $y=x-1$ の交点である。

直線 AB の傾きは，$\frac{7+5}{8-2}=2$

線分 AB の中点の座標は

$\left(\frac{2+8}{2},\ \frac{-5+7}{2}\right)$より，(5, 1)

点(5, 1)を通り，直線 AB に垂直な直線の方程式は

$$y-1=-\frac{1}{2}(x-5)$$

$$y=-\frac{1}{2}x+\frac{7}{2}$$

これと直線 $y=x-1$ の交点の座標は (3, 2)なので，求める点の座標は，(3, 2)である。　**答え** (3, 2)

2

(1) 内分点の座標の公式より，求める点の座標は

$$\left(\frac{1\cdot2+5\cdot8}{5+1},\ \frac{1\cdot0+5\cdot6}{5+1}\right)$$

より，(7，5)　**答え** **(7，5)**

(2) 外分点の座標の公式より，求める点の座標は

$$\left(\frac{-3\cdot2+2\cdot8}{2-3},\ \frac{-3\cdot0+2\cdot6}{2-3}\right)$$

より，(−10，−12)

答え **(−10，−12)**

3

3点D，E，Fの座標から△DEFの重心の座標を求め，それが点Gの座標と一致することを示す。

4

kを定数として，求める直線の方程式を$y=3x+k$　すなわち，$3x-y+k=0$とおくと，点Pとの距離が2であることより

$$\frac{|3\cdot1-2+k|}{\sqrt{3^2+(-1)^2}}=\frac{|1+k|}{\sqrt{10}}=2$$

これより，$k=-1\pm2\sqrt{10}$

よって，求める直線の方程式は

$y=3x-1+2\sqrt{10}$，$y=3x-1-2\sqrt{10}$

答え $y=3x-1+2\sqrt{10}$，
$y=3x-1-2\sqrt{10}$

5

$\sqrt{(10-8)^2+\{-2-(-5)\}^2+(-6-1)^2}$
$=\sqrt{4+9+49}$
$=\sqrt{62}$　**答え** $\sqrt{62}$

2-6 円

p.105

解答

1 (1) $(x+2)^2+(y-1)^2=100$
(2) $(x-5)^2+(y-1)^2=13$

2 0個

3 $k<-13\sqrt{2}$，$13\sqrt{2}<k$

4 $\dfrac{29}{2}$

5 $x+3y-20=0$，
$3x-y-10=0$

解説

1

(1) 点(−2，1)と(6，−5)の距離は

$\sqrt{\{6-(-2)\}^2+(-5-1)^2}=\sqrt{100}=10$

これは中心から円上の点までの距離，つまり円の半径である。よって，求める方程式は，中心が点(−2，1)，半径が10の円を表すから

$(x+2)^2+(y-1)^2=100$

答え $(x+2)^2+(y-1)^2=100$

(2) 2点A(2，3)，B(8，−1)を結ぶ線分ABは円の直径なので，円の中心は線分ABの中点である。よって中心の座標は

$$\left(\frac{2+8}{2},\ \frac{3+(-1)}{2}\right)=(5,\ 1)$$

円の半径は，中心と点Aの距離であるから

$\sqrt{(2-5)^2+(3-1)^2}=\sqrt{13}$

よって，求める方程式は，中心が点(5，1)，半径が$\sqrt{13}$の円を表すから

$(x-5)^2+(y-1)^2=13$

答え $(x-5)^2+(y-1)^2=13$

2

円 $x^2+y^2=14$ …①

直線 $3x+y-12=0$ …②

とする。②より，$y=-3x+12$

これを①に代入して

$x^2+(-3x+12)^2=14$

$10x^2-72x+130=0$

$5x^2-36x+65=0$

この2次方程式の判別式を D とすると

$\dfrac{D}{4}=18^2-5\cdot65=324-325=-1<0$

よって，共有点の個数は0個である。

答え **0個**

3

直線 $5x-y+k=0$ …①

円 $x^2+y^2=13$ …②

とする。①より，$y=5x+k$

これを②に代入して

$x^2+(5x+k)^2=13$

$26x^2+10kx+k^2-13=0$

この2次方程式の判別式を D とすると

$\dfrac{D}{4}=(5k)^2-26(k^2-13)=-k^2+338$

$D<0$ となればよいので

$-k^2+338<0$ すなわち，$k^2>338$

よって，求める k の値の範囲は

$k<-13\sqrt{2}$，$13\sqrt{2}<k$

〔別の解き方〕

円の中心(0，0)と直線 $5x-y+k=0$ の距離を d とすると，d が円の半径 $\sqrt{13}$ より大きければよいので

$d=\dfrac{|k|}{\sqrt{5^2+(-1)^2}}=\dfrac{|k|}{\sqrt{26}}>\sqrt{13}$

$|k|>13\sqrt{2}$

よって，求める k の値の範囲は

$k<-13\sqrt{2}$，$13\sqrt{2}<k$

答え $k<-13\sqrt{2}$，$13\sqrt{2}<k$

4

接点の座標を $(a,\ b)$ とすると，接線の方程式は

$ax+by=29$

この接線が点(3，7)を通るから

$3a+7b=29$

よって，$a=\dfrac{29-7b}{3}$

これより，接点の座標を b のみを用いて表すと

$\left(\dfrac{29-7b}{3},\ b\right)$ …①

①は，円 $x^2+y^2=29$ 上の点だから

$\left(\dfrac{29-7b}{3}\right)^2+b^2=29$

$58b^2-406b+580=0$

$(b-2)(b-5)=0$

$b=2,\ 5$

①より，$(a,\ b)=(5,\ 2),\ (-2,\ 5)$

A(5，2)，B(−2，5)とすると，直線ABの方程式は

$y-2=\dfrac{5-2}{-2-5}(x-5)$

すなわち，$3x+7y-29=0$

よって，直線ABと点Oの距離は

$\dfrac{|29|}{\sqrt{3^2+7^2}}=\dfrac{29}{\sqrt{58}}=\dfrac{\sqrt{58}}{2}$

また，線分ABの長さは

$\sqrt{(-2-5)^2+(5-2)^2}=\sqrt{58}$

以上より，△ABOは底辺が $\sqrt{58}$，高さが $\dfrac{\sqrt{58}}{2}$ の三角形であるから，その面積は

$\dfrac{1}{2}\cdot\sqrt{58}\cdot\dfrac{\sqrt{58}}{2}=\dfrac{29}{2}$

答え $\dfrac{29}{2}$

5

接点の座標を(a, b)とすると，接線の方程式は

$(a-1)(x-1)+(b-3)(y-3)=10$ …①

この接線が点$(5, 5)$を通るから

$(a-1)(5-1)+(b-3)(5-3)=10$

よって，$b=-2a+10$ …②

これより，接点の座標をaのみを用いて表すと

$(a, -2a+10)$ …③

③は，円$(x-1)^2+(y-3)^2=10$上の点だから

$(a-1)^2+(-2a+10-3)^2=10$

$5a^2-30a+40=0$

$(a-2)(a-4)=0$

$a=2, 4$

②より，$(a, b)=(2, 6), (4, 2)$

これらを①に代入して整理すると，求める接線の方程式は

$x+3y-20=0, 3x-y-10=0$

答え $x+3y-20=0$，$3x-y-10=0$

2-7 軌跡と領域

p.110

解答

1 直線$y=2x-2$の$x>1$の部分

2 円$x^2+y^2=4$の点$(-2, 0)$を除いた部分

3 (1) 下の図，ただし，境界線を含まない。

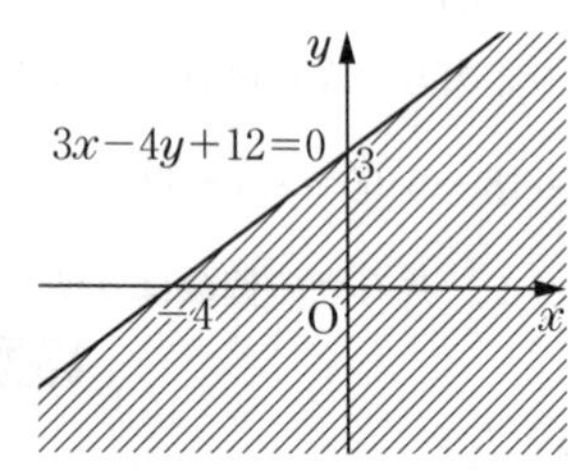

(2) 下の図，ただし，境界線を含む。

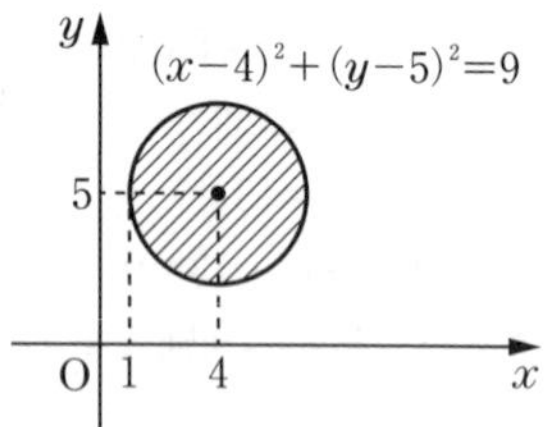

4 $(\sqrt{13}, \sqrt{13})$

解説

1

G$(x,\ y)$とすると，点Gは△AOPの重心だから

$x=\dfrac{3+0+p}{3}=\dfrac{3+p}{3}$　…①

$y=\dfrac{0+0+2p}{3}=\dfrac{2}{3}p$　…②

①より，$p=3x-3$

これを②に代入して

$y=\dfrac{2}{3}(3x-3)=2x-2$

点Pは直線ℓ上のx座標が正である部分を動くので，$p>0$である。①より

$p=3x-3>0$

$x>1$

よって，求める点Gの軌跡は，直線$y=2x-2$の$x>1$の部分である。

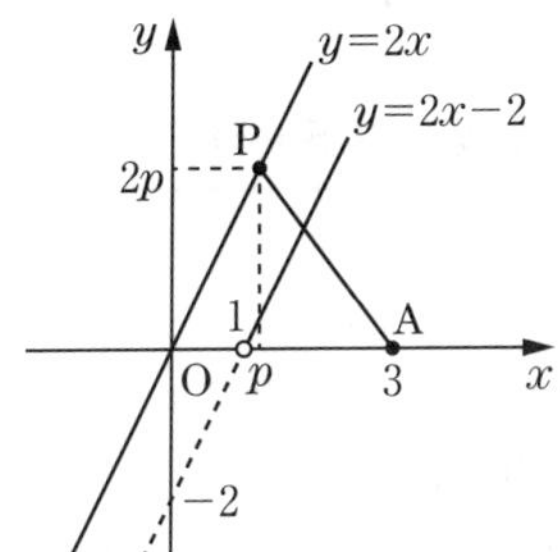

答え　**直線$y=2x-2$の$x>1$の部分**

2

Q$(x,\ y)$とすると，線分PQの中点M$\left(\dfrac{2+x}{2},\ \dfrac{1}{2}y\right)$は直線$y=kx$上にあるから

$\dfrac{1}{2}y=k\cdot\dfrac{2+x}{2}$

$y=k(x+2)$　…①

$k\neq0$のとき，点Qは点Pを通り直線$y=kx$に垂直な直線$y=-\dfrac{1}{k}(x-2)$上にあるから

$y=-\dfrac{1}{k}(x-2)$

$ky=-x+2$　…②

$k=0$のとき，Q$(2,\ 0)$であり，これは②を満たす。

$x\neq-2$のとき，①の両辺を$x+2$で割ると，$k=\dfrac{y}{x+2}$

これを②に代入して

$\dfrac{y}{x+2}\cdot y=-x+2$

$x^2+y^2=4$

$x=-2$のとき，点$(-2,\ 0)$は①を満たすが②を満たさないので，点$(-2,\ 0)$は軌跡上の点ではない。

よって，求める軌跡は，円$x^2+y^2=4$の点$(-2,\ 0)$を除いた部分である。

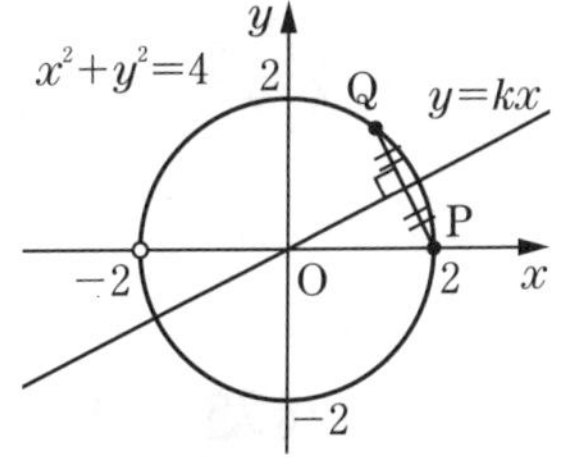

答え　**円$x^2+y^2=4$の点$(-2,\ 0)$を除いた部分**

3

(1) 境界線となる直線を図示し，求める領域が直線の上側か下側かを考える。

(2) 境界線となる円を図示し，求める領域が円の内部か外部かを考える。

4

円の中心の座標を(X, Y)とおく。円の中心が原点にもっとも近づいたとき，円は領域の境界の2直線$2x-3y=0$，$3x-2y=0$と接する。円の半径は1なので，円の中心と直線の距離について

$$1=\frac{|2X-3Y|}{\sqrt{2^2+(-3)^2}},\ 1=\frac{|3X-2Y|}{\sqrt{3^2+(-2)^2}}$$

点(X, Y)は$2x-3y\leqq 0$，$3x-2y\geqq 0$の領域にあるから，$2X-3Y\leqq 0$，$3X-2Y\geqq 0$より

$$1=\frac{-(2X-3Y)}{\sqrt{13}},\ 1=\frac{3X-2Y}{\sqrt{13}}$$

整理して

$2X-3Y=-\sqrt{13}$ …①

$3X-2Y=\sqrt{13}$ …②

①，②を連立して解いて

$X=\sqrt{13}$，$Y=\sqrt{13}$

点$(\sqrt{13}, \sqrt{13})$は領域内にある。

よって，求める円の中心の座標は

$(\sqrt{13}, \sqrt{13})$

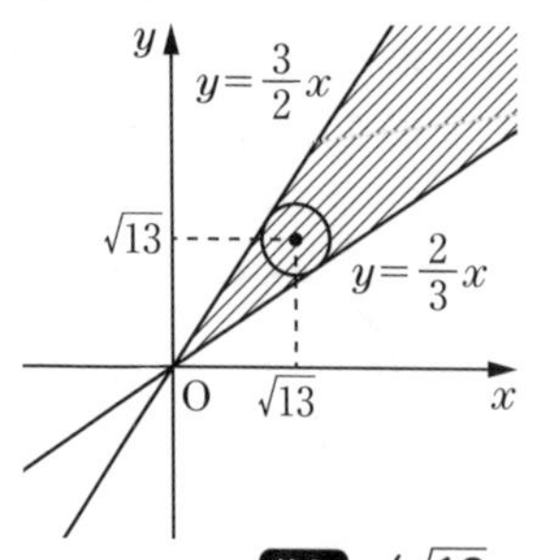

答え $(\sqrt{13}, \sqrt{13})$

3-1 2次関数

p.122

解答

1 (1) $y=4(x+2)^2-10$
$(y=4x^2+16x+6)$

(2) $y=-2(x-4)^2+17$
$(y=-2x^2+16x-15)$

(3) $y=3x^2+x-5$

2 $a<2$のとき，
$x=3$で最大値$-6a+12$
$a=2$のとき，
$x=1$，3で最大値0
$a>2$のとき，
$x=1$で最大値$-2a+4$

3 (1) $k<-1$，$\frac{4}{3}<k$

(2) $-\frac{2}{3}\leqq k\leqq 1$

4 $1<k<\frac{7}{6}$

5 5m以上7.5m以下

解説

1

(1) $y=a(x+2)^2-10$に$x=-1$，$y=-6$を代入して

$-6=a(-1+2)^2-10$より，$a=4$

よって，$y=4(x+2)^2-10$

答え $y=4(x+2)^2-10$
$(y=4x^2+16x+6)$

(2) $y=a(x-4)^2+q$に$x=3$，$y=15$と$x=7$，$y=-1$をそれぞれ代入して

$$\begin{cases}15=a(3-4)^2+q\\-1=a(7-4)^2+q\end{cases}$$

これを解いて，$a=-2$，$q=17$

よって，$y=-2(x-4)^2+17$

答え $y=-2(x-4)^2+17$
$(y=-2x^2+16x-15)$

(3) $y=ax^2+bx+c$ に，3 点$(-2,\ 5)$，$(-1,\ -3)$，$(3,\ 25)$の x 座標と y 座標の値をそれぞれ代入して

$$\begin{cases} 5=4a-2b+c \\ -3=a-b+c \\ 25=9a+3b+c \end{cases}$$

これを解いて，$a=3$，$b=1$，$c=-5$

よって，$y=3x^2+x-5$

答え $\boldsymbol{y=3x^2+x-5}$

2

$y=x^2-2ax+3=(x-a)^2-a^2+3$

これより，与えられた 2 次関数のグラフは下に凸で，その軸は直線 $x=a$ である。

(i) 軸が定義域 $1\leqq x\leqq 3$ の中央より左にあるときすなわち，$a<2$ のとき，$x=3$ で最大となる。

最大値は，$3^2-2\cdot a\cdot 3+3=-6a+12$

(ii) $a=2$ のとき，$x=1$，3 で最大値 0 をとる。

(iii) 軸が定義域の中央より右にあるときすなわち，$a>2$ のとき，$x=1$ で最大となる。

最大値は，$1^2-2\cdot a\cdot 1+3=-2a+4$

答え **$a<2$ のとき，**
$x=3$ で最大値 $-6a+12$
$a=2$ のとき，
$x=1$，3 で最大値 0
$a>2$ のとき，
$x=1$ で最大値 $-2a+4$

3

(1) 2 次方程式 $x^2-4x+3k^2-k=0$ の判別式を D とする。与えられた放物線が x 軸と共有点をもたないのは，$D<0$ のときであるから

$$\frac{D}{4}=(-2)^2-1\cdot(3k^2-k)$$
$$=-(3k^2-k-4)$$
$$=-(3k-4)(k+1)<0$$
$$(3k-4)(k+1)>0$$
$$k<-1,\ \frac{4}{3}<k$$

答え $\boldsymbol{k<-1,\ \frac{4}{3}<k}$

(2) 与えられた放物線と直線の共通点の x 座標は，y を消去した 2 次方程式

$$x^2-4x+3k^2-k=-6x+1$$
$$x^2+2x+3k^2-k-1=0$$

の実数解である。この 2 次方程式の判別式を D とする。与えられた放物線と直線が共有点をもつのは，この 2 次方程式が実数解をもつすなわち，$D\geqq 0$ のときであるから

$$\frac{D}{4}=1^2-1\cdot(3k^2-k-1)$$
$$=-(3k^2-k-2)$$
$$=-(3k+2)(k-1)\geqq 0$$
$$(3k+2)(k-1)\leqq 0$$
$$-\frac{2}{3}\leqq k\leqq 1$$

答え $\boldsymbol{-\frac{2}{3}\leqq k\leqq 1}$

4

$y=f(x)=x^2+2kx-2k+3$ のグラフは下に凸の放物線で，その軸は直線 $x=-k$ である。$f(x)=0$ の判別式を D として，次の4つの条件が同時に成り立てばよい。

(i) $\dfrac{D}{4}=k^2-1\cdot(-2k+3)$

$=(k+3)(k-1)>0$

よって，$k<-3$，$1<k$

(ii) 軸が $-2<x<1$ の範囲にある。

$-2<-k<1$　よって，$-1<k<2$

(iii) $f(-2)=4-4k-2k+3$

$=-6k+7>0$

よって，$k<\dfrac{7}{6}$

(iv) $f(1)=1+2k-2k+3=4>0$

これはすべての k で成り立つ。

(i)〜(iv)の共通範囲を求めて，$1<k<\dfrac{7}{6}$

答え $1<k<\dfrac{7}{6}$

5

長方形の縦の長さを x m とすると，横の長さは $15-x$(m)となる。横の長さが縦の長さ以上なので，$15-x\geqq x$

$x>0$ より，$0<x\leqq\dfrac{15}{2}$ …①

面積が 50m^2 以上になるので

$x(15-x)\geqq 50$

$x^2-15x+50\leqq 0$

$(x-5)(x-10)\leqq 0$

$5\leqq x\leqq 10$ …②

①，②を同時に満たす x の範囲は

$5\leqq x\leqq\dfrac{15}{2}$ **答え** 5m 以上 7.5m 以下

3-2 三角関数

p.131

解答

1 (1) $-\dfrac{\sqrt{3}}{2}$

(2) -1

2 (1) $\theta=\dfrac{5}{6}\pi,\ \dfrac{11}{6}\pi$

(2) $\theta=\dfrac{5}{12}\pi,\ \dfrac{13}{12}\pi$

3 (1) $\dfrac{\sqrt{2}-\sqrt{6}}{4}$

(2) $2-\sqrt{3}$

4 $\cos 2\theta=-\dfrac{1}{9}$，$\sin\dfrac{\theta}{2}=\dfrac{1}{\sqrt{6}}$

5 $\theta=\dfrac{2}{3}\pi$ のとき最大値 $2\sqrt{3}$，

$\theta=\dfrac{5}{3}\pi$ のとき最小値 $-2\sqrt{3}$

解説

1

(1) 右の単位円より

$\sin\dfrac{5}{3}\pi=-\dfrac{\sqrt{3}}{2}$

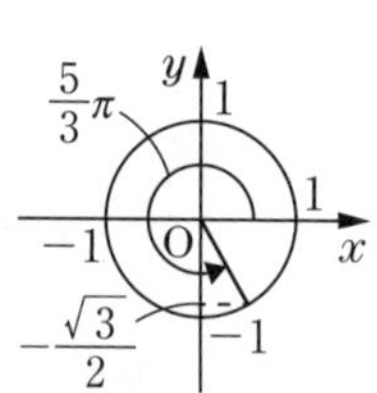

答え $-\dfrac{\sqrt{3}}{2}$

(2) 右の単位円より

$\tan\left(-\dfrac{\pi}{4}\right)=-1$

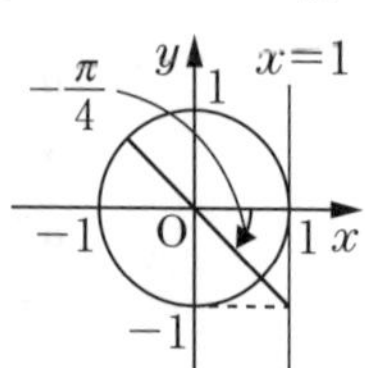

答え -1

2

(1) $\sqrt{3}\tan\theta+1=0$

$\tan\theta=-\dfrac{1}{\sqrt{3}}$

$0\leqq\theta<2\pi$ のとき，$\theta=\dfrac{5}{6}\pi$，$\dfrac{11}{6}\pi$

答え $\boldsymbol{\theta=\dfrac{5}{6}\pi}$**，**$\boldsymbol{\dfrac{11}{6}\pi}$

(2) $2\sin\left(\theta-\dfrac{\pi}{4}\right)-1=0$

$\sin\left(\theta-\dfrac{\pi}{4}\right)=\dfrac{1}{2}$

$0\leqq\theta<2\pi$ より，$-\dfrac{\pi}{4}\leqq\theta-\dfrac{\pi}{4}<\dfrac{7}{4}\pi$

だから，$\theta-\dfrac{\pi}{4}=\dfrac{\pi}{6}$，$\dfrac{5}{6}\pi$

よって，$\theta=\dfrac{5}{12}\pi$，$\dfrac{13}{12}\pi$

答え $\boldsymbol{\theta=\dfrac{5}{12}\pi}$**，**$\boldsymbol{\dfrac{13}{12}\pi}$

3

(1) $\cos105^\circ$

$=\cos(60^\circ+45^\circ)$

$=\cos60^\circ\cos45^\circ-\sin60^\circ\sin45^\circ$

$=\dfrac{1}{2}\cdot\dfrac{\sqrt{2}}{2}-\dfrac{\sqrt{3}}{2}\cdot\dfrac{\sqrt{2}}{2}$

$=\dfrac{\sqrt{2}-\sqrt{6}}{4}$ **答え** $\boldsymbol{\dfrac{\sqrt{2}-\sqrt{6}}{4}}$

(2) $\tan15^\circ$

$=\tan(60^\circ-45^\circ)$

$=\dfrac{\tan60^\circ-\tan45^\circ}{1+\tan60^\circ\tan45^\circ}$

$=\dfrac{\sqrt{3}-1}{1+\sqrt{3}\cdot1}$

$=\dfrac{(\sqrt{3}-1)^2}{(\sqrt{3}+1)(\sqrt{3}-1)}$

$=\dfrac{3-2\sqrt{3}+1}{3-1}$

$=2-\sqrt{3}$ **答え** $\boldsymbol{2-\sqrt{3}}$

4

$\cos2\theta=2\cos^2\theta-1$

$=2\cdot\left(\dfrac{2}{3}\right)^2-1$

$=-\dfrac{1}{9}$

$\sin^2\dfrac{\theta}{2}=\dfrac{1-\cos\theta}{2}=\dfrac{1-\dfrac{2}{3}}{2}=\dfrac{1}{6}$

$\sin\dfrac{\theta}{2}>0$ より，$\sin\dfrac{\theta}{2}=\dfrac{1}{\sqrt{6}}$

答え $\boldsymbol{\cos2\theta=-\dfrac{1}{9}}$**，**$\boldsymbol{\sin\dfrac{\theta}{2}=\dfrac{1}{\sqrt{6}}}$

5

$3\sin\theta-\sqrt{3}\cos\theta=2\sqrt{3}\sin\left(\theta-\dfrac{\pi}{6}\right)$

$0\leqq\theta<2\pi$ より，$-\dfrac{\pi}{6}\leqq\theta-\dfrac{\pi}{6}<\dfrac{11}{6}\pi$

$\theta-\dfrac{\pi}{6}=\dfrac{\pi}{2}$すなわち，$\theta=\dfrac{2}{3}\pi$ のとき，最大値 $2\sqrt{3}\cdot1=2\sqrt{3}$ をとる。

$\theta-\dfrac{\pi}{6}=\dfrac{3}{2}\pi$ すなわち，$\theta=\dfrac{5}{3}\pi$ のとき，最小値 $2\sqrt{3}\cdot(-1)=-2\sqrt{3}$ をとる。

答え $\boldsymbol{\theta=\dfrac{2}{3}\pi}$ **のとき最大値** $\boldsymbol{2\sqrt{3}}$**，**

$\boldsymbol{\theta=\dfrac{5}{3}\pi}$ **のとき最小値** $\boldsymbol{-2\sqrt{3}}$

3-3 指数関数

p.138

解答

1 (1) 256

(2) $\frac{27}{8}$

(3) 9

(4) $\sqrt{11}$

(5) $\sqrt{5}$

(6) 3

2 (1) $x=1$

(2) $x<-3$

3 47

4 3^x

5 (1) $y=t^2-6t+5$

(2) $1\leqq t\leqq 9$

(3) $x=2$ のとき最大値 32，
$x=1$ のとき最小値 -4

解説

1

(1) $64^{\frac{4}{3}}=(4^3)^{\frac{4}{3}}=4^4=256$　答え 256

(2) $\left(\frac{81}{16}\right)^{\frac{3}{4}}=\left(\frac{3^4}{2^4}\right)^{\frac{3}{4}}=\left(\frac{3}{2}\right)^3=\frac{27}{8}$

答え $\frac{27}{8}$

(3) $(\sqrt[5]{243})^2=(\sqrt[5]{3^5})^2=3^2=9$　答え 9

(4) $\sqrt[4]{11^2}=11^{\frac{2}{4}}=11^{\frac{1}{2}}=\sqrt{11}$　答え $\sqrt{11}$

(5) $\sqrt[8]{(5^2)^3}\div\sqrt[4]{5}=\sqrt[8]{5^{2\times3}}\div\sqrt[4]{5}$

$=5^{\frac{2\times3}{8}}\div5^{\frac{1}{4}}$

$=5^{\frac{3}{4}}\times5^{-\frac{1}{4}}$

$=5^{\frac{1}{2}}$

$=\sqrt{5}$　答え $\sqrt{5}$

(6) $\left(3^{\frac{5}{2}}\times4^{-\frac{1}{2}}\right)^{\frac{2}{3}}\div3^{\frac{2}{3}}\times2^{\frac{2}{3}}$

$=3^{\frac{5}{2}\times\frac{2}{3}}\times2^{-1\times\frac{2}{3}}\times3^{-\frac{2}{3}}\times2^{\frac{2}{3}}$

$=2^{-\frac{2}{3}+\frac{2}{3}}\times3^{\frac{5}{3}-\frac{2}{3}}$

$=2^0\times3^1$

$=3$　答え 3

2

(1) $5^{2x}-3\cdot5^x-10=0$

$(5^x)^2-3\cdot5^x-10=0$

$5^x=t$ とすると，$t>0$

$t^2-3t-10=0$

$(t+2)(t-5)=0$

$t=-2,\ 5$

$t>0$ より，$t=5$ だから，$5^x=5$

よって，$x=1$　答え $x=1$

(2) $2^{-3x+1}-\left(\frac{1}{4}\right)^{x-2}>0$

$2^{-3x+1}>\left(\frac{1}{4}\right)^{x-2}$

(右辺)$=(2^{-2})^{x-2}=2^{-2x+4}$

底 2 は 1 より大きいので

$-3x+1>-2x+4$

$x<-3$　答え $x<-3$

3

$7^x+7^{-x}=7$ の両辺を 2 乗して

$(7^x+7^{-x})^2=7^2$

$(7^x)^2+2\cdot7^x\cdot7^{-x}+(7^{-x})^2=49$

$(7^2)^x+2\cdot1+(7^2)^{-x}=49$

$49^x+2+49^{-x}=49$

$49^x+49^{-x}=47$　答え 47

4

$$t^2-1=\left(\frac{3^x+3^{-x}}{2}\right)^2-1$$
$$=\frac{(3^x)^2+2\cdot3^x\cdot3^{-x}+(3^{-x})^2}{4}-1$$
$$=\frac{(3^x)^2+2+(3^{-x})^2-4}{4}$$
$$=\frac{(3^x)^2-2+(3^{-x})^2}{4}$$
$$=\frac{(3^x-3^{-x})^2}{4}$$

よって

$$t+\sqrt{t^2-1}=\frac{3^x+3^{-x}}{2}+\frac{\sqrt{(3^x-3^{-x})^2}}{2}$$

…①

$x\geqq0$ のとき，$3^x\geqq3^{-x}$ すなわち，$3^x-3^{-x}\geqq0$ だから，①より

$$t+\sqrt{t^2-1}=\frac{3^x+3^{-x}}{2}+\frac{3^x-3^{-x}}{2}=3^x$$

答え 3^x

5

(1)　$3^x=t$ より

$y=9^x-2\cdot3^{x+1}+5$
$=(3^2)^x-2\cdot(3\cdot3^x)+5$
$=(3^x)^2-6\cdot3^x+5$
$=t^2-6t+5$　**答え** $y=t^2-6t+5$

(2)　$0\leqq x\leqq2$ だから，$3^0\leqq3^x\leqq3^2$
よって，$1\leqq t\leqq9$　**答え** $1\leqq t\leqq9$

(3)　(1)より
$y=t^2-6t+5=(t-3)^2-4$
$1\leqq t\leqq9$ において，y は
$t=9$ すなわち，$x=2$ のとき最大値 32，
$t=3$ すなわち，$x=1$ のとき最小値 -4 をとる。

答え $x=2$ のとき最大値 32，
$x=1$ のとき最小値 -4

3-4 対数関数

p.145

解答

1 (1)　2
(2)　1

2 (1)　$x=5$
(2)　$x=\frac{1}{27}$，27
(3)　$-3<x<-2$
(4)　$2<x\leqq3$

3 $\log_a b=p$ とすると，$a^p=b$
両辺に c を底とする対数をとると，$\log_c a^p=\log_c b$ より
$p\log_c a=\log_c b$
$a\neq1$ より，$\log_c a\neq0$ だから
$p=\frac{\log_c b}{\log_c a}$
よって，$\log_a b=\frac{\log_c b}{\log_c a}$

4 $2^{23}<5^{10}<6^9$

5 小数第 16 位

6 $x=3$ のとき最大値 4

7 5 枚

解説

1

(1)　$\log_3 4\cdot\log_2 6\cdot\log_6 3$

$$=\frac{\log_2 4}{\log_2 3}\cdot\log_2 6\cdot\frac{\log_2 3}{\log_2 6}$$
$$=\log_2 2^2=2$$

答え 2

(2)　$(1+\log_3 4)(1-\log_{12} 4)$

$$=(\log_3 3+\log_3 4)(\log_{12} 12-\log_{12} 4)$$
$$=\log_3(3\cdot4)\cdot\log_{12}\frac{12}{4}$$
$$=\log_3 12\cdot\log_{12} 3$$
$$=\log_3 12\cdot\frac{\log_3 3}{\log_3 12}=1$$

答え 1

2

(1) 真数は正より，$3x-7>0$ だから

$x>\dfrac{7}{3}$ …①

対数の定義より

$3x-7=\left(\dfrac{1}{2}\right)^{-3}$

$3x-7=8$

$x=5$

これは①を満たす。 **答え** $x=5$

(2) 真数は正より，$x>0$ …①

$\log_3 x=t$ とすると

$(t+2)(t-2)=5$

$t^2-4=5$

$t^2=9$

$t=\pm 3$

$t=-3$ のとき，$\log_3 x=-3$

すなわち，$x=3^{-3}=\dfrac{1}{27}$

$t=3$ のとき，$\log_3 x=3$

すなわち，$x=3^3=27$

よって，$x=\dfrac{1}{27}$，27

これはどちらも①を満たす。

答え $x=\dfrac{1}{27}$，27

(3) 真数は正より，$x+3>0$ だから

$x>-3$ …①

また，$0=\log_{0.2}1$ より，与えられた不等式は，$\log_{0.2}(x+3)>\log_{0.2}1$

底0.2は1より小さいので

$x+3<1$

$x<-2$

①より，$-3<x<-2$

答え $-3<x<-2$

(4) 真数は正より，$x+1>0$ かつ $x-2>0$ だから，$x>2$ …①

また，$1=\log_4 4$ より，与えられた不等式は，$\log_4(x+1)(x-2)\leqq\log_4 4$

底4は1より大きいので

$(x+1)(x-2)\leqq 4$

$x^2-x-6\leqq 0$

$(x+2)(x-3)\leqq 0$

$-2\leqq x\leqq 3$

①より，$2<x\leqq 3$ **答え** $2<x\leqq 3$

3

左辺を p とおいて，指数の形にする。

4

それぞれの常用対数をとって

$\log_{10}6^9=\log_{10}(2\cdot 3)^9$

$=9(\log_{10}2+\log_{10}3)$

$=9\cdot(0.3010+0.4771)$

$=7.0029$

$\log_{10}2^{23}=23\log_{10}2$

$=23\cdot 0.3010$

$=6.923$

$\log_{10}5^{10}=\log_{10}\left(\dfrac{10}{2}\right)^{10}$

$=10(1-\log_{10}2)$

$=10\cdot(1-0.3010)$

$=6.990$

よって，$\log_{10}2^{23}<\log_{10}5^{10}<\log_{10}6^9$

底10は1より大きいので，$2^{23}<5^{10}<6^9$

答え $2^{23}<5^{10}<6^9$

5

$$\log_{10}\left(\frac{1}{3}\right)^{33}=-33\log_{10}3$$
$$=-33\cdot 0.4771$$
$$=-15.7443$$

これより

$$-16\leqq\log_{10}\left(\frac{1}{3}\right)^{33}<-15$$

$$\log_{10}10^{-16}\leqq\log_{10}\left(\frac{1}{3}\right)^{33}<\log_{10}10^{-15}$$

$$10^{-16}\leqq\left(\frac{1}{3}\right)^{33}<10^{-15}$$

よって，$\left(\frac{1}{3}\right)^{33}$ は小数第 16 位にはじめて 0 でない数字が現れる。

答え 小数第 16 位

6

真数は正より，$7-x>0$ かつ $x+1>0$ だから，$-1<x<7$ …①

$$y=\log_2(7-x)+\log_2(x+1)$$
$$=\log_2(7-x)(x+1)$$
$$=\log_2(-x^2+6x+7)$$
$$=\log_2\{-(x-3)^2+16\}$$

底 2 は 1 より大きいので，①より，$x=3$ のとき y は最大値 $\log_2 16=\log_2 2^4=4$ をとる。

答え $x=3$ のとき最大値 4

7

求める値は，重ねるビニールシートの枚数を n 枚として，$\left(\frac{3}{4}\right)^n\leqq\frac{1}{4}$ を満たす最小の n である。

両辺の常用対数をとると，底 10 は 1 より大きいから

$$\log_{10}\left(\frac{3}{4}\right)^n\leqq\log_{10}\frac{1}{4}$$
$$n(\log_{10}3-\log_{10}4)\leqq-\log_{10}4$$
$$n(\log_{10}3-2\log_{10}2)\leqq-2\log_{10}2$$

$\log_{10}2=0.3010$，$\log_{10}3=0.4771$ より

$$n(0.4771-2\cdot 0.3010)\leqq-2\cdot 0.3010$$
$$n\geqq\frac{-0.6020}{-0.1249}=4.8\cdots$$

よって，重ねる最少の枚数は 5 枚である。

答え 5 枚

3-5 微分係数と導関数

p.155

解答

1 (1) $f'(x)=3x^2+6x$，$f'(-1)=-3$

(2) $f'(x)=3x^2-5$，$f'(2)=7$

2 $x=5$ のとき極大値 105，$x=-1$ のとき極小値 -3

3 $p=\pm18$

4 $-3\leqq k\leqq0$

5 $y=4x+6$，$y=-8x+18$

6 (1) $y=2(a-3)x-a^2+17$

(2) $y=-8x+16$，$y=2x+1$

7 $a=6$，$b=36$，
$x=6$ のとき極大値 214，
$x=-2$ のとき極小値 -42

8 $\dfrac{4\sqrt{3}\pi r^3}{9}$

9 $a<16$，$20<a$ のとき 1 個
$a=16$，20 のとき 2 個
$16<a<20$ のとき 3 個

10 1 個

11 $f(x)=(x^3+27)-(3x^2+9x)$
とおくと，$f'(x)=3x^2-6x-9$
$f'(x)=0$ とすると，$x=-1$，3
よって，$x\geqq-2$ における増減表は下のようになる。

x	-2	…	-1	…	3	…
$f'(x)$		+	0	−	0	+
$f(x)$	25	↗	32	↘	0	↗

これより，$f(x)$ は $x=3$ で最小値 0 をとる。したがって，$x\geqq-2$ のとき $f(x)\geqq0$ であるから
$(x^3+27)-(3x^2+9x)\geqq0$
すなわち，$x^3+27\geqq3x^2+9x$

解説

1

(1) $f'(x)=3x^2+3\cdot2x+0$
$=3x^2+6x$
$f'(-1)=3\cdot(-1)^2+6\cdot(-1)$
$=-3$

答え $f'(x)=3x^2+6x$，$f'(-1)=-3$

(2) $f'(x)=3x^2-5\cdot1=3x^2-5$
$f'(2)=3\cdot2^2-5=7$

答え $f'(x)=3x^2-5$，$f'(2)=7$

2

$f'(x)=-3x^2+12x+15$
$=-3(x+1)(x-5)$
$f'(x)=0$ とすると，$x=-1$，5
よって，$f(x)$ の増減表は下のようになる。

x	…	-1	…	5	…
$f'(x)$	−	0	+	0	−
$f(x)$	↘	-3	↗	105	↘

したがって，$f(x)$ は，$x=5$ のとき極大値 105，$x=-1$ のとき極小値 -3 をとる。

答え $x=5$ のとき極大値 105，$x=-1$ のとき極小値 -3

3

$f'(x)=6x^2+2px+54$
より，$f'(x)=0$ のとき
$6x^2+2px+54=0$ …①
①の判別式を D とすると，①を満たす x の値がただ 1 つのとき，$D=0$ より
$\dfrac{D}{4}=p^2-6\cdot54=p^2-324=0$
$p^2=324$
$p=\pm18$

答え $p=\pm18$

4

3次関数$f(x)$が極値をもたないためには，$f'(x)$の符号がつねに変わらなければよい。すなわち，つねに$f'(x) \geqq 0$または$f'(x) \leqq 0$であるので，2次方程式$f'(x)=0$の判別式をDとすると，$D \leqq 0$であればよい。

ここで，$f'(x)=3x^2+2kx-k$より

$$\frac{D}{4}=k^2-3\cdot(-k)$$
$$=k^2+3k$$
$$=k(k+3) \leqq 0$$

よって，$-3 \leqq k \leqq 0$

答え $\boldsymbol{-3 \leqq k \leqq 0}$

5

$f(x)=-x^2+2$とおくと，$f'(x)=-2x$

接点の座標を$(a,\ -a^2+2)$とすると，この点における接線の傾きは

$f'(a)=-2a$だから，接線の方程式は

$$y-(-a^2+2)=-2a(x-a)$$
$$y=-2ax+a^2+2 \quad \cdots①$$

また，この接線は点$(1,\ 10)$を通ることから

$$10=-2a+a^2+2$$
$$a^2-2a-8=0$$
$$(a+2)(a-4)=0$$
$$a=-2,\ 4$$

①より，$a=-2$のとき$y=4x+6$，
$a=4$のとき$y=-8x+18$

答え $\boldsymbol{y=4x+6,\ y=-8x+18}$

6

(1) $f'(x)=2x-6=2(x-3)$

したがって，点$(a,\ a^2-6a+17)$における接線の方程式は

$$y-(a^2-6a+17)=2(a-3)(x-a)$$
$$y=2(a-3)x-a^2+17 \quad \cdots①$$

答え $\boldsymbol{y=2(a-3)x-a^2+17}$

(2) $y=g(x)=-x^2 \quad \cdots②$

①と②のグラフは接するから，①と②を連立してyを消去した2次方程式

$$-x^2=2(a-3)x-a^2+17$$
$$x^2+2(a-3)x-a^2+17=0 \quad \cdots③$$

が重解をもつように，aの値を定めればよい。方程式③の判別式をDとすると

$$\frac{D}{4}=(a-3)^2-(-a^2+17)$$
$$=2a^2-6a-8$$
$$=2(a+1)(a-4)=0$$
$$a=-1,\ 4$$

①より，$a=-1$のとき$y=-8x+16$，
$a=4$のとき$y=2x+1$

答え $\boldsymbol{y=-8x+16,\ y=2x+1}$

7

$f'(x)=-3x^2+2ax+b$

$x=-2$ および $x=6$ で極値をとるので，$f'(-2)=0$，$f'(6)=0$ より

$-3\cdot(-2)^2+2a\cdot(-2)+b=0$ …①

$-3\cdot6^2+2a\cdot6+b=0$ …②

①，②を連立して解いて

$a=6$，$b=36$

これより，$f(x)=-x^3+6x^2+36x-2$

$f'(x)=-3x^2+12x+36$

$=-3(x^2-4x-12)$

$=-3(x+2)(x-6)$

$f'(x)=0$ とすると，$x=-2$，6

よって，$f(x)$の増減表は下のようになる。

x	…	-2	…	6	…
$f'(x)$	$-$	0	$+$	0	$-$
$f(x)$	↘	-42	↗	214	↘

したがって，$f(x)$は，$x=6$ のとき極大値 214，$x=-2$ のとき極小値 -42 をとる。

答え $a=6$，$b=36$，
$x=6$ のとき極大値 214，
$x=-2$ のとき極小値 -42

8

右の図のように，4点O，P，Q，Q′をとる。ここで，Oは球の中心，Pは円柱の底面の円周上の1点，Q，Q′は円柱の底面の円の中心とする。

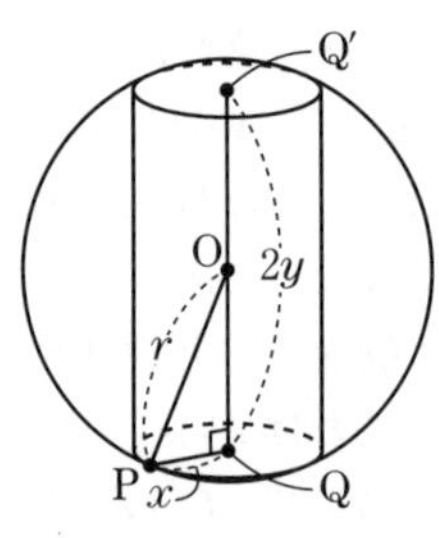

円柱の底面の半径PQを x，高さQQ′を $2y$ とすると，円柱の体積 V は

$V=2\pi x^2y$ …①

と表される。ここで，△OPQは直角三角形より，$x^2+y^2=r^2$ が成り立つから

$x^2=r^2-y^2$ …②

②を①に代入し，V を y の式で表すと

$V=2\pi(r^2-y^2)y=2\pi r^2y-2\pi y^3$

となる。ここで，$0<y<r$ における V の最大値を求めるにあたって，V を y で微分すると

$$\frac{dV}{dy}=2\pi r^2-6\pi y^2=2\pi(r^2-3y^2)$$

$\frac{dV}{dy}=0$ のとき，$y=\pm\frac{\sqrt{3}}{3}r$

よって，V の増減表は下のようになる。

y	0	…	$\frac{\sqrt{3}}{3}r$	…	r
$\frac{dV}{dy}$		$+$	0	$-$	
V		↗	$\frac{4\sqrt{3}\pi r^3}{9}$	↘	

以上より，$y=\frac{\sqrt{3}}{3}r$ のとき，V は最大値 $\frac{4\sqrt{3}\pi r^3}{9}$ をとる。

答え $\frac{4\sqrt{3}\pi r^3}{9}$

9

与えられた方程式は

$-x^3-9x^2-24x=a$ と変形できるから，与えられた方程式の異なる実数解の個数は，曲線 $y=-x^3-9x^2-24x$ と直線 $y=a$ の共有点の個数と一致する。

$y=-x^3-9x^2-24x$ を微分して

$y'=-3x^2-18x-24$

$=-3(x+4)(x+2)$

$y'=0$ とすると，$x=-4,\ -2$

よって，この関数の増減表は下のようになり，グラフは下の図のようになる。

x	$\cdots$	-4	$\cdots$	-2	$\cdots$
y'	$-$	0	$+$	0	$-$
y	↘	16	↗	20	↘

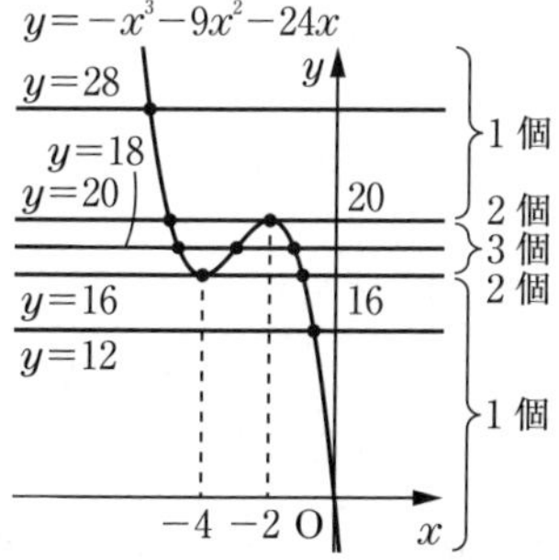

上のグラフより，求める実数解の個数は

$a<16$，$20<a$ のとき 1 個

$a=16$，20 のとき 2 個

$16<a<20$ のとき 3 個

答え **$a<16$，$20<a$ のとき 1 個**
$a=16$，20 のとき 2 個
$16<a<20$ のとき 3 個

10

関数 $y=-x^3+3x^2+9x+1$ の導関数は

$y'=-3x^2+6x+9$

$=-3(x^2-2x-3)$

$=-3(x+1)(x-3)$

よって，この関数の増減表は下のようになり，グラフは下の図のようになる。

x	$\cdots$	-1	$\cdots$	3	$\cdots$
y'	$-$	0	$+$	0	$-$
y	↘	-4	↗	28	↘

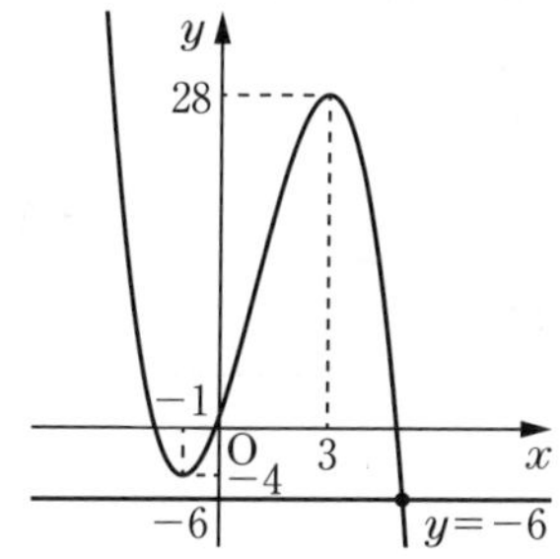

したがって，直線 $y=-6$ との共有点の個数は 1 個である。

答え **1 個**

11

$f(x)=$(左辺)$-$(右辺)とおき，

$x\geqq-2$ の区間で $f(x)\geqq0$ であることを示す。

3-6 積分

p.165

解答

1 (1) x^3-5x+C（C は積分定数）

(2) $\frac{1}{3}x^3+x^2-8x+C$

（C は積分定数）

2 (1) 10　(2) $\frac{52}{3}$

3 $f(x)=-6x^2+4x+7$

4 $f(x)=3x^2+6x+76$

5 $\frac{56}{3}$

6 (1) $S_1=\frac{1}{3}a^3$　(2) $a=6$

7 108

解説

1

(1) $\int(3x^2-5)dx$

$=3\int x^2dx-5\int dx$

$=3\cdot\frac{1}{3}x^3-5x+C$（$C$ は積分定数）

$=x^3-5x+C$

答え x^3-5x+C（C は積分定数）

(2) $\int(x^2+2x-8)dx$

$=\int x^2dx+2\int xdx-8\int dx$

$=\frac{1}{3}x^3+2\cdot\frac{1}{2}x^2-8x+C$

（C は積分定数）

$=\frac{1}{3}x^3+x^2-8x+C$

答え $\frac{1}{3}x^3+x^2-8x+C$

（C は積分定数）

2

(1) $\int_0^2(6x^2-4x+1)dx$

$=\Big[2x^3-2x^2+x\Big]_0^2$

$=16-8+2$

$=10$

答え 10

(2) $\int_{-1}^3(x^2-3x+5)dx$

$=\Big[\frac{1}{3}x^3-\frac{3}{2}x^2+5x\Big]_{-1}^3$

$=\left(9-\frac{27}{2}+15\right)-\left(-\frac{1}{3}-\frac{3}{2}-5\right)$

$=\frac{52}{3}$

答え $\frac{52}{3}$

3

$f(x)=\int f'(x)dx$

$=\int(-12x+4)dx$

$=-12\cdot\frac{1}{2}x^2+4x+C$

（C は積分定数）

$=-6x^2+4x+C$

$\int_0^2 f(x)dx=\int_0^2(-6x^2+4x+C)dx$

$=\Big[-2x^3+2x^2+Cx\Big]_0^2$

$=-16+8+2C$

$=-8+2C$

$\int_0^2 f(x)dx=6$ より，$-8+2C=6$

すなわち，$C=7$

よって，$f(x)=-6x^2+4x+7$

答え $f(x)=-6x^2+4x+7$

4

$f'(x)=6x+6$ …①

a を定数として，$a=\int_2^5 f'(t)dt$ とおくと，①より

$$a=\int_2^5 (6t+6)dt=\Big[3t^2+6t\Big]_2^5$$

$$=(75+30)-(12+12)=81$$

よって

$$f(x)=3x^2+6x-5+81$$

$$=3x^2+6x+76$$

答え $\boldsymbol{f(x)=3x^2+6x+76}$

5

2 曲線の交点の x 座標は

$-x^2-3x+12=x^2-3x-6$

$-2x^2+18=0$

$(x+3)(x-3)=0$

$x=-3,\ 3$

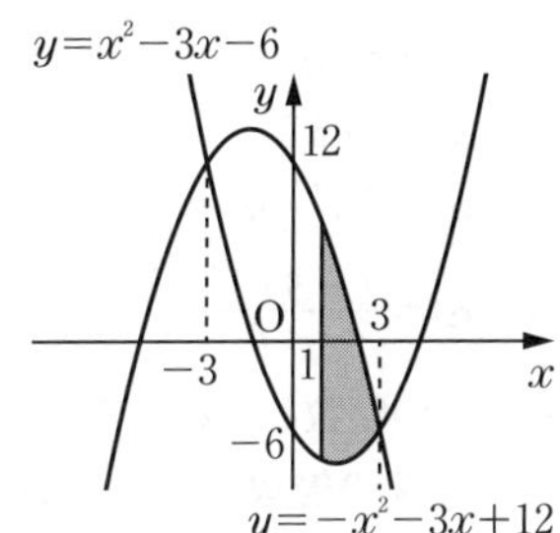

上のグラフより,区間 $-3\leqq x\leqq 3$ において

$-x^2-3x+12\geqq x^2-3x-6$

であるから，求める面積は

$$\int_1^3 \{(-x^2-3x+12)-(x^2-3x-6)\}dx$$

$$=\int_1^3 (-2x^2+18)dx=\Big[-\frac{2}{3}x^3+18x\Big]_1^3$$

$$=\Big(-\frac{54}{3}+54\Big)-\Big(-\frac{2}{3}+18\Big)$$

$$=\frac{56}{3}$$

答え $\boldsymbol{\frac{56}{3}}$

6

(1) $f(x)=x^2$ とすると，$f'(x)=2x$ より，接線 ℓ_1 の方程式は

$y-a^2=2a(x-a)$

$y=2ax-a^2$

$a\geqq 0$ より，求める面積 S_1 は

$$S_1=\int_0^a \{x^2-(2ax-a^2)\}dx$$

$$=\Big[\frac{1}{3}x^3-ax^2+a^2x\Big]_0^a$$

$$=\frac{1}{3}a^3-a^3+a^3$$

$$=\frac{1}{3}a^3$$

答え $\boldsymbol{S_1=\frac{1}{3}a^3}$

(2) S_2 は，S_1 の式に $a=3$ を代入して

$S_2=\frac{1}{3}\cdot 3^3=9$

$S_1:S_2=8:1$ より,$S_1=72$ であるから

$\frac{1}{3}a^3=72$

$a^3=216$

$a=6$

答え $\boldsymbol{a=6}$

7

$y'=3x^2-12x+8$ より，$x=4$ における接線の傾きは

$y'=3\cdot4^2-12\cdot4+8=8$

よって，点$(4,\ 14)$における接線の方程式は

$y-14=8(x-4)$

すなわち，$y=8x-18$

曲線と接線の交点の x 座標は

$x^3-6x^2+8x+14=8x-18$

$x^3-6x^2+32=0$

$(x+2)(x-4)^2=0$

$x=-2,\ 4$

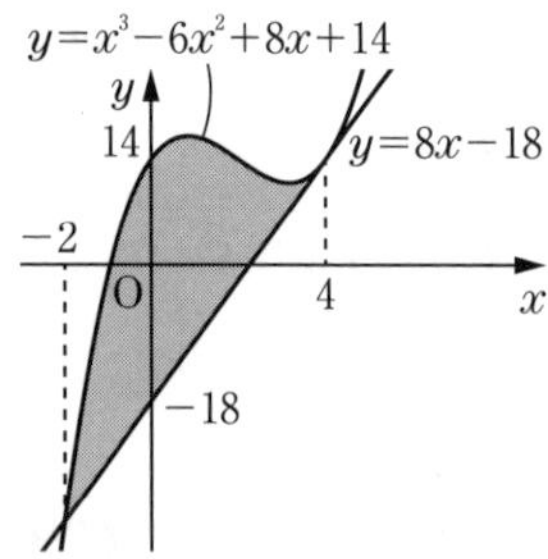

上のグラフより，区間 $-2\leqq x\leqq4$ において

$x^3-6x^2+8x+14\geqq8x-18$

であるから，求める面積は

$$\int_{-2}^{4}\{(x^3-6x^2+8x+14)-(8x-18)\}dx$$

$$=\int_{-2}^{4}(x^3-6x^2+32)dx$$

$$=\left[\frac{1}{4}x^4-2x^3+32x\right]_{-2}^{4}$$

$$=\left(\frac{256}{4}-128+128\right)-\left(\frac{16}{4}+16-64\right)$$

$=108$　　　**答え**　108

3-7 数列

p.177

解答

1 (1) 0　　(2) 3069

2 (1) $x=2,\ -3$

(2) $y=-6,\ 20$

3 (1) $a_n=-2n+13$

(2) $n=6$ のとき最大値 36

4 (1) -55　　(2) 6545

(3) $\dfrac{\sqrt{n}+\sqrt{n+1}-1}{2}$

(4) $\dfrac{1}{3}n(n+1)(2n+1)$

5 (1) $a_n=10^n-1$

(2) $\dfrac{1}{9}\cdot10^{n+1}-n-\dfrac{10}{9}$

6 (1) $a_n=n^2+n$

(2) $\dfrac{n}{n+1}$

7 (1) $a_n=-4n+6$

(2) $a_n=3\cdot5^{n-1}$

(3) $a_n=2n^2-n-4$

(4) $a_n=\dfrac{(-3)^{n-1}+3}{4}$

8 n を正の整数とするとき，

9^n-1 は 4 の倍数であるという命題を P とし，すべての正の整数 n について，命題 P が成り立つことを数学的帰納法で証明する。

(i) $n=1$ のとき，$9^1-1=8$ より，P は成り立つ。

(ii) $n=k$ のとき P が成り立つ，すなわち 9^k-1 が 4 の倍数であると仮定すると，整数 M を用いて，$9^k-1=4M$ すなわち，$9^k=4M+1$ と表せる。

$n=k+1$ のとき

$$9^{k+1}-1=9\cdot9^k-1$$
$$=9(4M+1)-1$$
$$=4(9M+2)$$

Mは整数であるから，$9M+2$も整数であり，$9^{k+1}-1$は4の倍数である。よって，$n=k+1$のときもPは成り立つ。

(i)，(ii)より，すべての正の整数nについて，Pは成り立つ。

9 (1) **第52項**　(2) $\dfrac{9}{11}$

解説

1

(1) 初項が10，公差が-4，項数が6である等差数列の和は

$$\frac{1}{2}\cdot6\cdot\{2\cdot10+(6-1)\cdot(-4)\}=0$$

〔別の解き方〕

この数列の第n項は

$a_n=10+(n-1)\cdot(-4)=-4n+14$

これより，第6項は

$a_6=-4\cdot6+14=-10$

よって，初項から第6項までの和は

$\dfrac{1}{2}\cdot6\cdot(10-10)=0$　答え **0**

(2) この数列の初項から第10項までの和は，$\dfrac{3(2^{10}-1)}{2-1}=3069$　答え **3069**

2

(1) 3つの数a，b，cがこの順に等差数列になるとき，$2b=a+c$が成り立つ。よって

$1+x=\dfrac{6}{x}$

$x^2+x-6=0$

$(x-2)(x+3)=0$

$x=2,\ -3$　答え **$x=2,\ -3$**

(2) 3つの数a，b，cがこの順に等比数列になるとき，$b^2=ac$が成り立つ。よって

$y^2=(y-12)\cdot2(y+5)$

$y^2-14y-120=0$

$(y+6)(y-20)=0$

$y=-6,\ 20$　答え **$y=-6,\ 20$**

3

(1) 数列$\{a_n\}$の公差をdとすると

$a_2=a_1+d=9$，$a_4=a_1+3d=5$

これより，$a_1=11$，$d=-2$

よって，第n項は

$a_n=11+(n-1)\cdot(-2)=-2n+13$

答え **$a_n=-2n+13$**

(2) $a_k\geqq0$，$a_{k+1}<0$となる項があれば，a_kまでの項の和が最大となる。

$a_n=-2n+13\leqq0$より，$n\geqq6.5$

よって

$a_1>a_2>\cdots>a_6>0>a_7>a_8>\cdots$

S_nが最大となるのは$n=6$のときだから

$$S_6=\frac{6}{2}(a_1+a_6)=\frac{6}{2}(11+1)=36$$

〔別の解き方〕

数列$\{a_n\}$の初項から第n項までの和S_nは

$$S_n=\frac{1}{2}n\{2\cdot11+(n-1)\cdot(-2)\}$$
$$=-n^2+12n$$
$$=-(n-6)^2+36$$

よってS_nは，$n=6$のとき最大値36をとる。

答え **$n=6$のとき最大値36**

4

(1) $\sum_{k=1}^{5}(-7k+10)$

$=-7\sum_{k=1}^{5}k+\sum_{k=1}^{5}10$

$=-7\cdot\frac{1}{2}\cdot5\cdot(5+1)+10\cdot5$

$=-55$ **答え** -55

(2) $1^2+3^2+5^2+\cdots+33^2$

$=\sum_{k=1}^{17}(2k-1)^2$

$=\sum_{k=1}^{17}(4k^2-4k+1)$

$=4\sum_{k=1}^{17}k^2-4\sum_{k=1}^{17}k+\sum_{k=1}^{17}1$

$=4\cdot\frac{1}{6}\cdot17\cdot(17+1)\cdot(2\cdot17+1)$

$-4\cdot\frac{1}{2}\cdot17\cdot(17+1)+17$

$=6545$ **答え** 6545

(3) $\sum_{k=1}^{n}\frac{1}{\sqrt{k+1}+\sqrt{k-1}}$

$=\sum_{k=1}^{n}\frac{\sqrt{k+1}-\sqrt{k-1}}{(\sqrt{k+1}+\sqrt{k-1})(\sqrt{k+1}-\sqrt{k-1})}$

$=\sum_{k=1}^{n}\frac{\sqrt{k+1}-\sqrt{k-1}}{(\sqrt{k+1})^2-(\sqrt{k-1})^2}$

$=\frac{1}{2}\sum_{k=1}^{n}(\sqrt{k+1}-\sqrt{k-1})$

$=\frac{1}{2}\{(\sqrt{2}-\sqrt{0})+(\sqrt{3}-\sqrt{1})$

$+(\sqrt{4}-\sqrt{2})+(\sqrt{5}-\sqrt{3})+\cdots$

$+(\sqrt{n}-\sqrt{n-2})+(\sqrt{n+1}-\sqrt{n-1})\}$

$=\frac{1}{2}(-1+\sqrt{n}+\sqrt{n+1})$

$=\frac{\sqrt{n}+\sqrt{n+1}-1}{2}$

答え $\frac{\sqrt{n}+\sqrt{n+1}-1}{2}$

(4) $n(n+1)+(n-1)(n+2)$

$+(n-2)(n+3)+\cdots+1\cdot2n$

$=\sum_{k=1}^{n}\{n-(k-1)\}(n+k)$

$=\sum_{k=1}^{n}\{n(n+1)-k^2+k\}$

$=n(n+1)\sum_{k=1}^{n}1-\sum_{k=1}^{n}k^2+\sum_{k=1}^{n}k$

$=n(n+1)\cdot n-\frac{1}{6}n(n+1)(2n+1)$

$+\frac{1}{2}n(n+1)$

$=\frac{1}{6}n(n+1)\{6n-(2n+1)+3\}$

$=\frac{1}{3}n(n+1)(2n+1)$

答え $\frac{1}{3}n(n+1)(2n+1)$

5

(1) 第 n 項は 10^n より 1 だけ小さいから

$a_n=10^n-1$

〔別の解き方〕

数列 $\{a_n\}$ の階差数列を $\{b_n\}$ とすると，$\{b_n\}$ は

90，900，9000，90000，…

これより，$b_n=9\cdot10^n$

$n\geqq2$ のとき

$a_n=a_1+\sum_{k=1}^{n-1}9\cdot10^k$

$=9+9\cdot\frac{10(10^{n-1}-1)}{10-1}$

$=10^n-1$

$a_1=9$ より，①は $n=1$ のときも成り立つ。

よって，$a_n=10^n-1$

答え $a_n=10^n-1$

(2) $\sum_{k=1}^{n}(10^k-1)=\sum_{k=1}^{n}10^k-\sum_{k=1}^{n}1$

$=\dfrac{10(10^n-1)}{10-1}-n$

$=\dfrac{1}{9}\cdot10^{n+1}-n-\dfrac{10}{9}$

答え $\dfrac{1}{9}\cdot10^{n+1}-n-\dfrac{10}{9}$

6

(1) $a_1=S_1=2$

$n\geqq2$ のとき

$a_n=S_n-S_{n-1}$

$=\dfrac{1}{3}n(n+1)(n+2)$

$-\dfrac{1}{3}(n-1)n(n+1)$

$=n^2+n$ …①

$a_1=2$ より，①は $n=1$ のときも成り立つ。

よって，$a_n=n^2+n$

答え $a_n=n^2+n$

(2) $\sum_{k=1}^{n}\dfrac{1}{a_k}=\sum_{k=1}^{n}\dfrac{1}{k^2+k}=\sum_{k=1}^{n}\dfrac{1}{k(k+1)}$

$=\sum_{k=1}^{n}\left(\dfrac{1}{k}-\dfrac{1}{k+1}\right)$

$=\left(\dfrac{1}{1}-\dfrac{1}{2}\right)+\left(\dfrac{1}{2}-\dfrac{1}{3}\right)+\cdots$

$+\left(\dfrac{1}{n}-\dfrac{1}{n+1}\right)$

$=1-\dfrac{1}{n+1}$

$=\dfrac{n}{n+1}$ **答え** $\dfrac{n}{n+1}$

7

(1) 数列 $\{a_n\}$ は初項 $a_1=2$，公差 -4 の等差数列だから

$a_n=2+(n-1)\cdot(-4)=-4n+6$

答え $a_n=-4n+6$

(2) 数列 $\{a_n\}$ は初項 $a_1=3$，公比 5 の等比数列だから，$a_n=3\cdot5^{n-1}$

答え $a_n=3\cdot5^{n-1}$

(3) $a_{n+1}-a_n=4n+1$ より，数列 $\{a_n\}$ の階差数列の一般項は $4n+1$ である。

$n\geqq2$ のとき

$a_n=a_1+\sum_{k=1}^{n-1}(4k+1)$

$=-3+4\cdot\dfrac{1}{2}(n-1)n+(n-1)$

$=2n^2-n-4$ …①

$a_1=-3$ より，①は $n=1$ のときも成り立つ。

よって，$a_n=2n^2-n-4$

答え $a_n=2n^2-n-4$

(4) 等式 $c=-3c+3$ を満たす定数は

$c=\dfrac{3}{4}$ より，漸化式は

$a_{n+1}-\dfrac{3}{4}=-3\left(a_n-\dfrac{3}{4}\right)$ と変形できる。

これより，数列 $\left\{a_n-\dfrac{3}{4}\right\}$ は初項

$a_1-\dfrac{3}{4}=\dfrac{1}{4}$，公比 -3 の等比数列であるから，$a_n-\dfrac{3}{4}=\dfrac{(-3)^{n-1}}{4}$

よって，$a_n=\dfrac{(-3)^{n-1}+3}{4}$

答え $a_n=\dfrac{(-3)^{n-1}+3}{4}$

8

与えられた命題について，次の(i)，(ii)を示す。

(i) $n=1$ のとき命題が成り立つ。

(ii) $n=k$ のとき命題が成り立つと仮定すると，$n=k+1$ のときにも命題が成り立つ。

9

分母が同じ数どうしで群をつくると

$\frac{1}{1}\Big|\frac{1}{2},\frac{3}{2}\Big|\frac{1}{3},\frac{3}{3},\frac{5}{3}\Big|\frac{1}{4},\frac{3}{4},\frac{5}{4},\frac{7}{4}\Big|\frac{1}{5},\frac{3}{5},\cdots$

となる。これより，第k群にはk個の項がある。

(1) 第k群の項の分母はkであり，分子は初項が1，公差が2の等差数列の初項1から第k項$2k-1$までである。

よって，$\frac{13}{10}$は第10群の項で，

$13=2\cdot7-1$から第10群の7番めの項である。

したがって，$\frac{13}{10}$は

$\sum_{k=1}^{9}k+7=\frac{1}{2}\cdot9\cdot10+7=52$

より，第52項である。

答え 第52項

(2) 第60項が含まれている群を第$(n+1)$群とすると，第n群までに含まれる項の総数は

$1+2+3+\cdots+n=\frac{1}{2}n(n+1)$

$\frac{1}{2}n(n+1)\leqq60$

すなわち，$n(n+1)\leqq120$となる最大のnは，$n=10$である。

$n=10$のとき，第10群までに含まれる項の総数は，$\frac{1}{2}\cdot10\cdot(10+1)=55$

よって，第60項は，分母が11の群の5番めの項であるから，$\frac{9}{11}$である。

答え $\frac{9}{11}$

4-1 データの分析

p.185

解答

1 (1) 分散…6

標準偏差…$\sqrt{6}$点

(2) 平均値…34点

標準偏差…変わらない

2 ③

解説

1

(1) このデータの平均値は

$\frac{1}{5}(29+30+27+26+33)=29$

よって，分散は

$\frac{1}{5}\{(29-29)^2+(30-29)^2$

$+(27-29)^2+(26-29)^2+(33-29)^2\}$

$=6$

これより，標準偏差は，$\sqrt{6}$点である。

答え 分散…6

標準偏差…$\sqrt{6}$点

(2) 5人全員に5点ずつ加点すると平均点も5点増えるから，加点後の平均値は

$29+5=34$(点)

5人全員のそれぞれの点数と平均値が5点ずつ増えるから，それぞれの点数と平均値の差は加点前と等しい。よって，標準偏差は変わらない。

答え 平均値…34点

標準偏差…変わらない

2

国語の点数を x，数学の点数を y とする。

x の平均値 $\overline{x}$ は

$$\overline{x}=\frac{1}{5}(14+17+18+16+10)=15$$

x の分散 $s_x{}^2$ は

$$s_x{}^2=\frac{1}{5}\{(14-15)^2+(17-15)^2+(18-15)^2+(16-15)^2+(10-15)^2\}$$
$$=8$$

y の平均値 $\overline{y}$ は

$$\overline{y}=\frac{1}{5}(23+30+24+22+21)=24$$

y の分散 s^2_y は

$$s^2_y=\frac{1}{5}\{(23-24)^2+(30-24)^2+(24-24)^2+(22-24)^2+(21-24)^2\}$$
$$=10$$

x と y の共分散 s_{xy} は

$$s_{xy}=\frac{1}{5}\{(14-15)(23-24)+(17-15)(30-24)+(18-15)(24-24)+(16-15)(22-24)+(10-15)(21-24)\}$$
$$=\frac{26}{5}$$

よって，相関係数 r は

$$r=\frac{s_{xy}}{s_x s_y}=\frac{26}{5}\div(2\sqrt{2}\cdot\sqrt{10})=\frac{13\sqrt{5}}{50}$$
$$=0.581\cdots$$

$r>0$ かつ $0.4<|r|\leqq 0.7$ であるから，国語の点数と数学の点数の間には，正の相関があるといえるため，③である。

答え ③

4-2 場合の数

p.191

解答

1 (1) 7通り
(2) 27通り
(3) 27通り

2 (1) 720通り
(2) 120通り

3 20個

4 74通り

5 1575通り

6 28通り

解説

1

(1) さいころの目の数の和が3になるのは，(1，2)，(2，1)の2通り。目の数の和が6になるのは，(1，5)，(2，4)，(3，3)，(4，2)，(5，1)の5通り。

よって，和の法則より

$2+5=7$(通り) **答え** 7通り

(2) 大中小のさいころそれぞれに偶数になる目の出方が3通りあるので，積の法則より

$3\cdot3\cdot3=27$(通り) **答え** 27通り

(3) 2個のさいころの目の出方は

$6\cdot6=36$(通り)

目の数の積が偶数になる出方の集合は，目の数の積が奇数になる出方の集合の補集合である。目の数の積が奇数になるのは，2つの目の数がどちらも奇数のときだから，目の出方は

$3\cdot3=9$(通り)

よって，$36-9=27$(通り)

答え 27通り

2

(1) 女子3人を1組として考えると，男子4人と女子1組の並び方は

$_5P_5=5!=120$(通り)

そのそれぞれに対して，女子3人の並び方は

$_3P_3=3!=6$(通り)

よって，並び方の総数は

$120\cdot 6=720$(通り) **答え 720通り**

(2) 6人が円形に並ぶとき，並び方の総数は，$(6-1)!=5!=120$(通り)

答え 120通り

3

正六角形の頂点のうち，どの3点を選んでも一直線上になることはないから，6個の頂点から，異なる3点を選んで結ぶと，三角形が1個つくれる。

よって，求める三角形の個数は

$_6C_3=\dfrac{6\cdot 5\cdot 4}{3\cdot 2\cdot 1}=20$(個) **答え 20個**

4

大人5人と子ども4人の合計9人の中から3人を選ぶ方法は

$_9C_3=\dfrac{9\cdot 8\cdot 7}{3\cdot 2\cdot 1}=84$(通り)

子どもが少なくとも1人は含まれる選び方の集合は，大人のみを3人選ぶ選び方の集合の補集合である。

大人5人の中から3人を選ぶ方法は

$_5C_3={}_5C_2=\dfrac{5\cdot 4}{2\cdot 1}=10$(通り)

よって，選び方の総数は

$84-10=74$(通り) **答え 74通り**

5

2つの4人のグループがX，Yと区別できるものとする。

10人の中から2人のグループに入る人を選ぶ方法は，$_{10}C_2=\dfrac{10\cdot 9}{2\cdot 1}=45$通り，残りの8人の中からXに入る4人を選ぶ方法は，$_8C_4=\dfrac{8\cdot 7\cdot 6\cdot 5}{4\cdot 3\cdot 2\cdot 1}=70$通りある。

残った4人は全員Yに入ると考えればよいから，その方法は1通りである。

よって，3つのグループに分ける方法は，$45\cdot 70\cdot 1=3150$(通り)

ここで，X，Yの区別をなくすと，同じ分け方が2通りずつ出てくるので，分け方の総数は

$\dfrac{3150}{2}=1575$(通り) **答え 1575通り**

6

たとえば，aを3個，bを2個，cを1個取り出した組合せを$aaabbc$と表すことにする。また，下の図のように，6個の○の間に2個の仕切り｜を入れ，仕切りで分けられた3つの部分にある○の個数を，左からa，b，cの個数とすると，a，b，cから重複を許して6個取り出す組合せと，6個の○と2個の仕切り｜の順列が，1つずつ対応する。

$aaabbc$ ⇔ ○○○｜○○｜○
$abbbcc$ ⇔ ○｜○○○｜○○
$aacccc$ ⇔ ○○｜｜○○○○
$bbbbbb$ ⇔ ｜○○○○○○｜
……

よって，求める組合せの総数は，8個の場所から○をおく6個を選ぶ方法の総数だから

$_8C_6={}_8C_2=28$(通り) **答え 28通り**

4-3 確率

p.199

解答

1 (1) $\frac{1}{10}$

(2) $\frac{3}{5}$

2 $\frac{45}{1024}$

3 $\frac{1}{2}$

4 $\frac{5}{11}$

5 参加費のほうが賞金の期待値より50円高い。

解説

1

(1) 6人の座り方の総数は

$(6-1)!=5!=120$(通り)

大人3人が円形に座る座り方は

$(3-1)!=2!=2$(通り)

それぞれに対して，子ども3人は大人の間に座ればよいから，子ども3人の座り方は，$3!=6$(通り)

よって，大人と子どもが交互に座る座り方の総数は

$2\times6=12$(通り)

したがって，求める確率は

$\frac{12}{120}=\frac{1}{10}$　　**答え** $\frac{1}{10}$

(2) 向かい合う2人の大人の選び方は

${}_3C_2=3$(通り)

残りの大人1人と子ども3人の4人の座り方は，$4!=24$(通り)

よって，2人の大人が向かい合う座り方の総数は

$3\times24=72$(通り)

したがって，求める確率は

$\frac{72}{120}=\frac{3}{5}$　　**答え** $\frac{3}{5}$

2

表がn回出るとすると，裏は$(10-n)$回出る。点Pの座標が-2となるので

$3n-(10-n)=-2$

$n=2$

よって，求める確率は，硬貨を10回投げたときに表が2回出る確率だから

$${}_{10}C_2\left(\frac{1}{2}\right)^2\left(\frac{1}{2}\right)^8=\frac{10\cdot9}{2\cdot1}\cdot\frac{1}{2^{10}}=\frac{45}{1024}$$

答え $\frac{45}{1024}$

3

二者択一問題だから，でたらめに答えたとき，正解する確率は$\frac{1}{2}$である。

3題正解する確率は

$${}_5C_3\left(\frac{1}{2}\right)^3\left(\frac{1}{2}\right)^2=\frac{10}{32}$$

4題正解する確率は

$${}_5C_4\left(\frac{1}{2}\right)^4\left(\frac{1}{2}\right)^1=\frac{5}{32}$$

5題正解する確率は

$$\left(\frac{1}{2}\right)^5=\frac{1}{32}$$

よって，求める確率は

$\frac{10}{32}+\frac{5}{32}+\frac{1}{32}=\frac{16}{32}=\frac{1}{2}$　　**答え** $\frac{1}{2}$

4

選んだ入館者が利用登録者である事象をA，学生である事象をBとすると，求める確率は，事象Aが起こったときの事象Bが起こる条件付き確率$P_A(B)$である。

$$P(A)=\frac{55}{100},\ P(A\cap B)=\frac{25}{100}\text{より}$$

$$P_A(B)=\frac{P(A\cap B)}{P(A)}=\frac{25}{100}\div\frac{55}{100}=\frac{5}{11}$$

答え $\frac{5}{11}$

5

表が1枚も出ない確率は

$$\left(\frac{1}{2}\right)^3=\frac{1}{8}$$

表が1枚出る確率は

$$_3C_1\left(\frac{1}{2}\right)\left(\frac{1}{2}\right)^2=\frac{3}{8}$$

表が2枚出る確率は

$$_3C_2\left(\frac{1}{2}\right)^2\left(\frac{1}{2}\right)=\frac{3}{8}$$

表が3枚出る確率は

$$\left(\frac{1}{2}\right)^3=\frac{1}{8}$$

よって，賞金の期待値は

$$0\cdot\frac{1}{8}+500\cdot\frac{3}{8}+1000\cdot\frac{3}{8}+1500\cdot\frac{1}{8}$$
$$=750(\text{円})$$

よって，参加費のほうが賞金の期待値より50円高い。

答え **参加費のほうが賞金の期待値より50円高い。**

4-4 確率分布と統計的な推測 

解答

1 $E(XY)=9$，$V(X+Y)=\frac{11}{3}$

2 (1) $E(X)=30$，$\sigma(X)=5$

(2) $E(Y)=-60$，$\sigma(Y)=20$

3 [0.119，0.181]

4 チームの成績に変化が生じたとはいえない。

解説

1

$$E(X)=1\cdot\frac{1}{3}+3\cdot\frac{1}{3}+5\cdot\frac{1}{3}=3$$

$$V(X)$$
$$=(1-3)^2\cdot\frac{1}{3}+(3-3)^2\cdot\frac{1}{3}+(5-3)^2\cdot\frac{1}{3}$$
$$=\frac{8}{3}$$

$$E(Y)=2\cdot\frac{1}{2}+4\cdot\frac{1}{2}=3$$

$$V(Y)=(2-3)^2\cdot\frac{1}{2}+(4-3)^2\cdot\frac{1}{2}=1$$

確率変数X，Yは独立であるから

$$E(XY)=3\cdot3=9$$

$$V(X+Y)=\frac{8}{3}+1=\frac{11}{3}$$

答え $E(XY)=9$，$V(X+Y)=\frac{11}{3}$

2

(1) 確率変数Xは二項分布$B\left(180, \frac{1}{6}\right)$に従うから

$E(X)=180\cdot\frac{1}{6}=30$

$V(X)=180\cdot\frac{1}{6}\cdot\left(1-\frac{1}{6}\right)=25$

$\sigma(X)=\sqrt{V(X)}=\sqrt{25}=5$

答え $E(X)=30$, $\sigma(X)=5$

(2) 1以外の目が出る回数は$180-X$(回)だから

$Y=3X-(180-X)=4X-180$より

$E(Y)=E(4X-180)$
$=4E(X)-180=4\cdot30-180$
$=-60$

$V(Y)=V(4X-180)$
$=4^2V(X)=16\cdot25$
$=400$

$\sigma(Y)=\sigma(4X-180)$
$=4\sigma(X)=4\cdot5$
$=20$

答え $E(Y)=-60$, $\sigma(Y)=20$

3

標本比率は，$R=\frac{75}{500}=0.15$

標本の大きさは$n=500$であるから

$1.96\sqrt{\frac{R(1-R)}{n}}=1.96\sqrt{\frac{0.15\cdot0.85}{500}}$
$\fallingdotseq 0.031$

よって，視聴率pに対する信頼度95 %の信頼区間は

$[0.15-0.031, 0.15+0.031]$

すなわち，$[0.119, 0.181]$

答え $[0.119, 0.181]$

4

帰無仮説を「新人Aが入団しても勝率は6割である」とする。勝つ回数をXとすると，Xは二項分布$B(100, 0.6)$に従う確率変数であり，Xの平均は

$m=100\cdot0.6=60$

標準偏差は

$\sigma=\sqrt{100\cdot0.6\cdot0.4}=\sqrt{24}$

よって，$Z=\frac{X-60}{\sqrt{24}}$は近似的に標準正規分布$N(0, 1)$に従う。正規分布表より

$P(-1.96\leqq Z\leqq1.96)=0.95$

$X=69$のとき

$Z=\frac{69-60}{\sqrt{24}}=\frac{3\sqrt{6}}{4}=1.837\cdots$

Zは棄却域$|Z|>1.96$に含まれないので，帰無仮説は棄却されない。

よって，新人Aが入団したことでチームの成績に変化が生じたとはいえない。

答え チームの成績に変化が生じたとはいえない。

5-1 数学検定特有問題 p.212

解答

1 376，625

2 $(x, y, z)=(1, 2, 5)$，$(3, 4, 5)$，$(3, 5, 6)$

3 $(x, y)=(13, 84)$，$(36, 77)$，$(40, 75)$，$(51, 68)$

4 41472

5 周数…7周
順番…A，D，J，F，H，G，I，B，C，E

6 (1)

11	22	33	44
24	13	42	31
32	41	14	23
43	34	21	12

(2)

23	31	12	44
42	14	33	21
34	22	41	13
11	43	24	32

32	13	21	44
24	41	33	12
43	22	14	31
11	34	42	23

7 1872cm^3

8 3 cm

9 条件より，1点から他の点にのびる線分の本数は，0(他のどの点とも結ばれていない)以上$n-1$(他のすべての点と結ばれている)以下のn個の整数のいずれかである。

ここで，ある2点P，Qについて，Pからのびる線分の本数が0，Qからのびる線分の本数が$n-1$であると仮定する。2点P，Qを結ぶ線分が存在する場合，Pからのびる線分の本数0に矛盾する。

また，2点P，Qを結ぶ線分が存在しない場合，Qからのびる線分の本数$n-1$に矛盾する。

したがって，n個の点に対して他の点にのびる線分の本数は，0もしくは$n-1$を除いた$n-1$個の整数のいずれかになる。

点はn個あるので，いずれの場合にも他の点にのびる線分の本数が等しい2点が存在する。

解説

1

n^2とnの下3桁が一致するので，n^2-nは1000の倍数である。mを正の整数として，$n^2-n=1000m$とおくと

$n(n-1)=2^3\cdot5^3m=8\cdot125\cdot m$

nと$n-1$は互いに素であり，nは3桁の整数であるから

(i) nが8の倍数，$n-1$が125の倍数

(ii) nが125の倍数，$n-1$が8の倍数

の場合が考えられる。

(i)のとき，$n-1$は125の倍数であり，nは3桁の整数であるから，$n-1$の値は，125，250，375，500，625，750，875のいずれかである。これより，nの値は，126，251，376，501，626，751，876のいずれかである。nは8の倍数であるから，条件を満たすのは，$n=376$である。

(ii)のとき，nは125の倍数であり，3桁の整数であるから，nの値は，125，250，375，500，625，750，875のいずれかである。これより，$n-1$の値は，124，249，374，499，624，749，874のいずれかである。$n-1$は8の倍数であるから，条件を満たすのは，$n-1=624$すなわち，$n=625$である。　**答え** 376，625

2

3つの目の数の2乗の和が10の倍数となるには，それぞれの目の数の2乗を10で割った余りの和が10の倍数であればよい。

$1^2=1$ を 10で割った余りは1
$2^2=4$ を 10で割った余りは4
$3^2=9$ を 10で割った余りは9
$4^2=16$ を 10で割った余りは6
$5^2=25$ を 10で割った余りは5
$6^2=36$ を 10で割った余りは6

このうち，3つの余りの和が10の倍数となる余りの組合せは，$\{1, 4, 5\}$ と $\{5, 6, 9\}$ の2通りである。

余りが $\{1, 4, 5\}$ となる x，y，z の組は
$(x, y, z)=(1, 2, 5)$

余りが $\{5, 6, 9\}$ となる x，y，z の組は
$(x, y, z)=(3, 4, 5)$，$(3, 5, 6)$

よって，求める x，y，z の組は
$(x, y, z)=(1, 2, 5)$，
$(3, 4, 5)$，$(3, 5, 6)$

答え $(x, y, z)=(1, 2, 5)$，$(3, 4, 5)$，$(3, 5, 6)$

3

$x^2+y^2=85^2$ より，$y^2=(85+x)(85-x)$

$85+x$ と $85-x$ の最大公約数を G とし，a，b を $b<a$ を満たす互いに素な正の整数とすると，$85+x=a^2G$，
$85-x=b^2G$ より，$G(a^2+b^2)=170$

$0<b<a$ より，$1\leqq b$，$2\leqq a$ であるから
$5\leqq a^2+b^2$

(i) $(G, a^2+b^2)=(1, 170)$ のとき
$(a, b)=(13, 1)$ のとき，
$(x, y)=(84, 13)$ であるが，
$x>y$ となるので不適。
$(a, b)=(11, 7)$ のとき
$(x, y)=(36, 77)$ …①

(ii) $(G, a^2+b^2)=(2, 85)$ のとき
$(a, b)=(9, 2)$ のとき，
$(x, y)=(77, 36)$ なので不適。
$(a, b)=(7, 6)$ のとき
$(x, y)=(13, 84)$ …②

(iii) $(G, a^2+b^2)=(5, 34)$ のとき
$(a, b)=(5, 3)$ であるから
$(x, y)=(40, 75)$ …③

(iv) $(G, a^2+b^2)=(10, 17)$ のとき
$(a, b)=(4, 1)$ であるから，
$(x, y)=(75, 40)$ なので不適。

(v) $(G, a^2+b^2)=(17, 10)$ のとき
$(a, b)=(3, 1)$ であるから，
$(x, y)=(68, 51)$ なので不適。

(vi) $(G, a^2+b^2)=(34, 5)$ のとき
$(a, b)=(2, 1)$ であるから
$(x, y)=(51, 68)$ …④

①～④より，求める x，y の組は
$(x, y)=(13, 84)$，$(36, 77)$，
$(40, 75)$，$(51, 68)$

答え $(x, y)=(13, 84)$，$(36, 77)$，$(40, 75)$，$(51, 68)$

4

13個の整数はすべてが等しくはないから，その中の最大値をa，最小値をbとすると，$a \geqq b+1$が成り立つ。このとき，与えられた不等式より

$(a-1)(b+1) \geqq ab$ …①

であり，a，bを除く残りの11個の整数の積をAとおくと，①より

$(a-1)(b+1)A \geqq abA$ …②

右辺は13個の整数の積$a_1 \times a_2 \times \cdots \times a_{13}$であるから，②は，最大値が$a$，最小値が$b$の積より，1つの$a$を$a-1$に，1つの$b$を$b+1$に置き換えたものの積のほうが大きいか，両者が等しいことを意味する。これより，等号が成り立つ，すなわち13個の整数の積が最大となるのは$a=b+1$のときであり，最大値と最小値の差が1であるため，13個の整数はすべてaかbであることがわかる。aがn個，bが$13-n$個あるとして

$an+b(13-n)=30$

$an+(a-1)(13-n)=30$

$13a+n=43$ …③

$1 \leqq n \leqq 12$であるから，③を満たす整数a，nの組は，$(a, n)=(3, 4)$である。$a=3$のとき，$b=2$であるから，$a=3$，$b=2$，$n=4$のとき，13個の整数の積は最大値をとる。よって，求める値は

$a_1 \times a_2 \times \cdots \times a_{13}=3^4 \times 2^9=41472$

答え 41472

5

左から順に①～⑩とする。1周めの操作の結果は下のようになる。

A	B	D	C	F	G	H	I	J	E
8.6	9.3	8.6	9.3	8.9	9.1	9.0	9.2	8.8	9.3

2周めの操作の結果は下のようになる。

A	D	B	F	G	H	I	J	C	E
8.6	8.6	9.3	8.9	9.1	9.0	9.2	8.8	9.3	9.3

3周めの操作の結果は下のようになる。

A	D	F	G	H	I	J	B	C	E
8.6	8.6	8.9	9.1	9.0	9.2	8.8	9.3	9.3	9.3

4周めの操作の結果は下のようになる。

A	D	F	H	G	J	I	B	C	E
8.6	8.6	8.9	9.0	9.1	8.8	9.2	9.3	9.3	9.3

5周めの操作の結果は下のようになる。

A	D	F	H	J	G	I	B	C	E
8.6	8.6	8.9	9.0	8.8	9.1	9.2	9.3	9.3	9.3

6周めの操作の結果は下のようになる。

A	D	F	J	H	G	I	B	C	E
8.6	8.6	8.9	8.8	9.0	9.1	9.2	9.3	9.3	9.3

7周めの操作の結果は下のようになる。

A	D	J	F	H	G	I	B	C	E
8.6	8.6	8.8	8.9	9.0	9.1	9.2	9.3	9.3	9.3

7周の操作で入れ替えるカードがなくなり，左から点数が低い順に並べ替えられる。また，7周めの操作の結果より，2回めの試技の順番は，A，D，J，F，H，G，I，B，C，Eとなる。

答え 周数…7周

順番…A，D，J，F，H，G，I，B，C，E

6

(1)　一の位か十の位が1のものは11しか入っていないため，一の位，十の位がともに1以外の数から考える。23，34，42が入るのは右の図の場所である。

11	22	33	44
24		42	
32			23
43	34		

次に，12，13，14が入る場所は下の左の図であり，21，31，41が入る場所は下の右の図である。

11	22	33	44
24	13	42	
32		14	23
43	34		12

11	22	33	44
24	13	42	31
32	41	14	23
43	34	21	12

答え

11	22	33	44
24	13	42	31
32	41	14	23
43	34	21	12

(2)　右の図は，入っている数から考えられる十の位だけ入れたものである。入っている数は一の位も十の位も同じなので，一の位は，十の位で選ばなかったほうの数になるため，右の図のようになる。左上のマスが「23」の場合，他のマスの数は1通りに定まる。よって，答えは2通りある。

2 3	1 3	1 2	44
2 4	1 4	33	1 2
3 4	22	1 4	1 3
11	3 4	2 4	2 3

2 3 ⋮ 3 2	1 3 ⋮ 3 1	1 2 ⋮ 2 1	44
2 4 ⋮ 4 2	1 4 ⋮ 4 1	33	1 2 ⋮ 2 1
3 4 ⋮ 4 3	22	1 4 ⋮ 4 1	1 3 ⋮ 3 1
11	3 4 ⋮ 4 3	2 4 ⋮ 4 2	2 3 ⋮ 3 2

答え

23	31	12	44
42	14	33	21
34	22	41	13
11	43	24	32

32	13	21	44
24	41	33	12
43	22	14	31
11	34	42	23

7

直方体の3つの辺の長さをそれぞれ x cm，y cm，z cm とすると，

$xy=108$，$yz=169$，$zx=192$ である。

求める体積は xyz cm^3 であるから

$(xyz)^2=xy\times yz\times zx=108\times169\times192$

$xyz=6\sqrt{3}\times13\times8\sqrt{3}=1872$

答え　**1872cm^3**

8

もっとも小さい正方形の1辺の長さを x cm，2番めに小さい正方形の1辺の長さを y cm とおくと，各正方形の1辺の長さは下の図のようになる。

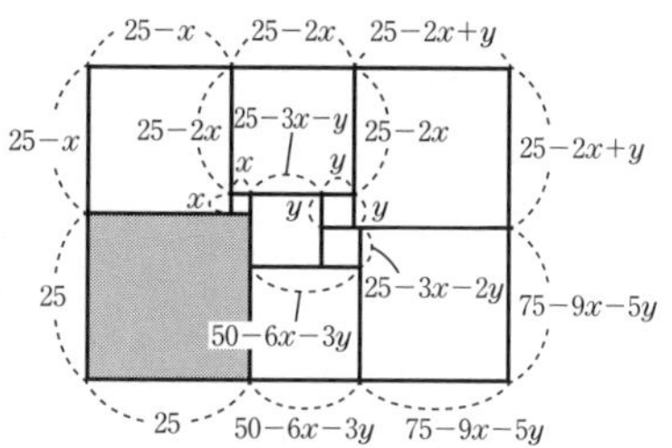

もとの長方形の縦の辺どうしと横の辺どうしがそれぞれ等しいので

$(25-x)+25=(25-2x+y)+(75-9x-5y)$

$(25-x)+(25-2x)+(25-2x+y)$

$=25+(50-6x-3y)+(75-9x-5y)$

すなわち，連立方程式 $\begin{cases}10x+4y=50\\10x+9y=75\end{cases}$

が成り立つ。これを解いて，$x=3$，$y=5$

よって，もっとも小さい正方形の1辺の長さは3cmである。　**答え**　**3cm**

9

n 個の点それぞれからのびている線分は0本以上 $(n-1)$ 本以下が考えられるが，1つの点からのびている線分が0本である点と $(n-1)$ 本である点は同時には存在しないことを示す。

数学検定